高密度电阻率法测深原理及应用实例

周　杨　陈服军　陈桂珠　铁　瑛　徐　平　编著

黄河水利出版社
·郑州·

内 容 提 要

本书对高密度电阻率法勘探的原理、基本理论和技术方法作了较为全面的论述，并给出了代表性的工程实例。全书共分六章，内容包括概述、常见地质特征的电学特性、高密度电阻率法的理论基础、高密度电阻率法的勘探技术、高密度电阻率法的数值模拟方法和高密度电阻率法的工程应用等。

本书概念清晰、结构紧凑、内容丰富、论述严谨、观点新颖，可供应用地球物理、水利水电地质勘察的工作者和高等院校相关专业师生参考。

图书在版编目(CIP)数据

高密度电阻率法测深原理及应用实例/周杨等编著. —郑州：黄河水利出版社，2012. 8
ISBN 978 - 7 - 5509 - 0335 - 7

Ⅰ. ①高…　Ⅱ. ①周…　Ⅲ. ①电阻率法勘探　Ⅳ. ①P631. 3

中国版本图书馆 CIP 数据核字(2012)第 192851 号

组稿编辑：王志宽　电话：0371 - 66024331　E-mail：wangzhikuan83@126. com

出 版 社：黄河水利出版社
地址：河南省郑州市顺河路黄委会综合楼 14 层　邮政编码：450003
发行单位：黄河水利出版社
发行部电话：0371 - 66026940、66020550、66028024、66022620(传真)
E-mail：hhslcbs@126. com
承印单位：河南省瑞光印务股份有限公司
开本：787 mm × 1 092 mm　1/16
印张：9. 75
字数：225 千字　　印数：1—1 000
版次：2012 年 8 月第 1 版　　印次：2012 年 8 月第 1 次印刷

定价：29. 00 元

前　言

高密度电阻率法是直流电阻率法中的一个分支，是在常规电法勘探基础上发展起来的一种地球物理勘察方法，而与常规的直流电阻率法相比，具备自身的优势。高密度电阻率法数据采集系统既包含了剖面观测系统，又包含了电测深观测系统，所以数据观测精度较高，包含了丰富的地电信息，从而在勘测地下不均匀电性体中取得了很好的效果，在工程地质勘探方面具有良好的应用前景。

本书第一章简要介绍了高密度电阻率法国内外研究现状、高密度电阻率法特点和应用；第二章阐述了常见地质特征的电学特性，其中包括了岩石、水、断层、溶洞、煤和煤矿地下采空区等，以及相关参数对各种地质特征电学特性的影响规律；第三章首先介绍了高密度电阻率法勘探的电场基本定律，以及地下电流密度随深度的变化和地下不均匀电阻率对电场的影响，然后讨论了高密度电阻率法勘探的测量原理；第四章从高密度电阻率法勘探设备、野外勘探技术和勘探数据处理三方面，系统地总结了高密度电阻率法的勘探技术；第五章针对目前常用的正反演方法，论述了常用的正反演方法的理论基础和分析模型；第六章基于上述高密度电阻率法的理论基础和勘探技术，重点阐述了高密度电阻率法在工程地质勘探中的应用。

本书编写人员及编写分工如下：第一章由黄河水利科学研究院的周杨编写，第二章由水利部机电研究所的陈服军编写，第三章由郑州大学的铁瑛编写，第四章由水利部机电研究所的陈桂珠、陈服军编写，第五章由水利部机电研究所的陈桂珠编写，第六章由郑州大学的铁瑛、徐平编写。

本书在编写过程中参考并引用了有关专业的书籍，得到了高密度电阻率法勘探专家和同行们的大力支持和帮助，在此表示由衷的感谢。由于编者水平有限，加之时间仓促，错漏之处在所难免，衷心地希望广大专家、学者和读者批评指正。

编　者

2012 年 5 月

目　录

目录

第一章　概　述

第一节　引　言

为了解决环境地质调查、水利工程等实际工程问题，专家们特别研制出以岩石、矿石之间电阻率差异为基础的高密度电阻率法装置，通过观测和研究地下各介质间的电阻率差异，研究电场在空间上的分布特点和变化规律，从而达到查明地下地质构造和寻找地下电性不均匀体（塌陷区、岩溶区、地下水等）的目的。高密度电阻率法数据采集系统既包含有剖面观测系统，又包含有电测深观测系统，所以数据观测精度较高，包含了丰富的地电信息，从而在工程勘探中取得很好的效果。

高密度电阻率法是直流电阻率法中的一个分支，是在常规电阻率法勘探基础上发展起来的一种地球物理勘察方法，而与常规的直流电阻率法相比又具备其自身的优势。通常情况下，由于常规的电阻率法勘探仅仅是一维勘探技术，所提供的关于地下结构体的电性信息比较贫乏，因而不能对其成果进行很好的统计和解释，所以常规电阻率法常常达不到环境地质调查、工程等野外实际工作的要求。而高密度电阻率法勘探是一种二维勘探技术，在实际野外工作中所有电极一次性布置完成，数据采集和数据预处理都实现了计算机自动化，不仅野外采集数据速度快、数据信息量比较多，而且能保证采集数据的质量，可以对采集回来的野外数据进行计算机数据处理和视电阻率成像，这样就大大提高了工作效率。视电阻率反演拟断面图包含了丰富的地电信息，更直观地再现了地下断面的特征，解释起来相对也更为简单。

第二节　国内外高密度电阻率法研究现状

常规电阻率法勘探的研究始于19世纪初期，1815年首先在英国康瓦尔铜矿上观察到了由铜矿产生的天然电流场，当时仅限于科学研究，还没有实际应用。为了适应工业发展的需要，矿产资源的开发和科学技术的进步促使电阻率法勘探方法产生并应用到生产实际中。约在19世纪末提出了电阻率法勘探，20世纪初提出了视电阻率这一重要概念（温纳和施伦贝尔，1915年），并确定了温纳四极和中间梯度装置。电阻率法勘探是地球物理勘探中的重要方法之一，它是以岩土体的电性差异为物理基础的。电阻率法勘探从产生至今得到了广泛的应用，并且经过80余年的实践和创新，已经形成了一个理论比较完善、方法多样的地球物理勘探方法。此后在全国各金属矿、石油、煤田等勘探工作中，我国常规电阻率法勘探发展也相当迅速，尤其是在金属矿产勘探中得到了有效的应用。

随着现代科学技术的发展，特别是计算机技术的飞速进步，大大促进了电阻率法勘探的新技术、新方法、新仪器的发展，尤其是野外信息的数字化和资料的计算机处理，使得电阻率法应用范围进一步扩大,地质效果更为明显。在常规电阻率法勘探仪器方面,智能化、高效化是发展总趋势。中国吉林大学工程技术研究所、日本 OYO 公司和美国 GSSI 公司等相继开发出新一代多功能电测系统仪器及电阻率成像系统,使得野外数据采集、结果成图一次性完成。

虽然电阻率法勘探在国民经济中发挥着重要作用,但常规电阻率法由于其观测方式的限制,不仅测点密度稀疏,获得的信息量少,而且也很难从电极排列的某种组合上去研究地电断面的结构和分布,因此所提供的关于地电断面结构特征的地质信息较为贫乏,无法对其结果进行统计处理和对比解释。由此看来,在物探测试方法中,同地震勘探方法中大数据量、规律的解析思路相比,电阻率法勘探缺乏其应有的力度,常规的电阻率法已无法满足实际工作的需要。

数理方法的不断进步和计算机技术的发展,使对大量的数据进行处理并进行正演和反演成为可能。另外,电阻率法勘探的专家们不断探索新的方法,以解决更加复杂的电阻率法勘探的问题。1989 年在美国一次专题讨论会上,有人指出:"在过去 60 年里,反射地震法的数据密度增加了一万倍以上。要改善电阻率法结果的分辨率,应当把它的数据密度成千倍地增大。目前可能的是采用像地震工作那样的传感器阵列。"在这种思潮的引导下,高密度电阻率法的提出和付诸实施使电阻率法勘探也可以和地震勘探一样采用更快覆盖的方式,更准确地采集信息,更高精度地进行多维反演,使电阻率法解释资料更加直观、明了。高密度电阻率法勘探在实际工作中表现出巨大的潜力,可以说这一新技术的出现是电阻率法勘探的一大进步。

20 世纪 80 年代以来,随着我国科学技术的不断进步以及数据处理技术的发展,电阻率法在方法理论和探测技术等方面都得到了很大的提高,取得了许多理论成果和应用成果。在勘探方法上,高密度电阻率法、激发极化法、大地电磁法等多种方法不断得到研究和利用。80 年代后期,我国地矿部系统率先开展了高密度电阻率法及其应用技术研究,从理论与实际相结合的角度,进一步探讨并完善了方法理论及有关技术问题。近年来,该方法先后在重大场地的工程地质调查、坝基及桥墩选址、采空区及地裂缝探测等众多工程勘察领域中取得了明显的地质效果和显著的社会经济效益。

一、高密度电阻率法仪器发展

关于阵列电探的思想,在 20 世纪 70 年代末期就有人开始考虑实施,英国学者所设计的电测深偏置系统实际上就是高密度电阻率法的最初模式。80 年代中期,日本地质计测株式会社曾借助电极转换板实现了野外高密度电阻率法的数据采集,只是由于整体设计尚不完善,这套设备没有充分发挥高密度电阻率法的优越性。80 年代后期,我国原地质矿产部系统率先从高密度电阻率法理论与实际相结合的角度,研制成了相应类型的高密度电阻率法仪器。

我国吉林大学工程技术研究所最先研制开发出了多道分布式高密度电阻率法采集系统,并在实际工程中有了广泛的应用。基于此方法,其他仪器也相继研制成功,如长春地质学院的 GC-1 加 HD-1 型高密度电阻率采集系统,地矿部机电研究所推出了由 GC-2 型多路转换器和 MIR-1B 型多功能电测仪组成的系统,随后该所又推出了由 MIS-2 型多路转换器和 MIR－1C 型多功能电测仪配套而成的系统，北京地质仪器厂和中国地质大学（北京）合作推出了 DUM－1 型电极转换器和 DDJ－1 型多功能电测仪系统。

目前，研究高密度电阻率法的方法技术和仪器的单位，主要有中国地质大学、上海地质仪器厂、重庆地质仪器厂等；生产仪器的还有吉林大学、重庆的有关仪器厂家等。

最近几年，国外高密度电阻率法仪器发展很快。测量道数从单通道发展到多通道，科研样机的通道数已达上百道。观测参数从单一的视电阻率发展到视电阻率、自然电位和视激化率等多参数。观测位置从陆地发展到江、河、湖、海。GPS 定位、24 位 A/D、高性能计算机等新技术成功地应用于高密度电阻率法仪器中，同时减轻了仪器的重量和体积。国外的高密度电阻率法仪器主要有瑞典 ABEM 公司研制的 Terramete SAS 4000 和 SAS 1000，美国 AGI 公司研制的 SuperSting R8－IP 和 SuperSting RI－IP，以及加拿大先达利公司推出的 SARIS（Scintrex Automated Resistivity Imaging System）。

二、电极排列发展

高密度电阻率法测量最初的排列方式主要有 3 种：α、β 和 γ。现在排列方式已发展到十几种。不过仔细研究就可发现，所有排列都是从对称四极（施伦贝尔，Schlum berger）、偶极－偶极（dipole－dipole）、单极－偶极（pole－dipole）、单极－单极（pole－pole）演变而来的（其中，γ 排列方式无变种）。如图 1-1 所示，$AM=MN=NB$ 时，施伦贝尔排列就变成 α 排列；$AB=BM=MN$ 时，偶极－偶极排列就变成 β 排列；对于单极－偶极排列，就有 AMN，MNB，$AM=MN$ 和 $AM\neq MN$ 等 4 种。至于所谓的滚动排列装置，在电极排列方式上基本不变，只不过是其排列方式有利于断面滚动衔接而已。

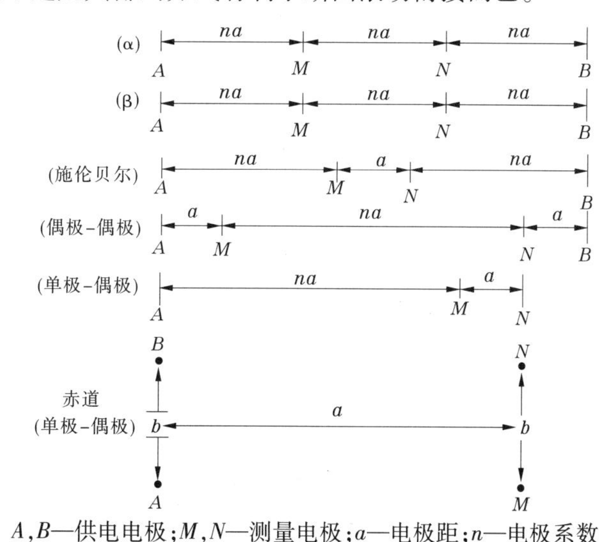

A，B—供电电极；M，N—测量电极；a—电极距；n—电极系数

图 1-1　高密度电阻率法常用排列示意图

三、高密度电阻率法反演发展

国内研究反演方法的很多，获得的研究成果也很多，如王兴泰等发表了《电阻率图像重建的佐迪（Zohdy）反演及其应用效果》；王若等发表了《用改进的佐迪反演方法进行二

维电阻率图像重建》;张大海等发表了《二维视电阻率断面的快速最小二乘反演》;王丰等发表了《改进的模拟退火方法及其在电阻率图像重建中的应用》;王运生等发表了《用目标相关算法解释高密度电法资料》。目前,反演方法的研究正朝着不断改进,并推出商用软件的方向发展。

国外主要研究计算机自动二维、三维反演。二维反演程序是基于圆滑约束最小二乘法的计算机反演计算程序,使用了基于准牛顿最优化非线性最小二乘新算法,使得大数据量下的计算速度较常规最小二乘法快10倍以上。圆滑约束最小二乘法基于以下方程:

$$(\boldsymbol{j}'\boldsymbol{j} + u\boldsymbol{F})\boldsymbol{d} = \boldsymbol{j}'\boldsymbol{g}$$

$$\boldsymbol{F} = \boldsymbol{f}_x\boldsymbol{f}'_x + \boldsymbol{f}_z\boldsymbol{f}'_z$$

式中 $\boldsymbol{F}$——目标函数;

$\boldsymbol{f}_x$——水平平滑滤波系数矩阵;

$\boldsymbol{f}_z$——垂直平滑滤波系数矩阵;

$\boldsymbol{f}'_x$、$\boldsymbol{f}'_z$——$\boldsymbol{f}_x$、$\boldsymbol{f}_z$ 的转置矩阵;

$\boldsymbol{j}$——偏导数矩阵;

$\boldsymbol{j}'$——$\boldsymbol{j}$ 的转置矩阵;

u——阻尼系数;

$\boldsymbol{d}$——模型参数修改矢量;

$\boldsymbol{g}$——残差矢量。

这种算法的一个优点是可以调节阻尼系数和平滑滤波器以适应不同类型的资料。反演程序使用的二维模型把地下空间分为许多模型子块。然后确定这些子块的电阻率,使得正演计算出的视电阻率拟断面与实测拟断面相吻合。对于每一层子块的厚度与电极距之间给一定的比例系数。最优化方法主要靠调节模型子块的电阻率来减小正演值与实测视电阻率值的差异,这种差异用均方误差(RMS)来衡量。同时,M. H. Loke 的二维、三维电阻率法和激发极化法反演程序已商品化,被国内外大多数公司、单位所使用,并与仪器相配套。

四、图示方法

高密度电阻率断面一般采用拟断面等值线图、彩色图或灰度图表示,由于它表征了地电断面每一测点视电阻率的相对变化,因此该图在反映地电结构特征方面具有更为直观、形象的特点。

第三节 高密度电阻率法的特点和基本结构

高密度电阻率法是集测深和剖面法于一体的一种多装置、多极距的组合方法,它具有一次布极即可进行多装置数据采集,以及通过求取比值参数便能突出异常信息的特点。高密度电阻率法是20世纪80年代提出来的一种电阻率法勘探新技术,是以常规直流电阻率法为基础,在探测断面上同时布置多个电极(60个或120个),由人工向地下发送电流,使地下形成稳定的电流场,通过自动控制转换装置对所布设的断面进行自动观测和记录的一种物探方法。高密度电阻率法可进行二维地电断面测量,兼具断面法和测深法的功能,是进行地层划分,探测隐伏断层构造、岩溶空洞以及地质滑坡体等的一种有效手段。相对而言,高密度电阻率法具有测点密度大、信息量大、工作效率高等特点,在测量过程中,通过转换装置控制电极间的不同排列组合,能够实现直流电阻率法勘探中的各种装置形式的探测,可以提供更多的地电断面信息,有利于对比分析,因此充分发挥了物探技术在勘察中的优势。

高密度电阻率法数据采集方式是分布式的,进行野外测量时只需将全部电极设置在一定间隔的测点上,测点密度远较常规电阻率法大,一般为 1 ~ 10 m,然后用多芯电缆将其连接到程控式多路电极转换开关上。电极转换开关是一种由单片机控制的电极自动转换装置,它可以根据需要自动进行电极装置形式、极距及测点的转换。测量信号经电极转换开关送入电法仪主机,并将测量结果依次存入存储器。将测量结果导入电脑后,即可对数据进行各种处理,给出地电断面分布的各种图示结果。

一、高密度电阻率法的特点

传统的电阻率法勘探时电极数量少,电极的位置需要随时更换,数据密度低、劳动强度大、工作效率低。高密度电阻率法相对于常规电阻率法而言,它具有以下特点:

(1)电极布设是一次完成的,测量过程中无须更换电极,因而可以防止因电极设置而引起的故障和干扰。

(2)可实现多种电极排列方式的组合,从而获得较丰富的关于地电结构的信息。

(3)数据的采集和收录实现了自动化(或半自动化),不仅采集速度快,而且避免了由于人工操作所出现的误差和错误。

(4)可以实现资料的现场实时处理或脱机处理。根据需要可自动绘制和打印各种成果图,大大提高了电阻率法的智能化程度。

(5)采集信号信噪比高。高密度电阻率法仪采用专用电缆,它分为屏蔽供电线和信号线,彻底克服了线间干扰对测量数据的影响,提高了信噪比。

(6)与传统的电阻率法相比,具有成本低、施工效率高、数据信息丰富、解释方便、勘探能力显著提高等特点。

虽然高密度电阻率法有许多优点,但在实际工程应用中也发现了一些问题:

(1)在实际的工程探测中,根据不同的目的选择何种装置形式;如何根据探测要求确定探测范围的大小;选择何种方法对数据进行反演;反演过程中如何选择反演次数。

(2)由于自然界中的地质体都是三维形式的,理论上使用三维模型才能更准确地解释其结构。现在三维高密度电阻率法是一个可进行积极研究的方向,但是由于仪器设备和处理软件都不能满足要求,三维高密度电阻率法还没有达到二维高密度电阻率法的应用水平。现在,这两个主要的技术问题得到了初步解决:一是仪器可以同时进行多个读数,这对于节省勘探时间是很更要的;二是计算机运算速度的提高,使得大数据量的反演可以在短时间内完成。这使得三维高密度电阻率法勘探实用化。不过在三维情况下,高密度电阻率法对目标体与背景的电阻率差异的分辨率和对目标体空间尺寸的分辨率如何变化尚待确定。

二、高密度电阻率法勘探系统的基本结构

高密度电阻率法勘探系统的基本结构主要包括以下三个方面：

(1)将全部电极布设在一定间距的测点上，然后用多芯电缆通过由单片机控制的电极自动换接装置连接到电法仪上。

(2)测量时，由单片机控制变换电极的排列方式、极距大小，以及测点位置，自动完成各测点多极距、多装置形式的数据采集工作，并将测量结果存储在电法仪内。

(3)将存储在电法仪内的测量结果传输到微机内，在微机中进行求取比值参数、计算各种统计误差等数据处理工作，最后将原始数据、中间结果以及最终结果打印出来，并根据需要绘制成不同形式的图件。

第四节　高密度电阻率法的应用

一、国内应用

国内应用高密度电阻率法比较多，领域也较广，据不完全统计，主要有：张献民等应用高密度电阻率法探测煤田陷落柱，表明该法可有效地探测煤田陷落柱；刘康和等采用高密度电阻率法等查明地表下一定深度的断层；侯烈忠等通过对某机场主跑道高密度电阻率法实测资料的处理和分析，简述了所探测的异常体在多种处理图件上的反映特征及高密度电阻率法在地基勘探中的效果；董浩斌和王传雷等将高密度电阻率法应用于长江堤坝坝体电性随长江水位变化的研究中，提出使用高密度电阻率法来监测堤坝隐患的发展；徐义贤、董浩斌等使用高密度电阻率法对树根分布情况进行探测，从而提出对名优树种进行科学施肥的方案；王士鹏在寻找地下水、查明采空区、探测岩溶发育带和划分地层等方面应用高密度电阻率法；郭铁柱使用高密度电阻率法在某水库坝基渗漏勘察中收到了良好的效果；吴长盛在某水库堤坝裂缝检测与评定研究中运用高密度电阻率法，准确地确定了堤坝的隐患，并提出了水库堤坝隐患治理的建议；王文州将高密度电阻率法用在高速公路高架桥岩溶地区地质勘探中；刘晓东等将高密度电阻率法用在岩溶灾害调查中，用高密度电阻率法划分可溶岩区、勘察基岩断裂构造、了解基岩岩溶发育情况等；王玉清等在高层建筑选址工作中应用高密度电阻率法，对区内浅层溶洞的平面分布情况和空间展布形态，从环境地球物理角度对工程选址及地基处理提出了合理的建议；杨湘生在湘西北岩溶石山区找水工作中应用高密度电阻率法，在确定最佳井位方面发挥了重要作用；余京洋等利用高密度电阻率法监测地下介质污染；宋洪柱等使用高密度电阻率法探测古墓，认为高密度电阻率在古墓探测中是一种简单、易行、高效的方法；周俊龙等用高密度电阻率法在红卫水库检测土石坝隐患，发现采用高密度电阻率法检测土石坝缺陷是一种成本低、效率高且确实可行的好方法；罗有春等使用高密度电阻率法探测防空洞，实例分析表明该方法对测定防空洞有较好的效果，且具有成本低、效率高、测试简便等优点；汤谨晖等将高密度电阻率法应用在某路基岩溶区勘察中，提供的数据丰富、效率高、可靠性好、速度快，是在灰岩地区寻找土洞、溶洞及构造破碎带最有效的物探方法之一；唐英杰等用井间高密度电阻

率成像法检测深孔帷幕注浆效果；汪新凯等用高密度电阻率法探测土堤（坝）渗漏，探测渗漏在土堤（坝）中的赋存形态，结合资料分析和现场情况调查及确定渗漏部位的方法，为土堤坝的安全鉴定和除险加固提供参考；陈则林等采用覆盖式高密度电阻率探测系统探测堤防隐患，结果表明该方法在千里堤文安堤段隐患探测中具有较好的应用效果，且具有探测速度快、精度高等优点；原文涛等用高密度电阻率法探测煤层采空区，以寿阳煤层采空区探测为例，说明高密度电阻率法是寻找煤层采空区的一种行之有效的手段；丘广新等使用高密度电阻率法探测排水管渠，应用实例充分阐述了采用高密度电阻率法探测排水管渠的可用性、可靠性，为地下管线探测技术提供了新的选择；钟韬等将高密度电阻率法应用在岩溶地区的勘探中，说明了该方法能很好地压制地形起伏、地下典型不均匀体影响及旁侧效应等带来的 ρ_s 值畸变等问题，从而改善了高密度电阻率法在岩溶地区勘探中的应用；玄月等应用高密度电阻率法中的温纳和偶极两种探测方法，对某地区隐伏断裂进行探测，从而说明电法探测技术在隐伏断裂探测中有很好的应用前景；孟贵祥等首次将高密度电阻率法技术引入到石材矿探测中，并进行二维反演和三维电阻率成像反演，实现了高密度电阻率法清晰刻画具有高电阻率特征的石材矿矿体三维空间形态，从而识别风化层和裂隙构造等不利因素；黄小军等利用高密度电阻率法来勘探水库区岩溶发育规律及地下暗河的走向，认为该方法能直观形象地反映断面溶岩的形态。

综上所述，高密度电阻率法探测主要应用领域和解决的问题有：

（1）水利水电工程：堤坝探测；水坝黏土芯墙渗漏检测；堤坝灌注质量检测；堤坝结构体探测；水库堤防渗漏检测；水库堤防裂缝检测；堤防隐患探测；堤防垂直防渗墙质量检测；测定潜水层深度和含水层分布。

（2）环境工程地质：滑坡调查；边坡软弱夹层调查；冻土调查；岩溶探测；探测地下采空区（洞穴）；探测地下和水下隐藏物体。

（3）工程地质勘察：基岩面调查测定基岩埋深；隧道渗漏探测；滑坡面调查；隐伏断层、破碎带探测；松散沉积层序和基岩风化带划分。

（4）城市工程勘察：城市管线探测；人防工程探测；城市地下埋藏物探测；路面塌陷调查。

（5）工程质量检测：隧道灌浆质量检测；堤防灌浆质量检测；煤田采空区处理灌注质量检测。

（6）考古、其他工程等。

二、国外应用

从 AGI（Advanced Geosciences Inc）公司公布的资料情况来看，高密度电阻率法在国外被广泛应用，如：使用拖曳式电极对湖底、浅海海底电阻率分布进行研究，堤坝隐患探测，地下水探测，隧道开挖方案确定（尽可能寻找软土层位），污染物侵蚀分布情况探测，岩溶探测，等等。

高密度电阻率法的应用范围十分广泛，只要目标体与背景之间存在电阻率差异，同时目标体具有一定的空间尺寸和埋藏深度，都可以使用高密度电阻率法对目标体进行探测。高密度电阻率法由于其具有高效率、深探测和精确的地电剖面成像等优势，成为水文和工程地质勘察中最有效的方法之一。

第二章　常见地质特征的电学特性

研究岩石、水、煤、断层、溶洞和煤矿地下采空区等常见地质特征的电学性质是高密度电测法的前提。目前所研究的电性参数已经有很多种，例如电阻率ρ（或电导率σ）、介电常数ε、压电模量d、自然极化E、激发极化率η等。本章着重介绍岩石、水、煤、断层、溶洞和煤矿地下采空区等地质环境特征的导电性及其影响因素的有关试验研究成果。

第一节　岩　石

一、岩石的电阻率

由均匀材料制成的具有一定横截面面积的导体，其电阻R与长度L成正比，与横截面面积S成反比，即

$$R = \rho \frac{L}{S} \tag{2-1}$$

式中　ρ——比例系数，称为物体的电阻率。

电阻率仅与导体材料的性质有关，它是衡量物质导电能力的物理量。显然，物质的电阻率值越低，其导电性就越好；物质的电阻率越高，其导电性就越差。在电法勘探中，电阻率的单位采用欧姆·米来表示（或记作$\Omega \cdot m$）。电阻率的倒数$1/\rho$即为电导率，以σ表示，它直接表征了岩石的导电性能。不同岩石的电阻率变化范围很大，常温下可从$10^{-8}\ \Omega \cdot m$变化到$10^{8}\ \Omega \cdot m$，电阻率与岩石的导电方式不同有关。岩石的导电方式大致可分为以下四种：

（1）石墨、无烟煤及大多数金属硫化物主要依靠所含的数量众多的自由电子来传导电流，这种传导电流的方式称为电子导电。由于石墨、无烟煤等含有大量的自由电子，故它们的导电性相当好，电阻率非常低，一般小于$10^{-2}\ \Omega \cdot m$，是良导电体。

（2）岩石孔隙中通常都充满水溶液，在外加电场的作用下，水溶液的正离子（如Na^{+}、K^{+}、Ca^{2+}等）和负离子（Cl^{-}、SO_4^{2-}等）发生定向运动而传导电流，这种导电方式称为孔隙水溶液的离子导电。沉积岩的固体骨架一般由导电性极差的造岩矿物组成，所以沉积岩的电阻率主要取决于孔隙水溶液的离子导电，一切影响孔隙水溶液导电性的因素都会影响沉积岩的电阻率。岩石的孔隙度、孔隙的结构、孔隙水溶液的性质和浓度以及地层温度等，都对沉积岩的电阻率产生不同程度的影响。

（3）绝大多数造岩矿物，如石英、长石、云母、方解石等，它们是通过矿物晶体的离子导电。这种导电性是极其微弱的，所以绝大多数造岩矿物的电阻率都相当高（大于$10^{6}\ \Omega \cdot m$）。致密坚硬的火成岩、白云岩、灰岩等几乎不含水，而其矿物晶体的离子导电又十

分微弱，故它们的电阻率很高，属于劣导电体。

(4)泥质一般是指粒度小于10 μm的颗粒，它们是细粉砂、黏土与水的混合物。泥质颗粒对负离子具有选择吸附作用，从而在泥质颗粒表面形成不能自由移动的紧密吸附层，在此紧密吸附层以外是可以自由移动的正离子层。在外电场作用下，正离子依次交换它们的位置，形成电流。这种以泥质颗粒表面的正离子来传导电流的方式与水溶液的离子导电方式不同，称为泥质颗粒的离子导电，也称为泥质颗粒的附加导电。黏土或泥岩中泥质颗粒的离子导电占绝对优势，由于黏土颗粒或泥质颗粒表面的电荷量基本相同，所以黏土或泥岩的导电性能比较稳定，它们的电阻率低且变化范围小。在砂岩中，随着岩石颗粒的变细，附加导电所起的作用将越来越大。特别是细砂岩和粉砂岩，附加导电对岩石的电阻率影响很大。

地壳中的岩石是多种物质材料的混合体，其中有导电的金属矿物颗粒、不导电的造岩矿物颗粒，亦有含水孔隙和干孔隙，等等。因此，不同类型岩石的平均电阻率往往千差万别。总的来看，地壳中火成岩、变质岩和沉积岩三大岩类导电性的变动范围差异甚大，如表2-1所示。由表可见，火成岩电阻率比沉积岩大。然而，由于沉积岩特殊的生成条件，这一类型岩石的电阻率变动范围最高可以达到8个数量级，比火成岩和变质岩的变动范围要大得多。表2-2列出了部分沉积岩的电阻率。

土层结构较岩石松散，孔隙度大，且与地壳的水圈相联系，因此它们的电阻率一般较低。表2-3给出了部分浮土的电阻率。

表2-1　三类部分岩石的电阻率

岩石		$\rho(\Omega \cdot m)$	岩石		$\rho(\Omega \cdot m)$	岩石		$\rho(\Omega \cdot m)$
沉积岩	硬石膏	$10^4 \sim 10^6$	火成岩	花岗岩	$1\times10^6 \sim 8\times10^7$	变质岩	千枚岩	$1\times10^4 \sim 1\times10^5$
	灰岩	$6\times10^2 \sim 6\times10^8$		辉长岩	$5\times10^5 \sim 5\times10^6$		大理岩	$1\times10^6 \sim 1\times10^7$
	砾岩	$2\times10 \sim 2\times10^8$		石英斑岩	$5\times10^4 \sim 1\times10^6$		石英岩	$1\times10^6 \sim 1\times10^8$
	砂岩	$10^{-1} \sim 10^8$		橄榄岩	$1\times10^6 \sim 1\times10^7$		片岩	$1\times10^3 \sim 1\times10^5$

表2-2　部分沉积岩的电阻率

岩石	$\rho(\Omega \cdot m)$	岩石	$\rho(\Omega \cdot m)$
页岩	$1\times10^3 \sim 1\times10^5$	泥灰岩	$1\times10^4 \sim 1\times10^5$
泥质板岩	$1\times10^3 \sim 1\times10^5$	白云岩	$1\times10^5 \sim 1\times10^6$
黏土质页岩	$1\times10^3 \sim 1\times10^5$	石膏	$1\times10^5 \sim 1\times10^7$
粉砂岩	$1\times10^4 \sim 1\times10^6$	裂隙灰岩	$1\times10^4 \sim 1\times10^6$
多孔砂岩	$1\times10^5 \sim 1\times10^6$	致密结晶灰岩	$1\times10^4 \sim 1\times10^6$
致密砂岩	$1\times10^5 \sim 1\times10^6$	砂质泥灰岩	10^8

表 2-3　部分浮土的电阻率

浮土名称	$\rho(\Omega\cdot m)$	浮土名称	$\rho(\Omega\cdot m)$
黄土层	0 ~ 200	隔水黏土层	5 ~ 30
不含水砂卵石层	>600	白垩纪黏土	5 ~ 10
含水砂卵石层	50 ~ 500	黏土	1 ~ 200

二、岩石的电阻率与其成分和结构的关系

从表 2-1 ~ 表 2-3 可以知道,岩石电阻率变化的范围是很大的。变化大的原因是多方面的。一般来说,岩石的电阻率与它的成分、结构(颗粒排列方式,颗粒之间孔隙、空穴和裂隙状况)、含水状况以及水的矿化度等有密切关系,除此之外,还受到它所处环境的热力学条件(温度和压力状况)的影响。现先讨论岩石电阻率与它的成分、结构的关系。

(一)岩石电阻率与岩石成分的关系

岩石一般是由多种矿物组成的。这些矿物可看做是两类成分的集合:一类是导电成分,一类是不导电成分。岩石的导电性与导电成分在总体积中所占的比例有关系,这个比例愈大,它的导电性就愈好,电阻率就愈低。图 2-1 是岩石电阻率 ρ 与其中导电矿物体积比 V_1/V 关系的示意图,V_1 和 V 分别为导电成分的体积和岩石的总体积。

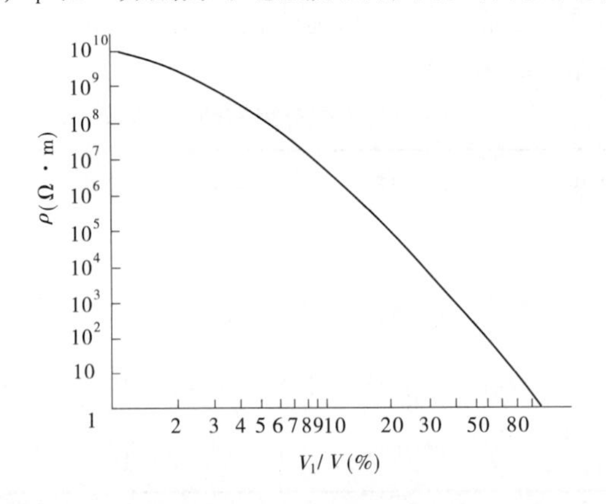

图 2-1　岩石电阻率与所含导电矿物体积比的关系

麦克斯韦公式应用到球状导电包体模型可以得出下列结果:

$$\rho_r = \rho_1 \frac{\varphi_v\rho_1 + (3-\varphi_v)\rho_2}{(3-2\varphi_v)\rho_1 + 2\varphi_v\rho_2} \tag{2-2}$$

式中　ρ_r,ρ_1,ρ_2——岩石整体平均电阻率、球状导电包体的电阻率及不导电的外圈岩石电阻率;

φ_v——球状导电矿物所占的体积比,$\varphi_v = V_1/V$。

按照式(2-2)所得到的 $\rho_r \sim \varphi_v$ 曲线与图 2-1 有所不同,但总的趋势是一致的。

(二)岩石电阻率与岩石结构的关系

1. 矿物排列方式的影响

在岩石中矿物颗粒的排列方式对导电通道的影响很大,在不同的排列方式下,岩石的

导电性有很大的差异。研究表明,这种影响表现在以下三个方面:

(1)相同含量的导电矿物呈浸染状分布时岩石的电阻率大于呈脉状分布时的岩石电阻率。

(2)岩石可以视为由不同形状的矿物颗粒和均匀相连的胶结物所组成,岩石的电阻率主要取决于胶结物的导电性,与孤立矿物的导电性关系不大。

(3)矿物颗粒呈定向排列形成层理时,岩石的导电性具有方向性(亦称为各向异性),沿着层理方向的岩石电阻率小于垂直层理方向的电阻率。表 2-4 给出了部分岩石的各向异性系数 λ 值。

表 2-4　部分岩石的各向异性系数 λ 值

岩石	λ	岩石	λ
灰岩、砂岩	1.01 ~ 1.02	成层砂岩层	1.10 ~ 1.59
松散黏土层	1.02 ~ 1.05	粒状凝灰岩	1.16 ~ 1.17
页岩	1.03 ~ 1.08	泥质板岩层	1.10 ~ 1.59
具有砂岩夹层的黏土	1.05 ~ 1.15	黏土页岩层	1.41 ~ 2.25
白云岩	1.07	碳质页岩层	2.00 ~ 2.75

各向异性系数 λ 的定义为

$$\lambda = \sqrt{\frac{\rho_n}{\rho_l}} \tag{2-3}$$

式中　ρ_l, ρ_n——沿着层理、垂直方向的岩石电阻率。

在一般情况下,$\lambda > 1$。

2. 孔隙裂隙结构和含水状况的影响

岩石中一般都有程度不同的孔隙、空穴和裂隙,它们对岩石导电性的影响与其含水状况有关系,因此必须将两者综合起来考虑。

由于岩石生成条件的不同和以后环境条件的变化,三大岩类岩石的孔隙度(裂隙率)有着明显的差异,如表 2-5 所示。在大多数情况下,火成岩的孔隙度较小,沉积岩的孔隙度较大。位于地壳表层的风化岩石和土层具有更大的孔隙度。随着深度的增加,岩石的裂隙逐渐闭合,如表 2-6 所示。但是,在地壳深处岩石的原生孔隙仍然存在。

表 2-5　部分岩石的孔隙度

岩石	φ(%)	岩石	φ(%)
变质岩石	0.02 ~ 0.60	砂岩	8.10 ~ 9.50
花岗岩	0.05 ~ 2.80	中生代灰岩	1.20 ~ 26.50
大理岩	0.10 ~ 6.00	板岩状页岩	1.10 ~ 20.00
硅质页岩	0.80 ~ 1.50	侏罗纪砂岩	4.20 ~ 24.60
黑色页岩	0.70 ~ 1.40	第三纪砂岩	2.20 ~ 42.00

续表 2-5

岩 石	φ(%)	岩 石	φ(%)
片麻岩	0.30~2.40	白垩纪砂岩	7.20~37.70
硬石膏	0.03~6.26	三叠纪砂岩	0.60~27.70
石英岩	0~8.70	砾岩	20.20~37.70
黏土质砂岩	0.40~10.00	黏土	10.10~62.90
砂质页岩	1.50~44.80	土壤	20.00~69.40

表 2-6 岩石裂隙率随深度的变化

深度(m)	φ(%)	深度(m)	φ(%)
10~20	0.33	40~50	0.23
20~30	0.35	50~60	0.15
30~40	0.31	>60	0.16

岩石孔隙中的含水状况可以用湿度来表征。目前,对湿度的定义有两种:一种是按水在岩石中的重量比来表示,记为 S_w;另一种是按水在岩石中所占的体积比来计算,记为 S_v。表 2-7 给出了不同湿度下部分岩石电阻率的实测结果。由表 2-7 可以看出,随着岩石湿度的减小,岩石电阻率急剧增大。

表 2-7 不同湿度下部分岩石电阻率的实测结果

岩石	S_w(%)	$\rho(\Omega \cdot m)$	岩石	S_w(%)	$\rho(\Omega \cdot m)$
粉砂岩	0.54	1.5×10^6	叶蜡岩	0.76	6.1×10^8
	0.50	7.3×10^7		0.72	4.9×10^9
	0.44	8.4×10^8		0.70	2.1×10^{10}
	0.38	5.5×10^{10}		0	$>10^{13}$
花岗岩	0.31	4.4×10^5	玄武岩	0.95	4.1×10^8
	0.19	1.8×10^8		0.49	9.0×10^7
	0.06	1.3×10^{10}		0.26	3.1×10^9
	0	$>10^{12}$		0	1.26×10^{10}
细粒砂岩	1	4.2×10^5	橄榄石辉岩	0.028	0.7×10^7
	0.67	3.18×10^8		0.014	0.39×10^8
	0.1	1.4×10^8		0	0.56×10^{10}

岩石的水饱和度对岩石电阻率的影响具有极为重要的意义。岩石的水饱和度是指水的体积与岩石中孔隙总体积的比,记为 S_K。这样,自然界中岩石就有以下三种情况:

(1)干岩石,岩石孔隙、裂隙中不含水,只有空气,$S_K = 0$;

(2)部分饱和岩石,岩石孔隙、裂隙中水和空气并存,$S_K < 1$;

(3)饱和岩石,岩石孔隙、裂隙中充满了水,$S_K = 1$。

应当说明,由于矿化水属于第二类导体,它的电阻率较低,在岩石导电中起着重要作用。在岩石导电性中,导电通路的作用也十分重要,那些完全封闭在岩石孔隙中水的作用比那些在连通孔隙中水的作用要小得多。因此,下面所提到的孔隙及其含水状况对电阻率的影响,主要是指岩石开口孔隙中水的影响。

表 2-8 给出了几种岩石在上述三种情况下的电阻率。图 2-2 给出了某些水饱和结晶岩石电阻率 ρ 与孔隙度 φ 的关系。由上述图表可以看出,岩石的电阻率随着饱和度的增大而减小。在饱和的条件下,这种关系可以用岩石的整体平均电阻率 ρ_r 与孔隙度 φ 的经验公式(2-4)来表示。

表 2-8　不同饱和度下几种岩石的电阻率

岩石	气饱和岩石 $\rho(\Omega \cdot m)$			气水饱和岩石 $\rho(\Omega \cdot m)$			水饱和岩石 $\rho(\Omega \cdot m)$			平均孔隙度(%)
	$\rho_{平}$	ρ_{min}	ρ_{max}	$\rho_{平}$	ρ_{min}	ρ_{max}	$\rho_{平}$	ρ_{min}	ρ_{max}	
弱蛇纹石化橄榄岩	5×10^7	4×10^7	7×10^7	1×10^7	1×10^6	2×10^7	4×10^5	1×10^5	1×10^6	1.4
辉绿岩	1×10^7	5×10^6	4×10^7	2×10^6	7×10^5	8×10^6	6×10^5	1×10^5	2×10^6	1.4
辉长岩	4×10^6	1×10^6	9×10^6	1.4×10^6	1×10^6	2×10^6	7×10^4	2×10^4	2×10^5	1.6
玢岩	1×10^6	9×10^4	2×10^6	3×10^5	6×10^4	5×10^5	3×10^4	1×10^4	3×10^4	2.7
辉长角闪岩				5×10^6	2×10^6	1×10^7	3×10^4	1×10^4	6×10^4	2.6
花岗岩				3×10^7	2×10^6	8×10^7	7×10^3	3×10^3	1×10^4	2.8
石英玢岩	2×10^7	4×10^5	6×10^7	5×10^5	7×10^4	1×10^6	3×10^3	1×10^3	5×10^3	3.2
片麻岩				1×10^7	2×10^6	5×10^8	1×10^4	2×10^3	2×10^4	3.2
石英闪长岩				2.5×10^7	2×10^7	3×10^7	4×10^4	5×10^3	7×10^4	3.3
玄武岩	3×10^7	2×10^5	6×10^8	4×10^4	4×10^3	1×10^5	2×10^3	1×10^3	3×10^3	4.0

$$\left.\begin{aligned} \rho_r/\rho_w &= \varphi^{-2};\ \rho_r/\rho_w = \frac{3-\varphi}{2\varphi} \\ \rho_r/\rho_w &= \frac{T^{*2}}{\varphi};\ \rho_r/\rho_w = \frac{a}{\varphi^m} \end{aligned}\right\} \tag{2-4}$$

式中　ρ_w——孔隙中水的电阻率;

ρ_r——岩石整体平均电阻率;

T^*——导电通道弯曲性;

a,m——经验常数。

3. 矿化度的影响

空隙中水的矿化度对水的电阻率有直接的影响,因此含有不同浓度水溶液的岩石也

就有不同的电阻率。研究表明,水的电阻率可以由式(2-5)确定:

$$\rho_w = \frac{10}{\sum_{i=1}^{N}(a_{1i}b_{1i}c_{1i} + a_{2i}b_{2i}c_{2i})} \tag{2-5}$$

式中 N——水中所含不同盐类的总数;

a_{1i}, a_{2i}——第 i 种盐类阴离子和阳离子的克当量;

b_{1i}, b_{2i}——第 i 种盐类两种电性不同的离子在单位电场作用下的迁移率;

c_{1i}, c_{2i}——第 i 种盐类两种电性不同的离子的离解度。

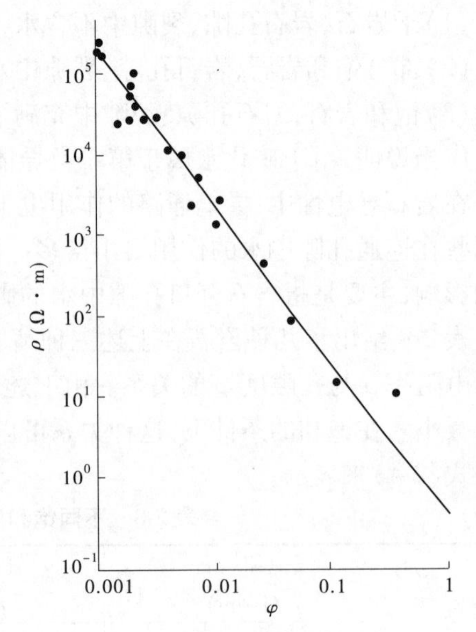

图 2-2 在 4 MPa 时饱和结晶岩石电阻率与孔隙度的关系

综上所述,就导电性而言,岩石的组成和结构可以概括为两部分:一部分是岩石骨架;一部分是岩石中含水或含气的孔隙、空穴和裂隙。在岩石中导电的颗粒往往为许多不导电的颗粒所包围,整体岩石的电阻率较高,而孔隙中由于水的存在,岩石的电阻率较低。因此,岩石的导电性主要取决于岩石的(开口)孔隙和裂隙中水的导电性。在三大岩类中,火成岩孔隙度最小,含水程度差,岩石的电阻率一般较高,沉积岩的孔隙度最大,含水程度较好,岩石的电阻率一般较低。由于沉积岩在地球表面分布广泛(占 75%),它们绝大多数又与水圈相联系,岩石含水状况十分复杂,再加上不同类型的沉积岩所处条件的差异,岩石电阻率变动范围很大。变质岩则介于两者之间。第四纪的浮土层分布在地球的最表层,具有松散的结构,水在其中的作用更为突出,因此浮土的电阻率一般比岩石的电阻率要小得多。由于地表水的动态和矿化度受季节和人类活动的影响很大,土层的电阻率也会产生大幅度的变化。此外,岩石的电阻率还受温度、压力等热力学条件的影响。

三、岩石的其他电学性质

在电阻率测量中时常遇见与岩石其他电学性质(或电性参数)有关的一些问题。下面简要介绍岩石介电性、岩石极化等参数,并说明这些参数在高密度电阻率测量中的影响。

(一)岩石的介电性质

在四极法中,采用低频交流电法测交流地电阻率 $\tilde{\rho}_s$ 可以仿照直流电法中的处理方法,即

$$\tilde{\rho}_s = K\frac{\Delta\tilde{u}_{MN}}{\tilde{I}} \tag{2-6}$$

式中　K——装置系数；

$\tilde{I}$——交流供电电流强度；

$\Delta\tilde{u}_{MN}$——交流电位差。

交流地电阻率 $\tilde{\rho}_s$ 通常随频率 f 成反比变化，用直流电法测定岩石电阻率时所确定的规律在用交流电法测定岩石电阻率时依然存在。因此，在这里仅研究影响交流电场分布的介电常数。

岩石的介电常数 ε 是高阻岩石的重要电性参数之一，它是由于施加电场而引起电极化的一种量度，在各向异性介质中它是一个张量。岩石的介电常数与岩石的成分、结构、孔隙度、湿度、温度、压力和工作电流频率有关。

岩石介电常数首先取决于它的成分。由不同介电常数的矿物所组成的岩石具有不同的介电常数，而且相差相当大，如表 2-9 所示，表中数据是在工作电流频率为 100 Hz 时所测得的介电常数。

表 2-9　岩石的介电常数

沉积岩		变质岩		火成岩	
岩石	ε	岩石	ε	岩石	ε
干白云岩	11.9	干滑石片岩	31.5	角闪石花岗岩	11.1
干灰岩	15.4	角闪石片岩	10.3	干辉长岩	15.0
干花岗质砂岩	5.94	干片麻岩	9.73	干辉绿岩	23.5
		蛇纹岩	10.1	干闪长岩	7.2 –17.0

岩石的介电常数的大小与岩石中含水量的多少也有直接关系。因为水的介电常数是较大的，因此介电常数较小的岩石充水后，其介电常数必然增高，并随其含水量的变化而变化。充填在孔隙中的水溶液介电常数还与浓度有关。试验表明，它们两者之间的关系可以用下式来表示：

$$\varepsilon = \varepsilon_0 + 3.79\sqrt{c} \tag{2-7}$$

式中　ε_0——纯水的介电常数，$\varepsilon_0 = 80$；

c——溶液的浓度，mol/L。

由式(2-7)可知，岩石的介电常数随着水溶液浓度的增加而增大。

岩石的介电常数与岩石结构的关系，表现在矿物颗粒的排列方式或相对结晶轴的定向排列和不同矿物成分呈层状交替时形成的各向异性上，如表 2-10 所示，表中 ε_1，ε_2，ε_3 为 ε 的三个主值。由表可以看出，平行层理的 ε_2 比垂直层理的 ε_1 要大。

温度对岩石介电常数的影响是由于不同温度下岩石和孔隙中水溶液的介电常数不同所造成的。它对水的介电常数的影响可以用表 2-11 来说明，即水的介电常数随着温度的增加几乎呈线性减小。

表 2-10　岩石介电常数的各向异性

岩石	介电常数					
	$\varepsilon_1(\perp)$		$\varepsilon_2(//)$		$\varepsilon_3(//)$	
	干	湿	干	湿	干	湿
灰色大理石	6.2	6.8	8.3	9.4	8.3	9.0
灰岩Ⅰ	8.3	10.4	8.5	12.2	8.4	12.4
灰岩Ⅱ	8.6	10.2	8.5	12.5	8.6	12.2
灰岩Ⅲ	7.8	10.6	7.8	12.0	7.9	12.1
白粒岩	6.1	6.4	6.1	7.1	6.3	7.1
榴辉岩	12.7	17.0	9.7	14.1	9.3	13.6
花岗岩Ⅰ	5.9	8.4	5.9	8.7	6.8	8.7
花岗岩Ⅱ	7.0	7.1	7.0	7.2	6.8	7.3

表 2-11　水的介电常数与温度的关系

t(℃)	0	7	14	26	59.5	83.0
ε	92.26	86.06	83.3	75.7	58.3	38.0

岩石介电常数与压力也有密切关系，它随着压力的增大而变化的情形如图 2-3 所示。由图 2-3(a)可以看出，在压力较小时岩石的介电常数变化较大，然后随着压力的增大其变化减慢，最后趋于稳定。其中，砂岩介电常数的变化量比正长岩和花岗岩都要大。此外，砂岩和正长岩在加压过程中介电常数的变化也都比卸压过程中的变化小。在围压的情形下，它们仍具有单向压力作用下的变化特征，如图 2-3(b)所示。

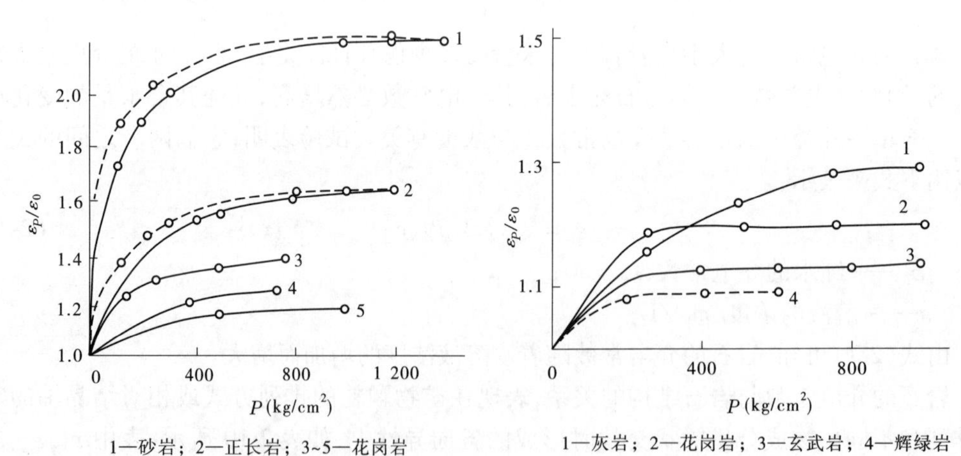

(a)岩石介电常数的相对变化量与单向压力的关系　(b)岩石介电常数的相对变化量与纯围压的关系

图 2-3　岩石介电常数相对变化量$\dfrac{\varepsilon_P}{\varepsilon_0}$与压力的关系

有人指出，岩石的电阻率 $\tilde{\rho}_s$ 和岩石的介电常数 ε 之间有下列关系：

$$\varepsilon \cdot \sqrt[4]{\tilde{\rho}_s} = A \tag{2-8}$$

式中 A——与岩石性质有关的常数，它可以根据相同频率的工作电流所测定的 $\tilde{\rho}_s$ 值和 ε 值来确定。

表 2-12 给出了不同频率下湿砂的 $\tilde{\rho}_s$ 值和 ε 值。计算表明，湿砂的 A 值随着频率的增高而减小。

表 2-12 不同频率下湿砂的 $\tilde{\rho}_s$ 值和 ε 值

f(Hz)	50	300	1 000	1 470	3 480	6 960	1×10^4	2×10^4
ε	69	57	42	35	26	20	19	16
$\tilde{\rho}_s$($\times10^6$ Ω·m)	5.26	2.38	1.11	0.56	0.30	0.19	0.14	0.12

岩石电导率 σ 和介电常数 ε 的关系是很密切的，它们各自取对数后的相关关系如图 2-4所示。由图可见，岩石电导率和介电常数都随着温度的增高而增大，曲线转折处的温度约为 400 ℃。

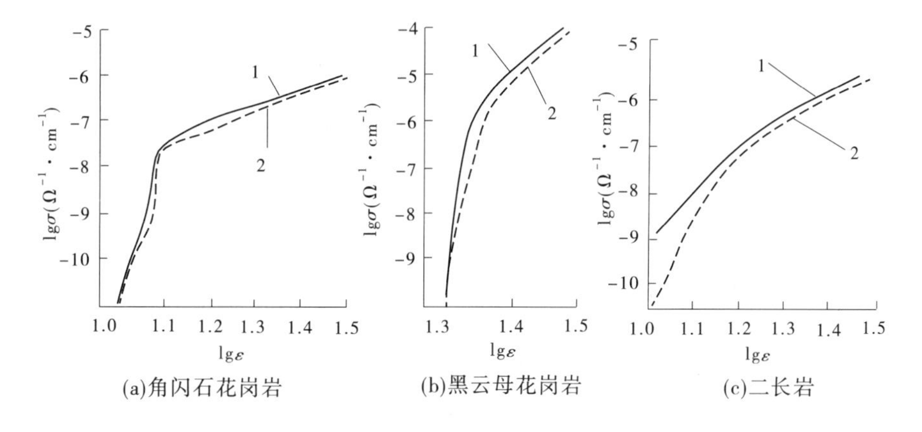

(a)角闪石花岗岩 (b)黑云母花岗岩 (c)二长岩

1—加热过程中测量的结果；2—冷却过程中测量的结果

图 2-4 lgσ 与 lgε 的相关关系

(二)岩石的自然极化

地壳岩石，特别是地表到地下几百米深处的岩石是一个多相且不均匀的系统。在温度、湿度和压力作用的环境中，岩石会产生自然极化，形成各种各样的自然电场。这些电场与高密度电阻率法的测量有直接关系，往往成为高密度电阻率法测量中的干扰。

1. 过滤电位

过滤电位又称为动电学电位或流动电位。它是水溶液通过毛细管或孔隙介质时产生的一种电效应。水溶液在压力作用下沿毛细管或孔隙流动，溶液中的负离子会被岩石吸附，成为不动部分，而正离子仍随液体移动，成为可动部分，由此便产生了过滤电位，水压高的一端为负电位，水压低的一端为正电位，如图 2-5 所示。这种电位可以用下式来表示：

$$E_K = -\theta_K \varepsilon \rho_W \Delta P / 4\pi\beta_K \tag{2-9}$$

式中 ρ_W——液体的电阻率；

β_K——液体的黏滞系数；

ε——液体的介电常数；

θ_K——吸附电位，它是在液体和固体间形成双电偶层的电位；

ΔP——压力差。

该式表明，过滤电位与水溶液的性质及矿化度、温度和压力有关系。

过滤电位在地下水发育的地区是很显著的。在山区，水从山上向山下流动时可形成山地电场，山上为负电位，山下为正电位。据此可以用多方向布设测量线来确定地下水流动的方向，电位差大的方向就是水流的方向。在河流两岸、湖泊四周及滨海地区，受水位的涨落而造成的水流方向的改变也可形成河流电场。涨水期间，水向岸边渗透流动，在靠近河床一端形成负电位，远离河床一端形成正电位，而在水位降低期间，两岸的潜水补给河水，电位极性正好相反。

由于过滤电位变化不稳定，因此它往往成为高密度电阻率法测量中的严重干扰。其中，最显著的就是测量电极泡水，此时的过滤电位远大于电极极化。农田灌溉和抽汲地下水等都会使得测点附近的自然电位变化剧烈和电极极化不稳定，如图 2-6 所示。

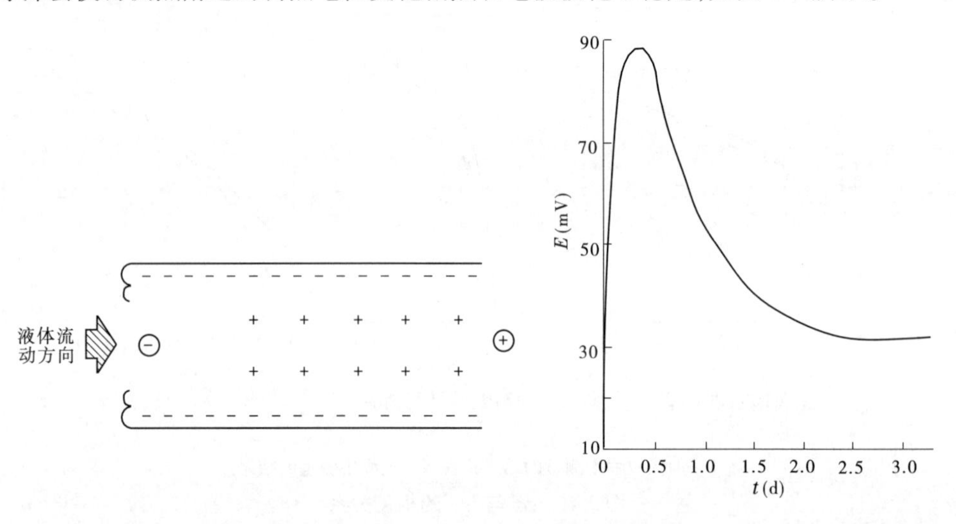

图 2-5　过滤电场示意图　　　图 2-6　电极泡水后自然电场变化示意图

2. 扩散－吸附电位

两种不同浓度的电解质或具有不同离子迁移率的两种溶液接触时，浓度大的离子就会向浓度小的溶液中扩散，迁移率大的离子也会向迁移率小的溶液里扩散，形成同性电荷的离子集中，从而产生了扩散电位。此时，浓度较低的溶液的电性符号与浓度较高的溶液中扩散速度大的离子电荷符号相同。这种电位可以用下式计算：

$$E_d = -\frac{R_0 T(b_1 - b_2)}{Fn(b_1 + b_2)} \ln \frac{c_1}{c_2} \tag{2-10}$$

式中 E_d——扩散电位，mV；

R_0——气体常数（此处为了与电阻有所区别添加下标“0”），$R_0 = 8.31$ J；

F——法拉第常数，$F = 9.65 \times 10^4$ C/mol；

T——绝对温度；

n——化合价；

b_1, b_2——阴离子和阳离子的迁移率；

c_1, c_2——两种溶液的浓度。

该式表明，扩散电位与两种溶液浓度的差异及溶液的迁移率和温度有关。

值得指出的是，当地下水在多孔岩石中流动时，岩石对孔隙中的电解质也会产生强烈的吸附作用，形成薄膜电位——吸附电位。孔隙度大的岩石吸附电位小，孔隙度小的岩石吸附电位大。因此，在多孔岩石中离子扩散现象和吸附现象总是同时发生的，综合形成扩散－吸附电位。

3. 电化学电位

电化学电位又称为氧化－还原电位。这种电位在自然界是普遍存在的，它是电子导体在氧化和还原作用下形成的电场（见图 2-7）。当地表水和地下水向地下渗透流经电子导体时，由于近地表或高于潜水面的天然水含氧浓度大，具有较强的氧化性质，而潜水面以下则具有较强的还原作用，于是，对于埋藏在潜水面附近的电子导体，其上部就会因氧化失去电子带正电荷，而其下部因还原作用带负电荷，电子导体周围的围岩则带有与此相反的电荷。这样，电子导体表面各部分就具有不同的电位跃变值，在导体周围产生自然电流，由电子导体下部流向它的上部，并在电子导体上部形成负电位中心。由于地表含氧水能不断地恢复其氧化性质，因此电化学电场能长期存在。但当电子导体所处的潜水面发生变化时，则可能改变电子导体氧化和还原性质的部位和强弱程度，使得地面所测得的自然电场发生变化。

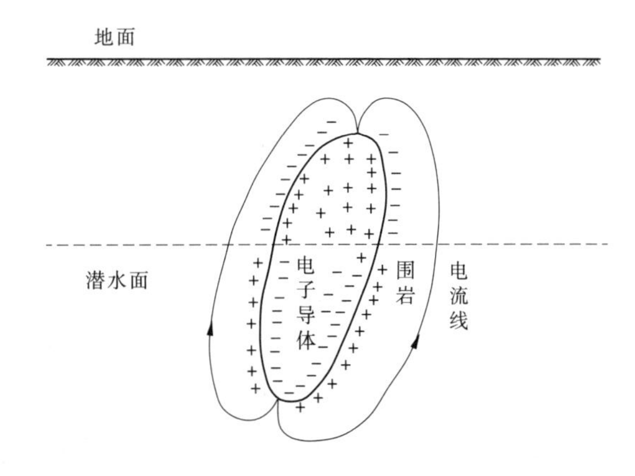

图 2-7　电化学电场示意图

4. 奈斯特电位

当两种相同的金属电极浸泡在均匀的溶液里时，在它们之间没有电位差。但如果电极周围溶液的浓度有差异，则两个电极间就有电位差。它的值可由下式给出：

$$E_s = -\frac{R_0 T}{Fn}\ln\frac{c_1}{c_2} \tag{2-11}$$

该式表明，当 $c_1 = c_2$ 时，$E_s = 0$。因此，选用电极性相同的金属材料作为测量电极并保持它们有同样的环境条件以减小极化是很重要的。在这里，E_s 称为奈斯特电位，又称为电极电位。式中其他参数意义同前。

第二节 水

自然状态下不同性质水的电阻率变化范围，如表 2-13 所示。

表 2-13 不同性质水的电阻率

名称	$\rho(\Omega\cdot m)$	名称	$\rho(\Omega\cdot m)$
雨水	$>1\,000$	海水	$n\times10^{-1}\sim n\times10^{0}$
河水	$n\times10^{-1}\sim n\times10^{2}$	矿井水	$n\times10^{0}$
潜水	<100	深层盐渍水	$n\times10^{-1}$

水的电阻率与它的矿化度和温度有密切的关系。表 2-14 是地下水中常见的不同矿化度水的电阻率值。

地下水的矿化度变化范围很大，淡水中的矿化度为 10^{-1} g/L，咸水矿化度可高达 100 g/L，地下水的电阻率亦随之有明显的变化。因此，在岩性条件变化不大的情况下，有可能在地面或井中应用电阻率的差异来划分含淡水和含咸水的层位。

温度的变化会引起水溶液中离子活动性的变化，水溶液的电阻率随温度的升高而降低。在地下热水的勘探工作中，将利用这个特性，用电阻率法圈定地热异常区。

表 2-14 不同矿化度水的电阻率

矿化度(g/L)	地下水的电阻率(Ω·m)			
	NaCl	KCl	$MgCl_2$	$CaCl_2$
纯 水	25×10^4	25×10^4	25×10^4	25×10^4
0.010	511	578	438	463
0.100	55.2	58.7	45.6	50.3
1.000	5.83	6.14	5.06	5.56
10.000	0.657	0.678	0.614	0.660
100.000	0.080 9	0.077 6	0.093 6	0.093 0

在冰冻条件下，地下岩石中的水溶液全处于冻结状态，离子无法迁移，冰的电阻率剧增至 105 Ω·m 左右，这时，岩石便呈现极高的电阻率，增加了电探施工的困难。

第三节 断 层

一、断层基本概念

地壳岩层因受力达到一定极限而发生破裂，并沿破裂面有明显相对移动的构造称为断层，是构造运动中广泛发育的构造形态。断层是沿连续贯通的破坏面发生明显位移的断裂，呈带状延伸，具有一定的宽度，造成周边岩体发生不同程度的破坏。伴随断层活动形成特征性的动力变质岩，有碎裂岩和糜棱岩系列，它们通常呈一定的规律在断层带分布。长期以来，人们利用不同的手段对断层进行认识研究，断层大小不一、规模不等，小的不足一米，大到数百万米，但都破坏了岩层的连续性和完整性。在断层带上往往岩石破碎，易被风化侵蚀。沿断层线常常发育为沟谷，有时出现泉或湖泊。断层是各类工程建设中经常遇到地质问题之一，是岩体中的控制性结构面。一些区域性断层不仅控制或影响区域地质构造的结构和发展，而且控制和影响沉积盆地的演化、岩浆作用、变质作用和区域成矿作用，一些中小型断层直接决定了某些矿体的形态和产状，对石油、天然气、地下水等矿藏的分布、储存和运移也有重要影响。

二、断层的电学特性

在高密度电阻率法勘探中，一般用电阻率的大小表示岩石或矿石的导电难易程度。地下地质体间存在明显的电性差异是高密度电阻率法勘探的物理前提。断层带作为一个软弱夹层，其完整性和连续性与完整岩体相比，发生了明显的变化。孔隙度是影响岩石电阻率的重要因素之一，断层带及其断层影响带与完整岩体相比，孔隙度增大，透水性和含水性明显增强，电阻率明显降低，为高密度电阻率法勘探提供了物理前提。

如图 2-8 所示为断层破碎带的地电模型。通常情况下，规模较大的破碎带整体显示为低阻特征，破碎带内的导电性质和断层两侧围岩相比，地下水位以上的部分显示为高阻特征，地下水位以下的部分显示为低阻特征。从图 2-8 中可以看到断层破碎带对电性层的改变情况。有些规模小的断层若发育较浅，整个破碎带都在地下水位以上时也呈高阻特征。在视电阻率断面图上，若出现电阻率分布不连续的情况，也可推断出断层的存在，如图 2-9 所示。

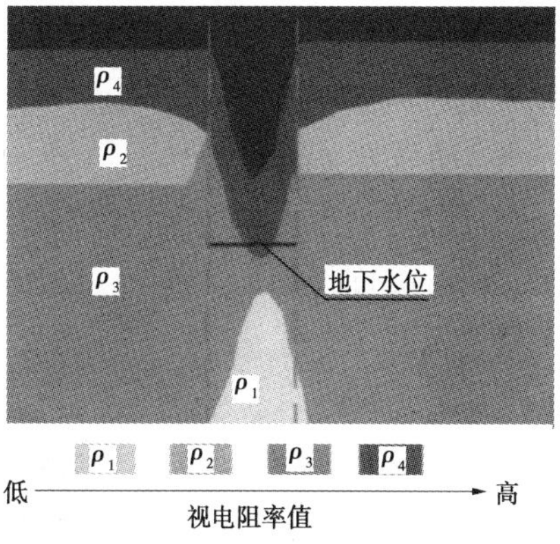

图 2-8　断层破碎带的地电模型

总之，影响断层电性特征的因素是多样的，相对于围岩介质的电阻率，断层大多表现为低阻，其大小取决于断层的性质、破碎带宽度、胶结程度、含水特征、岩脉侵入及围岩电阻率等特性。一般来说，新活动断层电阻率值较低。断层越老，胶结程度越强，电阻率值越大；断层破碎带越宽、越破碎，电阻率值越小；地下水和地表水越丰富，电阻率值越小；压性断层形成的断层岩相对隔水，断层带含水量相对较低，则电阻率较高；张性断层相对富水，则电阻率较低；有岩脉侵入时可表现为高阻。

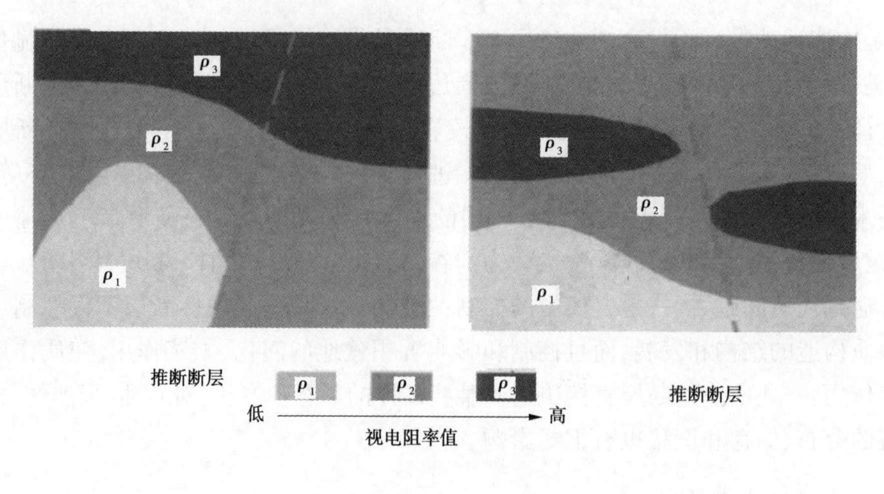

图 2-9　视电阻率断层图

第四节　溶　洞

一、溶洞的基本概念

溶洞是岩溶地区工程建设中最常见也是最严重的灾害之一，它们规模不一，形态各异。溶洞可以划分为无充填溶洞、半充填溶洞和充填溶洞，不同的溶洞类型又可以形成不同的病害。在从事各种生产建设之前，利用各种手段对溶洞分布情况进行充分的调查，能减少和预防各种事故的发生。

溶洞是由于具有侵蚀性的流水沿灰岩层面裂隙溶蚀、侵蚀、塌陷而形成的岩石空洞，洞内常有各类滴水石沉积物。

溶洞分类方法很多，如按洞体形态分类，按所在位置分类，按石景特点分类等。本文按照充填类型对溶洞进行分类，分为无充填溶洞和充填溶洞。

溶洞堆积物是在岩溶地区岩溶发育过程中，形成了各种形态和不同规模的岩溶洞穴和裂隙的，同时，在这些洞穴和裂隙中进行堆积、形成各种类型的洞穴堆积物。这种堆积物常见的主要由化学沉积的灰岩和各种来源的碎屑物质组成。洞穴堆积物与其他地质应力所形成的堆积物相比，不同之处是：由于在洞穴中发育，所以在空间分布上相当零散，成为孤立的点；主要是陆相地层，以就近的物源供给为主，厚度不大，从几米到数十米。

洞穴堆积物的主要类型按其物质成分分类，包括碳酸盐类等的化学沉积、粗细碎屑物质和生物化石等。按其成因和物质来源分类有：各种环境下化学沉淀或结晶的碳酸盐物质；洞穴发展过程中洞顶和洞壁物理风化崩解而产生的灰岩角砾；附近地面流水进洞冲刷的碎屑物质；古代人类活动堆积的灰烬层、烧石、烧骨；人类化石和石器等文化遗物；生物化石及某些动物的粪化石；洞外河流搬运物质进入洞穴沉积，或受海水侵入影响的沉积层。

二、溶洞的电学特性

溶洞有的无充填,有的被各种堆积物充填,但其电学特性与围岩相比都具有显著差异,为电阻率法探测溶洞提供了物理前提。如图 2-10 所示为溶洞的地电模型,其中图 2-10(a)为无充填溶洞,洞体的电阻率为ρ_3,周围介质的电阻率为ρ_2,且$\rho_3 \neq \rho_2$;图 2-10(b)为半充填溶洞,洞体的电阻率充填部分为ρ_1、无充填部分为ρ_3,周围介质的电阻率为ρ_2,$\rho_1 \neq \rho_2 \neq \rho_3$;图 2-10(c)为充填溶洞,洞体的电阻率为$\rho_1$,周围介质的电阻率为$\rho_2$,$\rho_1 \neq \rho_2$。其中,介质$\rho_2$可能是均匀的,也可能随深度而变化,洞体体积、形状和埋深为不定值。

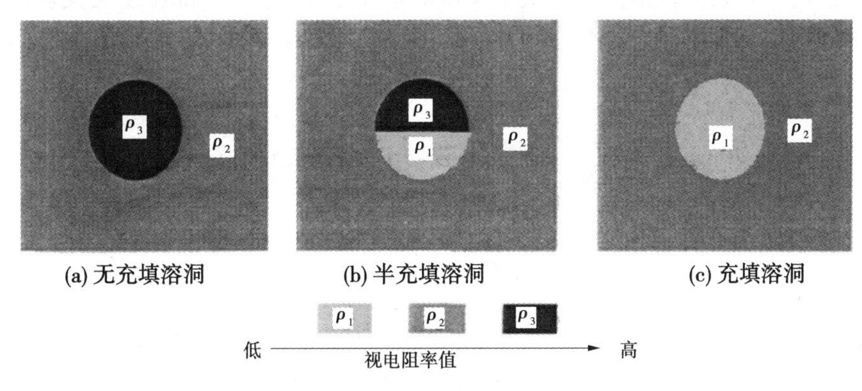

图 2-10　溶洞的地电模型

综合分析各种介质的电阻率,可以得出三种不同充填类型溶洞的电学特性,分别描述如下:

(1)无充填溶洞的电学特性:洞体部分介质的电阻率相当于空气的电阻率,对于地下地质体来说,其电阻率均低于空气的电阻率,因此洞体部分相对于围岩出现高阻,即$\rho_3 > \rho_2$,两者之间的变化梯度由围岩性质、风化程度和含水性质决定。

(2)半充填溶洞的电学特性:洞体部分介质由无充填部分和充填部分两部分组成,其中无充填部分介质电阻率相当于空气的电阻率,均大于充填部分和围岩的电阻率;充填部分大多由溶塌角砾和附近地面流水进洞冲刷的碎屑物质及其黏土组成,通常孔隙度很高,具有一定的含水量,电阻率与围岩相比为低阻,因此这种充填类型的溶洞$\rho_3 > \rho_2 > \rho_1$,三者之间的变化梯度由围岩性质、风化程度和含水性质以及充填介质的性质、含水量等决定。

(3)充填溶洞的电学特性:洞体大多由溶塌角砾和附近地面流水进洞冲刷的碎屑物质及其黏土组成,通常孔隙度很高,具有一定的含水量,电阻率与围岩相比为低阻,即$\rho_2 > \rho_1$,两者之间的变化梯度由围岩性质、风化程度和含水性质以及充填介质的性质、含水量等决定。

第五节　煤

煤的电阻率与煤化程度、煤岩组分、矿物杂质含量以及水分等因素有关。

煤化程度很低的褐煤常含有较多的水分和溶于水的腐植酸离子,故其电阻率较低,一般仅为数十至数百欧姆·米。随着煤化程度的加深,褐煤中水分和溶于水的腐植酸离子含量将显著减少,因而褐煤的离子导电性减弱,其电阻率明显增高。烟煤一般具有较高的电阻率,但随煤变质程度的加深,电阻率减小,过渡至无烟煤,电阻率急剧下降。烟煤电阻率的变化范围为数十至数千欧姆·米,无烟煤常常具有良好的电子导电性,因而其电阻率很低,一般在 1 Ω·m 以下。

煤的湿度分为内部湿度和外部湿度。煤的内部湿度是煤的电阻率随其变质程度变化的主要因素之一。煤的外部湿度取决于煤田的水文地质条件,外部湿度会使煤的电阻率降低。在煤的氧化带中,外部湿度一般较大,所以氧化带的电阻率往往比深部煤的电阻率低。在各种煤岩组分中,丝炭的电阻率比镜煤低。

第六节　煤矿地下采空区

一、煤矿地下采空区的基本概念

所谓采空区,是指地下矿体采出后所留下的空间区域。当矿体(如煤、金属矿石等)从地下被采出来后,上部覆岩失去支撑而导致平衡破坏,应力重新分布,以达到新的平衡。在此过程中,采空区上部岩体变形和移动会向上波及地表,地层内部岩石的强度和内聚力会大大降低,并在地表呈现出塌陷、裂缝和台阶等多种形式,并形成地表移动盆地,我们将其称为采动区。当开采宽度增加到相当大后,再增加开采宽度对停采上方地表移动和变形几乎没有影响时,即在盆地的中央平底部分的移动值都达到该条件的最大值,并且相等,我们称之为"充分采动",否则为"非充分采动"。在采空区形成后的一段时间内,在采空区的上部岩石层中一般会形成"纵三带"(即冒落带、裂隙带和弯曲带),如图 2-11 所示。

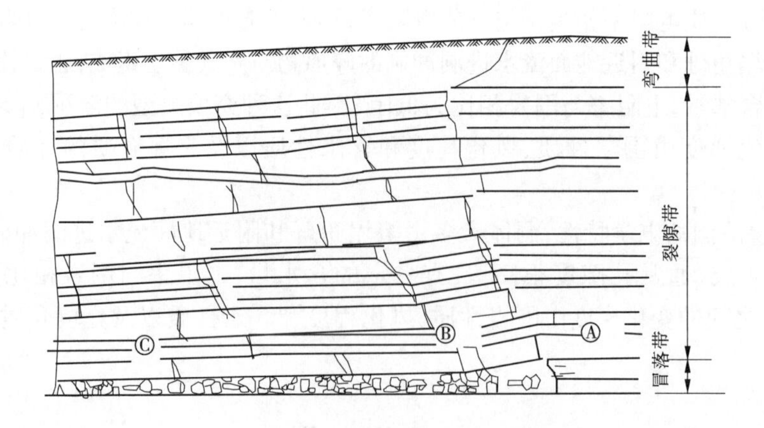

A—煤柱;B—脱离层;C—重压区域

图 2-11　采空区的断面变形、破坏图

二、煤矿地下采空区的特征

煤矿地下采空区有多种类型,因开采方式的不同,所形成的地下采空区是有区别的。采用机械化或半机械化采煤,所形成的地下采空区面积大,也比较深,而且还分层开采,造成的危害也大,地表出现大面积的下沉和裂缝。手工开采所形成的地下采空区面积小,开采比较凌乱,主要以掘进巷道为主,开采深度较浅,只在几十米范围内。煤矿古采空区,开采时间较长,地下采空区都已充填压实,很难从地表上反映出来。综合起来讲,煤矿地下采空区主要分为三种类型:一是煤矿规范开采形成的采空区;二是煤矿不规范开采形成的地下采空区;三是煤矿古采空区。

(一)煤矿不规范开采形成的地下采空区特征

煤矿不规范开采主要是无序开采和私挖乱采,主要具有以下几个特点:

(1)地质资料精度程度较低或者没有相应的掘进、勘察资料,大部分没有进行过详细的地质勘察。

(2)开采情况复杂:①一般为手工开采,地下采空面积较小,以巷道掘进开采为主,有单层的、多层的和网状的。开采深度较浅,一般多在50 m深度范围以内,有的沿着煤层露头线处开采。②采空巷道或顶底板大多不支撑或用临时支护,预留煤柱很窄或者没有,顶板、围岩垮落、冒顶严重,地层弯曲变形明显,地表出现不同深度、宽度的裂缝,而且很不规则。③无设计资料或开采记录资料,开采年代久远,确切时间不详,开采位置和范围不易查找。

(3)地表变形剧烈,沿采空方向分布有塌陷坑或塌陷槽。

(二)煤矿规范开采形成的地下采空区特征

煤矿规范开采都是机械化或半机械化采煤,分为上下几层开采,有的煤矿开采深度已经达到了几百米。形成的地下采空区面积大,使上覆岩层破坏,在地表形成大面积的下沉、塌陷和裂缝等,所造成的危害也是巨大的。形成的地下采空区主要与以下因素有关:

(1)采空区的开采方式和开采面积。一般大煤矿的开采方式都是机械化采煤,开采面积比较大,破坏程度大。岩石的完整程度受到较大破坏,裂隙发育比较充分。当地层中含有较软的或富含水层的岩石或者流沙,由于岩石的变形、破坏和地层移动,会起到疏干作用,可能会出现地层移动沉降速度加快和地表最大沉降值大于采空区的高度。

(2)开采深度(即采空区的埋深)。一般来说,大煤矿的开采深度相对于小煤矿深度大。随着开采深度的增加,最大沉降值将减小,当采空区的深厚比大于150倍时,其影响就相对小了。当地层中含有较软的或富含水层的岩石或者流沙时,影响也很大。采空区的埋深增大,地表移动变形时间就越长。

(3)上部土层的厚度。土体的物理力学性质远低于岩体,在采空区的破坏变形中,土层一般随基岩的变形而变形,即岩、土层的变化范围一致。主要在岩体和土体的扩散程度是不同的。当土层很厚时,其性质对地表移动有很大的影响,它可以使地表出现移动和变形分布规律不同于基岩,而且可以掩盖和缓冲基岩中的各种裂缝及其破坏。

(4)岩体本身的一些缺陷对采空区的地基稳定性也有很大影响。实际中,岩体中有无数的节理面、裂隙面和断层等,这样岩体的强度会大大降低。无论是规则分布,还是杂乱无章，在岩石移动的情况下，都会促使裂缝区的扩大，变形加剧，对周边的地层破坏也很大。

(5)煤层厚度。采厚是造成采空区覆岩破坏的根本原因之一。研究资料表明，随着采厚的增加，冒落带和裂隙带的高度按线性比例增加，即在相同条件下，采厚越大，破坏波及的范围就越大，岩石的破坏也就越严重。

(三)煤矿古采空区特征

煤矿古采空区开采时间比较久远，确切时间不详，大部分古采空区都是手工开采，开采深度相对较浅。其特征主要有以下几点：

(1)部分地下采空区已基本趋于稳定，上覆岩层的应力也趋于相对平衡，在没有外力扰动时，地表不会进一步变形、裂缝。

(2)地下采空区也被上覆垮落的岩石所充填，有的采空区已被压实。

(3)由于煤矿古采空区的开采时间长，有些煤层在自然风化的条件下，会使上部岩层失去原有的支撑力，产生新的裂隙、变形等特征。

(4)有的地下采空区含有大量的地下水、裂隙水等，水质恶劣。此外，古采空区还含有大量的有毒气体，位置和范围不易查找，是安全方面存在的最大隐患。

三、煤矿地下采空区的电学特性

通常情况下，视电阻率值以采空区(空洞)最高，其次是灰岩、煤层，泥岩及含水裂隙岩层为最低。

电阻率值大小依次为：采空区(空洞)>煤层>灰岩>砂岩>泥岩>含水裂隙岩层。

各岩层物理特性如表2-15所示。

上述仅是不同岩层的常规值，当岩层有各种松散的裂隙、孔隙存在，且含有地下水时，将会改变原来的物理特性，使其电阻率急剧下降。这种变化程度正比于松散的孔隙、裂隙中的含水量。煤层被采空后，在煤层上下岩层间形成一定的空隙，破坏了岩石的完整性、连续性，故该处电阻率值明显高于周边完整岩石处的电阻率值，表现出明显的局部高阻特性，当采空区的空隙被水充填后，其电阻率呈低阻反映，这些特性成为高密度电阻率法探测地下采空区良好的地球物理勘探前提。

表2-15　各岩层物理特性

类别	电阻率(Ω·m)	类别	电阻率(Ω·m)
煤层	1 000～3 000	灰岩	300～1 500
薄层灰岩、粗砂岩	300～1 000	中、细砂岩	100～600
泥岩	30～100	第四纪覆盖层	40～70
含水(砂岩、黄土)	<30	海水	10^{-1}～10
咸水(苦水)	10^{-1}～1	潜水	<100
河水	10～10^{2}	矿井水	<100
雨水	>100	—	—

（一）煤矿不规范开采形成的采空区电学特性

小煤矿开采比较凌乱，采空区和巷道也没有一定的规律性。大部分以掘进的方式开采，煤层采出后遗留下采空区的范围相对较小。有些区域在地表出现裂缝和陷落坑，有些区域从地表上没有反映出来，这就给探测工作增加了难度。由于采空区和巷道范围小，用其他的物探方法很难准确地测出采空区和巷道的位置。高密度电阻率法对地电信息的采集量很大，通过不同装置的电极排列方式，在有效探测范围内，选择对地电信息比较灵敏、分辨率高、效率高的方式进行探测。通过地电信息的电性差异，测出采空区和巷道的位置和范围。从电性特征来看，出现局部小范围的高阻异常；在充水的情况下，出现低阻异常。反映在断面图上，采空区会出现局部小范围高阻。

（二）煤矿规范开采形成的采空区电学特性

当煤层被采空以后，短期内形成一定规模的充气空间，造成采空区相应地层的电性与围岩电性不同，经过一段时间后，采空区上方岩层在重力作用下发生塌陷、变形，致使岩层破碎并出现裂缝，地下水便沿破碎岩层和裂缝向采空区汇集并溶解大量的电解质。在水解作用下，岩层中的钙、铁离子等呈游离状态存在。因此，充水采空区具有低阻、高极化率的电性特征；由于垮落、断裂及离层现象的存在，围岩具有电阻率高、低极化率的特征，形变越大、电阻率越高。当断裂带不充水时，出现高阻特征，充水时呈现低阻特征，据此可确定充水采空区的边界范围。

规范开采形成的采空区开采后，在煤层上下岩层间形成大面积空隙，破坏了岩石的完整性、连续性，地表出现大面积的沉陷和裂缝。故该处电阻率明显高于周边完整岩石处的电阻率，表现出明显的大面积高阻特性。当采空区的空隙被水充填时，其电阻率呈低阻反映，没有被水充填的采空区和巷道为特高阻，灰岩层为高阻，煤层呈中到相对高阻。灰岩层和未开采煤层横向较均匀且分布范围一般很大。充水的巷道呈低阻但范围很小，采空区呈高阻的范围相对较大。

（三）煤矿古采空区的电学特性

煤矿古采空区开采时间比较长，采空区已基本趋于稳定，上覆岩层也趋于相对稳定。采空区大部分已被上覆塌陷岩层充填且充水，理论上采空区应为低阻异常区。有的采空区有各种松散的裂隙、孔隙存在，且含有地下水时，将会改变原来的物性特征，使其电阻率急剧下降，其电阻率呈低阻反映。这种变化程度正比于松散的裂隙、裂隙中的含水量。有的采空区还没有被上覆岩层充填，电阻率呈高阻反映。古采空区大部分都已充水，在水解作用下，岩层中的钙、铁离子等呈游离状态存在。因此，充水采空区具有低阻、高极化率的电学特性；由于垮落、断裂及离层现象的存在，围岩具有电阻率高、低极化率的特征，形变越大，电阻率越高。当断裂带不充水时，出现高阻特征，充水时呈现低阻特征。反映在断面图上，古采空区大部分为低阻异常。

第三章　高密度电阻率法的理论基础

除在地球表面存在的大地电场和自然电场外,我们还可以通过电极向地下供直流电建立稳定电场,然后测量电极附近的电场分布。由于此电场与地下介质的性质及分布有关,因此可以据此研究地下介质的分布状态及变化规律,这类方法称为直流电法。直流电法中以岩石、矿石电阻率差异为基础,通过研究稳定电场在地下半空间的分布规律来寻找矿产或解决其他地质问题的方法,称为电阻率法。而高密度电阻率法勘探本身属于电阻率法,本章将首先介绍高密度电阻率法勘探的电场基本定律,然后讨论高密度电阻率法勘探的测量原理。

第一节　稳定电流场

高密度电阻率法勘探与常规直流电法勘探一样,是以探测地下目标体与围岩之间的导电性差异为基础的一种地球物理勘探方法。当人工向地下加载直流电流时,在地表利用相应的仪器观测其电场分布,通过研究这种人工施加电场的分布规律达到解决地质问题的目的。因此,就要研究在施加电场的作用下,地层中传导电流的分布规律。求解其电场分布时,在理论上多采用解析法。其电场分布满足以下电场基本定律。

一、地中稳定电流场的基本定律

直流电法的基本原理依据电动力学中稳定电流场的基本方程,研究当供电系统向地下介质提供的直流电流达到稳定状态时介质表面电位分布与介质电阻率的关系。在这种情况下,地球介质视为导体。

按照电动力学的理论,在稳定电流的条件下导电介质内部的电场是静电场。介质内任意一点的电流密度 $\vec{j}$ 由该点电阻率 ρ 和电场强度 $\vec{E}$ 所确定。导电介质中稳定电流场遵循欧姆定律及克希霍夫定律等基本定律。这些定律又分为积分形式和微分形式。在电法勘探中,由于电流呈不规则三维分布,故必须应用这些定律的微分形式。

(一)欧姆定律

一段均匀导体上的电流 I 与这段导体两端的电位差 ΔU 成正比,而与其电阻成反比,即

$$I = \frac{\Delta U}{R} \tag{3-1}$$

这就是宏观形式的欧姆定律,其应用条件是:这段均匀导体的横截面内,电流密度是均匀的。

欧姆定律的微分形式是:导电介质中任意一点的电流密度矢量 $\vec{j}$,其方向与该点的电

场强度矢量 $\vec{E}$ 一致，其大小与电场强度成正比，而与该点电阻率 ρ 成反比，即

$$\vec{j} = \frac{\vec{E}}{\rho} \tag{3-2}$$

此公式适合于任何形状的不均匀导电介质和电流密度不均匀分布的情况。

（二）克希霍夫定律

根据电磁场理论中的电荷守恒定律，由任何闭合面流出的电流应等于该面内电荷 q 的减少率，即

$$\oint \vec{j} \mathrm{d}S = \frac{\partial q}{\partial t} \tag{3-3}$$

式（3-3）即为电流连续性方程的一般形式。

对于稳定电流场，由于空间各处的电荷分布不随时间改变，故有

$$\frac{\partial q}{\partial t} = 0$$

因此，式（3-3）可转化为

$$\oint \vec{j} \mathrm{d}S = 0 \tag{3-4}$$

这就是克希霍夫定律的积分形式，它表明在稳定电流场中的任何一个闭合面内，没有正、负电荷的积累，即电流是连续的。

根据高斯公式，可写出克希霍夫定律的微分形式，即

$$\nabla \cdot \vec{j} = 0 \tag{3-5}$$

即在稳定电流场中，源外任意一点电流密度的散度恒等于零。

（三）稳定电流场的势场性质

由于稳定电流场中空间各处的电荷分布不随时间改变，因此它和静电场一样是一种势场，即在任一闭合回路中，电场力做功与路径无关，则

$$\oint \vec{E} \mathrm{d}l = 0 \tag{3-6}$$

利用斯托克斯公式，可得式（3-6）的微分形式，即

$$\nabla \times \vec{E} = 0 \tag{3-7}$$

式（3-7）表明稳定电流场是一种无旋场。

（四）均匀介质中稳定电流场的微分方程

由于稳定电流场是势场，它应是标量位的梯度，即

$$\vec{E} = -\nabla U \tag{3-8}$$

将式（3-2）和式（3-5）代入式（3-8），便可得到

$$\nabla \left(\frac{1}{\rho} \nabla U \right) = 0 \tag{3-9}$$

在电阻率不变的均匀介质中，ρ 为常数，式（3-9）可转化为

$$\nabla^2 U = 0 \tag{3-10}$$

式（3-10）称为拉普拉斯方程。也就是说，在均匀介质中，稳定电流场的电位满足拉普

拉斯方程。

二、地中稳定电流场的边界条件

交界面处电流密度矢量分布如图 3-1 所示。

(一)第一类边界条件

(1) $r\to\infty$ 时,$U=0$ (3-11)

(2) $r\to 0$ 时,$U=\dfrac{I\rho_1}{2\pi R}$ (3-12)

(二)第二类边界条件

$$\vec{j}_n=-\frac{1}{\rho_1}\frac{\partial U}{\partial n}=0 \tag{3-13}$$

即在地面上(除 A 点外)电流密度法向分量等于零。

(三)第三类边界条件

当界面两侧介质电阻率为有限值时,在该界面上以下连续条件成立:

(1) $U_1=U_2$

(2) $\vec{j}_{1n}=\vec{j}_{2n}$ 或 $\dfrac{1}{\rho_1}\dfrac{\partial U_1}{\partial n}=\dfrac{1}{\rho_2}\dfrac{\partial U_2}{\partial n}$

(3) $\vec{E}_{1t}=\vec{E}_{2t}$ 或 $\vec{j}_{1t}\rho_1=\vec{j}_{2t}\rho_2$

(4) $\dfrac{\rho_1}{\rho_2}=\dfrac{\tan\theta_2}{\tan\theta_1}$

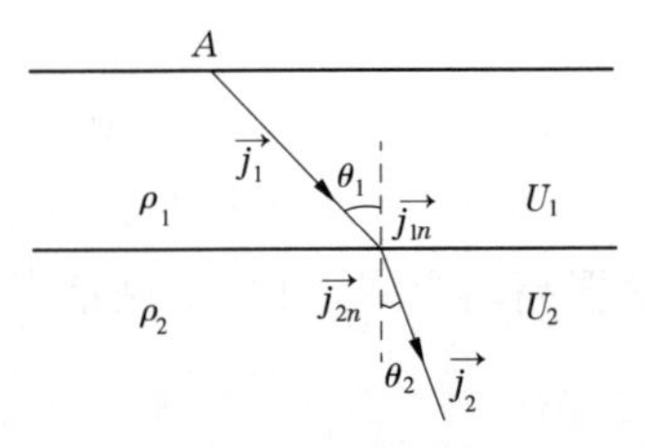

图 3-1 交界面处电流密度矢量分布

其中,设电流密度矢量在界面处的入射角为 θ_1,折射角为 θ_2,因为 $\rho_1>\rho_2$,电流密度在分界面上的变化,如图 3-1 所示。

第二节 均匀介质中的点电源二维电场

当用电阻率法研究地下地质情况时,首先要在所研究地区的地下建立稳定电场。通常在地面上,供电装置采用单点电极或双异性点电极向地下发送电流,然后在离供电点电极一定距离的地方来观测电场的分布。显然,由于电极大小相对于电极之间的距离来说一般是很小的,我们便可以把电极视为一个点,称为点电源。若当观测范围仅限于一个电极附近,而将另一个电极置于"无穷远"时,就构成了一个点电源的电场;当观测范围必须同时考虑两个电极的影响时,便构成了两个点电源的电场。因此,研究点电源电场在地下均匀无限半空间的分布是有一定意义的。为研究点电源电场的分布,首先要把大地和空气的分界面看做是一个无限大的水平面,分界面(地面)上部为空气,电阻率为无限大,界面之下由均匀各向同性且电阻率为 ρ 的大地组成。

一、一个点电源的电场

如图 3-2 所示,当地面设置一个点电源 A(另一个异性电极 B 置于无限远处),供电电

流强度为 I,推导地下半空间介质 ρ 中任意一点 M 的电位、电流密度和电场强度的表达式。研究这种具有球对称性的电场问题,应采用球坐标系(见图 3-3)的拉氏方程式。由于场的对称性,所以任意一点的电位与方位角 φ 和极角 θ 无关,由式(3-10) 可得

$$\frac{\partial}{\partial R}\left(R^2 \frac{\partial U}{\partial R}\right) = 0 \tag{3-14}$$

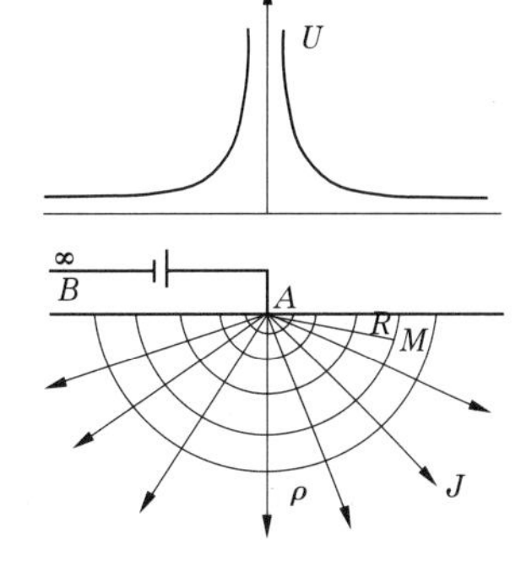

图 3-2　一个点电源的电场

对上式两次积分得

$$U = -\frac{C}{R} + D$$

式中　C,D——积分常数。

利用极限条件 $R\to\infty$ 时,$U=0$,得 $D=0$。所以,地下任意一点的电位表达式为

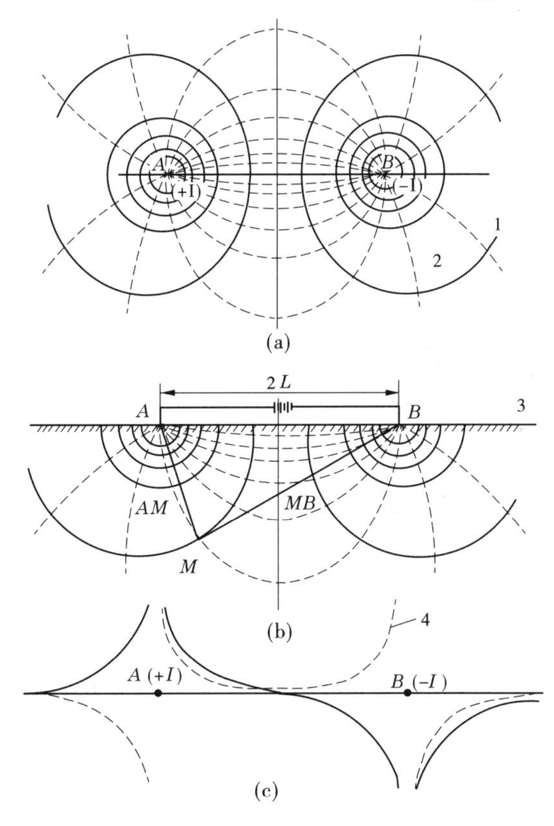

图 3-3　两个点电源的均匀半空间地面上的电场示意图

$$U = -\frac{C}{R} \tag{3-15}$$

当确定积分常数 C 时,首先须求出以 A 点为中心,通过半径为 R 的球面上的总电流 I,即

$$I = \int_S \vec{j}\,\mathrm{d}S = \frac{1}{\rho}\int_S \vec{E}\,\mathrm{d}S = -\frac{1}{\rho}\int_S \frac{\mathrm{d}U}{\mathrm{d}R}\mathrm{d}S$$

又由$\frac{dU}{dR}=\frac{C}{R^2}$可求得通过该面的总电流,即

$$I=-\frac{C}{\rho R^2}\int_S dS=-\frac{2\pi C}{\rho}$$

应等于供电电极 A 所发送的电流,故 $C=-\frac{I\rho}{2\pi}$ 代入式(3-15),得

$$U=\frac{I\rho}{2\pi R} \tag{3-16}$$

式(3-16)就是在均匀各向同性地下半空间介质中,点电源电场的电位分布公式。

根据式(3-2)和式(3-8),可以分别求出电场强度 $\vec{E}$ 和电流密度 $\vec{j}$ 的关系式为

$$\vec{E}=\frac{I\rho}{2\pi R^2} \tag{3-17}$$

$$\vec{j}=\frac{I}{2\pi R^2} \tag{3-18}$$

由此可见,地下点电源场的电位 U、电流密度 $\vec{j}$ 和电场强度 $\vec{E}$ 均与电流强度 I 成正比,电位 U 与 R 成反比,电流强度 $\vec{E}$ 和电流密度 $\vec{j}$ 与 R^2 成反比。地下半空间的等位面是以点电源 A 为中心的同心球壳,电流线是以 A 为中心的辐射直线。

二、两个异极性点电源的电场

根据电场叠加原理,研究两个异极性点电源时,可以用正电流源 A 和负电流源 B 的电场的叠加。地下任意一点 M 的电流密度 $\vec{j}_M^{AB}$,应是 $\vec{j}_M^A$ 和 $\vec{j}_M^B$ 的矢量和,即

$$\vec{j}_M^{AB}=\vec{j}_M^A+\vec{j}_M^B$$

$\vec{j}_M^A$ 和 $\vec{j}_M^B$ 的量值可由式(3-18)计算,方向由作图法确定,用矢量加法——平行四边形法确定 M 点的总电流密度矢量 $\vec{j}_M^{AB}$。地下逐点求得各点的电流密度大小和方向,便可得到地下半空间电流线的分布轨迹如图 3-3 所示。由于电场强度 $\vec{E}$ 也是矢量,故可用相同方法得到。当供电电极 A、B 距离较大时,在 A、B 中点附近($\frac{1}{3}\overline{AB}\sim\frac{1}{2}\overline{AB}$地段)电流线将平行地表分布,这个电流线平行场区称为电法勘探均匀场区。在该区,有利于电法勘探观测。

由于电位是标量,故可求得 A、B 两异极性点源在地下任一点 M 处所产生的电位为

$$U_M^{AB}=U_M^A+U_M^B=\frac{I\rho}{2\pi}\left(\frac{1}{AM}-\frac{1}{BM}\right) \tag{3-19}$$

由式(3-19)和电流线分布轨迹图(见图 3-3)可以看出,在具有两个极性不同接地的情况下,接地附近等位面是两组半球面,在 A 和 B 接地的中部等位面是一组与 AB 连线垂直的平面。电流线是由电极 A 出发,终止于电极 B 的一簇复杂的曲线。

第三节 地下电流密度随深度变化的规律

实际工作中,了解电流向地下穿透的分布规律是十分重要的。这是由于地表附近的电流愈大,地下深部的电流就愈小,所能勘探到的深度就愈小,因此要增加勘探深度,就要研究电流随深度变化的规律。

现讨论在均匀各向同性介质的地面上一个点电源和两个点电源电流密度随深度变化的情况。

一、一个点电源电流密度随深度的变化规律

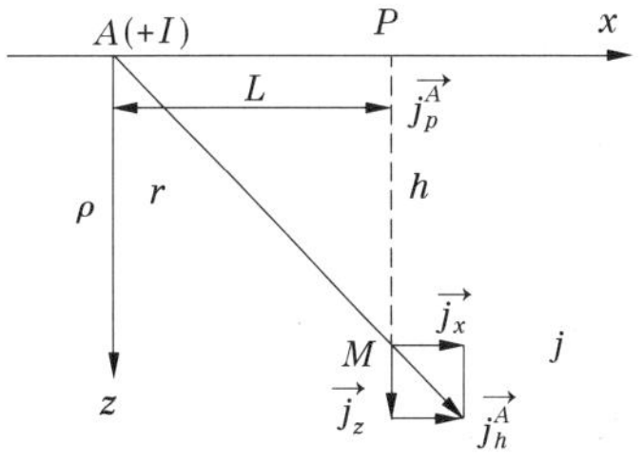

如图3-4所示,从电极 A 流入地下的电流 $+I$,在与 A 点相距 r 的地下某一点 M 处的电流密度是这样计算的:取以 A 点为原点的直角坐标系,M 点在地面的投影点为 P,距离 PM 等于埋深 h。AP 方向为 x 轴,z 轴指向地下。$AP=L$,L 称为极距。

图3-4 均匀各向同性介质地面上一个点电源的电流密度分布

根据式(3-2)和式(3-8),得

$$\vec{j}=\frac{\vec{E}}{\rho}=-\frac{\mathrm{d}U}{\mathrm{d}r}\frac{1}{\rho}\frac{r}{R_d}$$

其中,$R_d=\sqrt{x^2+z^2}$,$\frac{r}{R_d}$为 $\vec{j}$ 的方向矢量。

将式(3-16)代入上式,分别求出电流密度的水平分量 $\vec{j}_x$ 和垂直分量 $\vec{j}_z$:

$$\vec{j}_x=\frac{1}{\rho}\left(-\frac{\partial U}{\partial x}\right)=\frac{I}{2\pi}\frac{x}{R_d^3},\quad \vec{j}_z=\frac{1}{\rho}\left(-\frac{\partial U}{\partial x}\right)=\frac{I}{2\pi}\frac{x}{R_d^3}$$

地下 M 点处总的电流密度 $\vec{j}_h^A$ 为

$$\vec{j}_h^A=\sqrt{\vec{j}_x^2+\vec{j}_z^2}=\frac{1}{2\pi R_d^2} \tag{3-20}$$

地面上,P 点处,$z=0$,其电流密度 $\vec{j}_P^A$ 为

$$\vec{j}_P^A=\frac{I}{2\pi}\cdot\frac{1}{x^2} \tag{3-21}$$

说明地面 P 点电流密度只有水平分量,垂直分量等于零。

令 $z=h$,$x=L=AP$,比较式(3-20)和式(3-21)得

$$\frac{\vec{j}_h^A}{\vec{j}_P^A}=\frac{1}{1+\left(\frac{h}{L}\right)^2} \tag{3-22}$$

电流密度随深度的变化见表3-1和图3-5。

综上所述,一个点电源电流密度分布有如下特点:

(1)当 $r\to\infty$,$\vec{j}=0$,即在距点电源无穷远的点电流密度为零。

表 3-1　电流密度随深度的变化

h/L	$\dfrac{\vec{j}_h^A}{\vec{j}_P^A}$	h/L	$\dfrac{\vec{j}_h^A}{\vec{j}_P^A}$
0	1	1.4	0.34
0.2	0.96	1.6	0.28
0.4	0.86	1.8	0.24
0.6	0.74	2.0	0.20
0.8	0.61	3.0	0.10
1.2	0.41	4.0	0.06

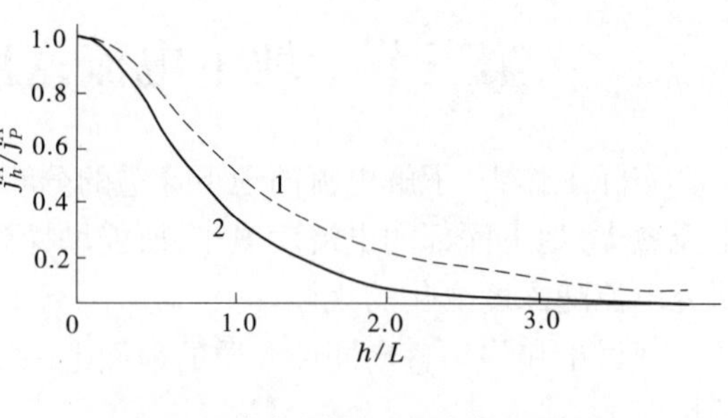

1—一个点电源;2—两个点电源

图 3-5　电流密度随深度分布曲线

(2)当 $h=0$,即在地面上,比较式(3-20)和式(3-21)可知,地面上的电流密度最大,电流在地表附近分布最密集。

(3)电流密度随深度的变化,从图 3-5 可清楚地看出,当 $h=L$ 时,$\vec{j}_h^A=0.5\vec{j}_P^A$,即当埋深等于极距大小时,该处的电流密度只有地表 P 处电流密度的 50%;当 $h=4L$ 时,$\vec{j}_h^A=0.06\vec{j}_P^A$,即当埋深等于 4 倍极距大小时,该处电流密度只有地表电流密度的 6%。这说明当极距一定时,随着深度增加,电流密度急剧减小。

(4)在地面电阻率法工作中,通常地下深度为 h 处的电流密度只有达到一定的数值(严格地说,电流密度比值 $\dfrac{\vec{j}_h^A}{\vec{j}_P^A}$ 要达到一定数值)时,才能影响地表电场的变化,这时使用具有一定灵敏度的电测仪器才能探测出异常。因此,必须根据欲探测深度设计最合适的极距 L。同时,增大极距才能增大探测的深度。

二、两异极性点电源电流密度随深度的变化规律

根据如图 3-6 所示,现讨论 AB 中垂线上不同深度处电流的分布情况。当供电电流强度分别为 $+I$ 和 $-I$ 的两异极性点电源布置在地面时,可计算出 AB 中点的电流密度 $\vec{j}_O$ 和地下深 h 处 M 点的电流密度 $\vec{j}_h$,其计算公式为

$$\vec{j}_O^{AB}=\vec{j}_O^A+\vec{j}_O^B=2\vec{j}_O^A\quad,\quad\vec{j}_h^{AB}=\vec{j}_h^A+\vec{j}_h^B$$

式中,$\vec{j}_O^A$、$\vec{j}_O^B$ 和 $\vec{j}_h^A$、$\vec{j}_h^B$ 分别为点电源 A 和 B 在地表 O 点和地下深度 h 处的电流密度。根据式(3-18)得点电源在 M 点处的电流密度为

$$\vec{j}_h^A=\vec{j}_h^B=\frac{I}{2\pi(r^2+h^2)}\tag{3-23}$$

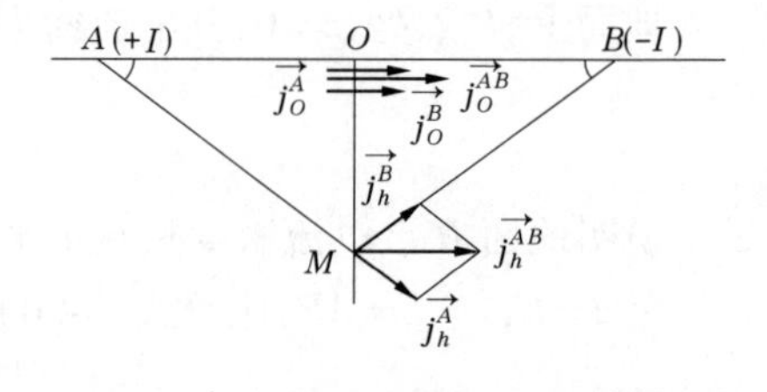

图 3-6　电流密度随深度变化矢量图

利用平行四边形法则可求出 $\vec{j}_h^{AB}$,即

$$\vec{j}_h^{AB}=\vec{j}_h^A\cos\alpha+\vec{j}_h^B\cos\alpha=2\vec{j}_h^A\cos\alpha\tag{3-24}$$

或

$$\vec{j}_h^{AB}=\frac{I\left(\frac{\overline{AB}}{2}\right)}{\pi\left[h^2+\left(\frac{\overline{AB}}{2}\right)^2\right]^{\frac{3}{2}}} \tag{3-25}$$

由式(3-25)表明,AB 中点的垂直深度上任意一点的电流密度大小与供电电流、深度 h 和供电电极距$\overline{AB}/2$ 有关。

当 $h=0$ 时,在地表 O 点处的电流密度为

$$\vec{j}_h^{AB}=\vec{j}_O^{AB}=\frac{I}{\pi\left(\frac{\overline{AB}}{2}\right)^2}$$

然后将式(3-25)作如下变化:

$$\frac{\vec{j}_h^{AB}}{\vec{j}_O^{AB}}=\frac{\dfrac{I\left(\frac{\overline{AB}}{2}\right)}{\pi\left[h^2+\left(\frac{\overline{AB}}{2}\right)^2\right]^{\frac{3}{2}}}}{\dfrac{I}{\pi\left(\frac{\overline{AB}}{2}\right)^2}}=\frac{1}{\left[1+\left(\dfrac{h}{\frac{\overline{AB}}{2}}\right)^2\right]^{\frac{3}{2}}} \tag{3-26}$$

式(3-26)说明,在深度 h 处的电流密度 $\vec{j}_h^{AB}$ 与地表电流密度 $\vec{j}_O^{AB}$ 的比值与电极距$\overline{AB}/2$有直接关系。根据$\frac{\vec{j}_h^{AB}}{\vec{j}_O^{AB}}$与 $h/(\overline{AB}/2)$ 的关系曲线图 3-7 可知,当 $h=\overline{AB}/2$ 时,$\vec{j}_h=0.33\vec{j}_O$;当 $h=\overline{AB}$时, $\vec{j}_h=0.08\vec{j}_O$;当 $h=3\overline{AB}$时,$\vec{j}_h\to 0$。

显然,电流密度随深度的分布情况取决于供电电极距$\overline{AB}$的大小。因此,要想使电流穿透较深的部位,就必须使$\overline{AB}$增大到相应的值。但从图 3-8 中可以看到,在电功率不变的情况下,随着极距的加大,电流密度值随之减小。所以,在考虑加大极距的同时,也必须考虑加大电源功率。

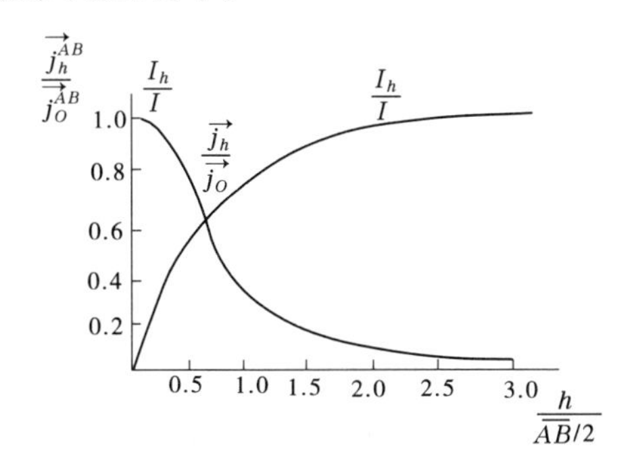

图 3-7 电流密度随深度变化

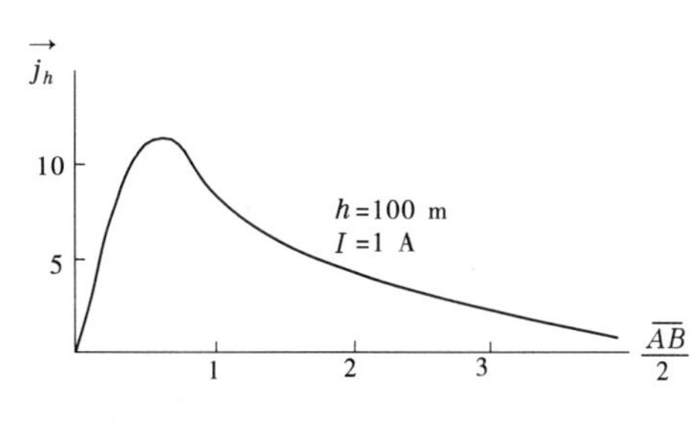

图 3-8 电流密度随电极距变化

当研究深度 h 一定，$\overline{AB}/2\to0$ 和$\overline{AB}/2\to\infty$ 时，$\vec{j}_h^{AB}$ 皆为零；当

$$\frac{\partial \vec{j}_h^{AB}}{\partial \overline{AB}/2}=\frac{I\left[h^2-2\left(\frac{\overline{AB}}{2}\right)^2\right]}{\pi\left[h^2+\left(\frac{\overline{AB}}{2}\right)^2\right]^{\frac{5}{2}}}=0$$

则$\overline{AB}=\sqrt{2}h$，即当$\overline{AB}=\sqrt{2}h$ 时，在深度 h 处的电流密度最大，称此时的$\overline{AB}$为最佳电极距。同样也可以证明，电流沿水平方向分布是有限的，即分布于 A、B 两极连线附近。同时，把 $h\approx0.71\overline{AB}$这一深度称为最大的勘探深度。显然，勘探深度的大小取决于供电电极距$\overline{AB}$的长短。

电法勘探是借助于发现地下电性不均匀体来达到勘探目的的，而电性不均匀体的发现是靠它对已知电流场的影响程度，因此必须有足够强的电流通过不均匀体，我们才能借助观测地面电场的变化来发现不均匀体的存在。实践证明，即便是在最理想的、有利的地质条件下，在地面发现不均匀地质体的能力——勘探深度，都小于$\overline{AB}/2$。在电法勘探中，把勘探深度“$\overline{AB}/2$”这一数值称为理想勘探深度。换言之，如果我们要勘探埋藏深度为 h 的地质体，那么采用的供电装置$\overline{AB}/2$ 应大于 h。

勘探深度与供电电极距$\overline{AB}$成正比，这是很重要的结论。$\overline{AB}$越大，勘探深度越大；要加大勘探深度范围，只有加大供电电极距$\overline{AB}$才能办到，这也是后面电测深法工作的理论依据。

由于电流在地下半空间的分布（指对我们有勘探意义的电流分布范围）是有限的，且大都集中在 A、B 连线附近（深度和水平方向），在远离 A、B 连线的地方电流密度很小。在这个有效范围内，有地质体存在，电场会发生明显的变化，从而地质体会被我们发现；在这个有效范围外，地下地质体的存在不能使地面电场发生可以为我们观测到的变化，因此就无法发现这些地质体。我们通常把这个有效范围称为勘探体积。

通常把宽、高等于$\overline{AB}/2$，长为$\overline{AB}$的长方体（见图 3-9）定为勘探体积，也就是说，在这个勘探体积范围内集中了供电电流的绝大部分，而在这个范围之外，电流密度很小。显然，只有包括在这个范围之内的地质体才会被我们发现。因此，为了勘探更大范围内的地质体，同样必须增大勘探体积，即增大 A、B 间的距离。

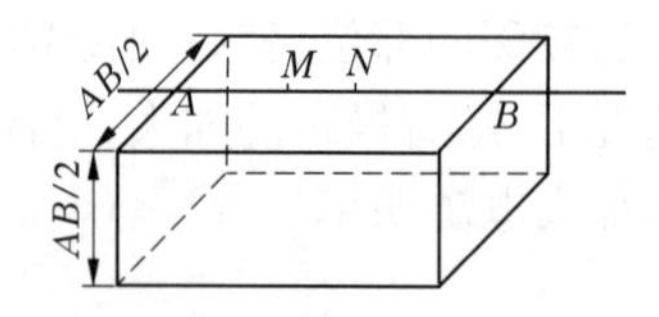

图 3-9　勘探体积示意图

勘探深度 $h=\overline{AB}/2$ 这一结论是在均匀无限导电半空间条件下得出的。当大地非均匀时，问题变得复杂，但最佳电极距与地电断面类型有关。如果地电断面上部有高阻层存在，由于高阻层的屏蔽作用，则勘探深度往往为理想情况的 1/5 或更小。

第四节　地下不均匀电阻率对电场的影响

以上讨论了地下均匀各向同性半空间导电介质中的电场特点。对电法勘探来说，这种情况就相当于勘探的正常背景，即所谓的正常场。对实际地质工作有意义的是研究各

种地下电阻率不均匀的地电体引起的异常场。

一、电流在电阻率分界面上的折射

在电阻率分界面上，电流密度的法向分量连续，切向分量不连续。总的电流密度矢量在分界面两侧要改变方向，见图3-1。

设电流密度矢量在分界面处的入射角为 θ_1，折射角为 θ_2，因为 $\rho_1 > \rho_2$，类似于几何光学中，光线在具有不同传播速度的分界面上发生折射的情况，这样

$$\tan\theta_1 = \frac{\vec{j}_{1t}}{\vec{j}_{1n}}, \tan\theta_2 = \frac{\vec{j}_{2t}}{\vec{j}_{2n}}$$

根据电流密度法向分量连续的边界条件：$\vec{j}_{1n} = \vec{j}_{2n}$，并根据电场强度切线分量连续的边界条件：$\vec{E}_{1t} = \vec{E}_{2t}$，$\vec{j}_{1t}\rho_1 = \vec{j}_{2t}\rho_2$，得

$$\frac{\tan\theta_1}{\tan\theta_2} = \frac{\vec{j}_{1t}}{\vec{j}_{2t}} = \frac{\rho_2}{\rho_1} \tag{3-27}$$

可见，折射角 θ_2 的大小是由入射角 θ_1 的大小及比值$\frac{\rho_2}{\rho_1}$的大小这两个因素决定的。若 $\rho_1 < \rho_2$，则 $\theta_1 > \theta_2$；若 $\rho_1 > \rho_2$，则 $\theta_1 < \theta_2$。

这是一个很重要的结论。也就是说，电流线若从高阻介质进入低阻介质，折射角变大 $(\theta_2 > \theta_1)$，折射方向偏离分界面法线方向。假若 ρ_2 很小，那么折射后电流线几乎与分界面平行，而且方向向下。反之，若电流线从低阻介质进入高阻介质，这时折射角变小（因 $\rho_1 < \rho_2, \theta_1 > \theta_2$），电流线接近分界面法线方向，如图3-10所示。从表象看，好像高阻一侧介质排斥或推阻电流线。在专业术语中习惯上说，低阻体（良导体）吸引电流线，高阻体排斥电流线，这个概念起源于此。

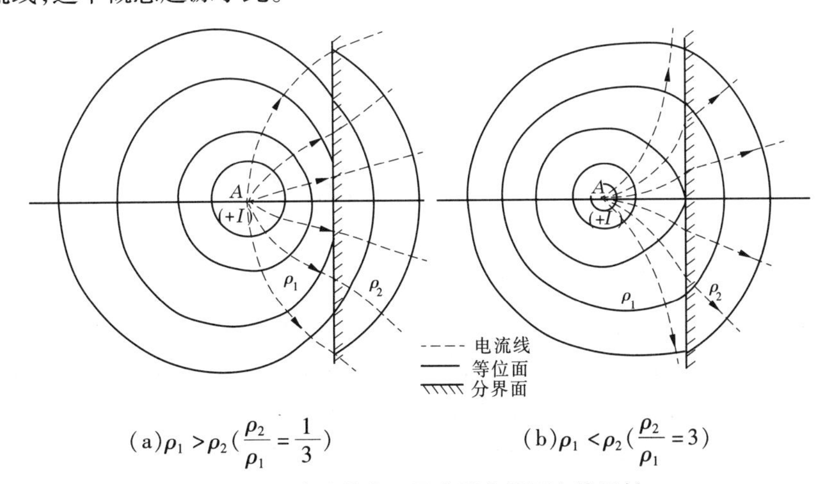

(a)$\rho_1 > \rho_2(\frac{\rho_2}{\rho_1} = \frac{1}{3})$　　(b)$\rho_1 < \rho_2(\frac{\rho_2}{\rho_1} = 3)$

图3-10　电流线在不同介质分界面上的折射

综上所述，可以看出，当存在电阻率有差异的不均匀体时，在其边界上，电场的电流密度矢量将产生折射，或者说电流线发生转折现象，结果使电场发生变化，在正常场的背景

上产生异常场。归根结底,电流密度对于电阻率分界面的法向分量是连续的,它对异常场的产生没有贡献;电流密度对于电阻率分界面的切向分量是不连续的,故电流密度切向分量的变化量是引起异常场的根本原因。在电阻率大的一侧,电流密度切向分量变小;在电阻率小的一侧,电流密度切向分量变大。

由此可以说明,人工电场电流线在地下电阻率界面上的转折和变化,既受客观因素——如地电不均匀体的几何形状、它和围岩的电阻率差异等制约,也受主观因素——采用装置不同、电流线相对界面的入射角(θ_1)不同等制约。在地面电阻率法中,将研究对于不同形状的地电体,采用何种电极排列装置形式,能使异常场最明显,探测效果最好。

二、地电断面的概念

根据地下地质体电阻率差异而划分界线的地下断面,叫做地电断面。它可能同地质体、地质层位的界线吻合,也可能不一致。

前面已谈及,地下电阻率的不均匀体就叫地电体,有形状简单的,也有形状复杂的。有的称做二度体,有的称做三度体。所谓二度体,是在一个方向上无限延伸的地电体,例如沿走向无限延伸的岩脉、沿走向无限延伸的断层破碎带、沿走向无限延伸的地下暗河,等等。可以把它们归纳为这样的物理模型:垂直或倾斜的脉状体、水平圆柱体,等等。所谓三度体,就是三个坐标轴方向上分布的都是有限的地电体,如球体、椭球体、立方体以及某些形状不规则的地电体。

在研究各种形体的地电断面时,若垂直其二度体走向作断面,或通过三度体的中心作断面(铅垂面),便可以得到下列几种典型的地电断面模型,见图 3-11。

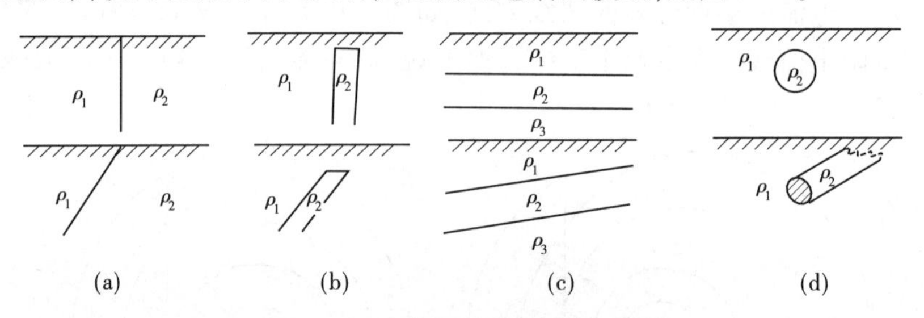

图 3-11 几种典型的地电断面模型

三、不同地电断面的电场特点

在地面电阻率法中,常使用的人工电场可简化为两种典型的电场,一是点电源附近呈辐射状的电场,一是均匀电场。后者是当两个供电电极 A、B 间距离足够大时,在靠近 A、B 连线中点附近的电场,在该区域内离地面不深处的电流线分布是近似平行的,且电流线的疏密程度近似相等。在这个范围内的电场可称为均匀电场。

如何用人工电场来揭示不同地电断面,是电阻率法的研究课题。为建立定性分析不同地电断面电场特点的概念,表 3-2 列举了几种典型地电断面分别在单点电源场和均匀电场中电流密度的畸变示意图像。

表 3-2　典型的地电断面电场特点(电流线畸变)

断面类型	单点电源场	均匀电场
没有畸变 均匀介质	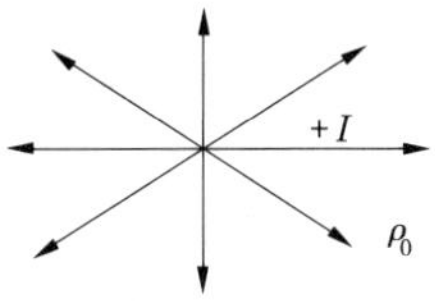 $+I$　ρ_0	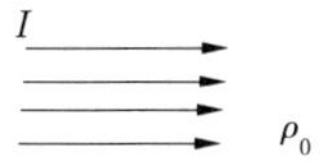 I　ρ_0
半无限介质 $\rho_{空气}=\infty$	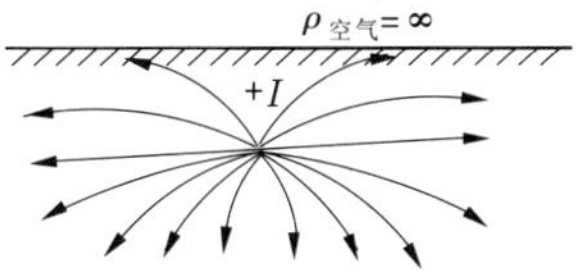 $\rho_{空气}=\infty$　$+I$	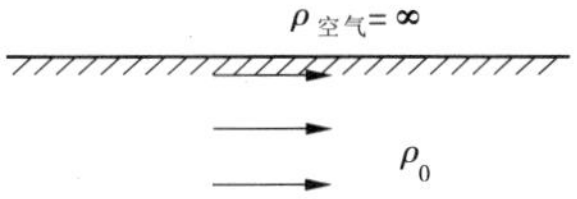 $\rho_{空气}=\infty$　ρ_0
地下倾斜界面 ρ_1/ρ_2	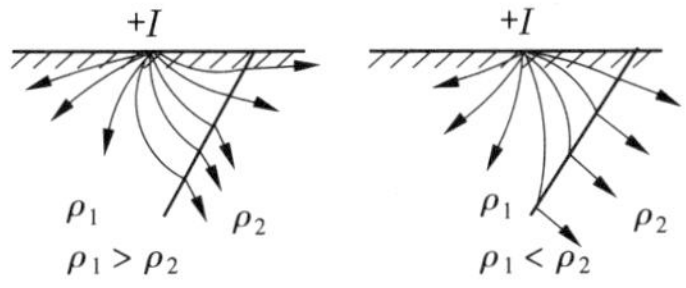 $+I$　ρ_1　ρ_2　$\rho_1>\rho_2$ $+I$　ρ_1　ρ_2　$\rho_1<\rho_2$	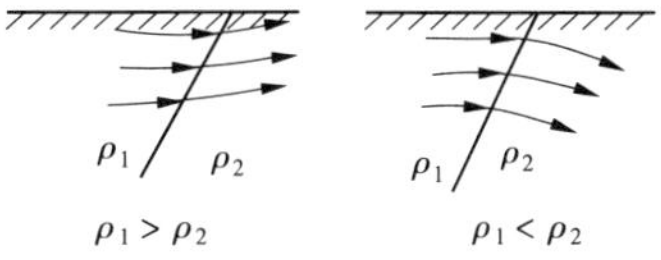 ρ_1　ρ_2　$\rho_1>\rho_2$ ρ_1　ρ_2　$\rho_1<\rho_2$
地下直立薄脉	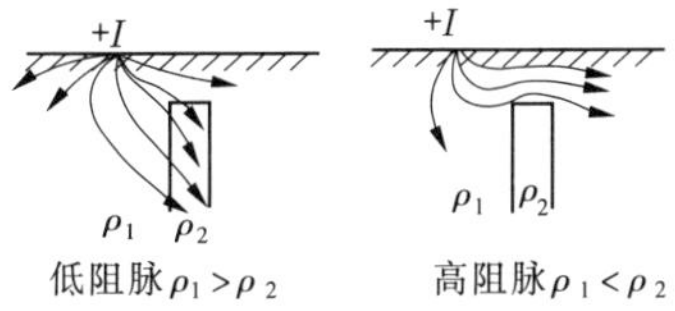 $+I$　ρ_1　ρ_2　低阻脉 $\rho_1>\rho_2$ $+I$　ρ_1　ρ_2　高阻脉 $\rho_1<\rho_2$	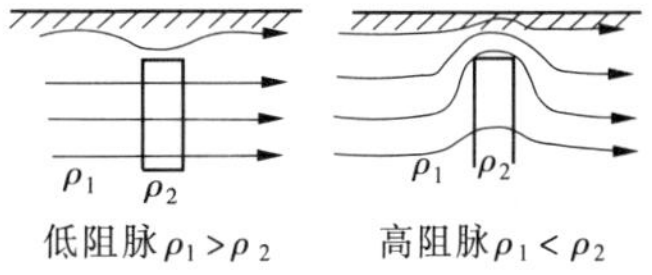 ρ_1　ρ_2　低阻脉 $\rho_1>\rho_2$ ρ_1　ρ_2　高阻脉 $\rho_1<\rho_2$
地下水平层	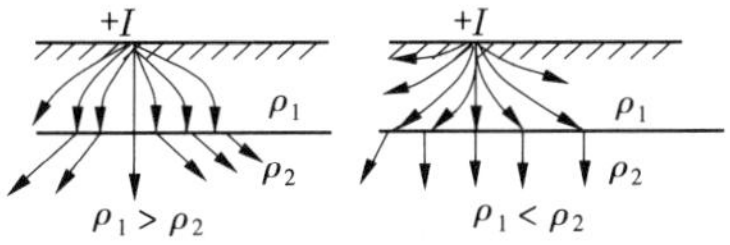 $+I$　ρ_1　ρ_2　$\rho_1>\rho_2$ $+I$　ρ_1　ρ_2　$\rho_1<\rho_2$	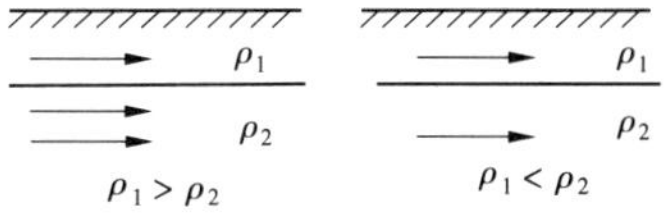 ρ_1　ρ_2　$\rho_1>\rho_2$ ρ_1　ρ_2　$\rho_1<\rho_2$
地下球体	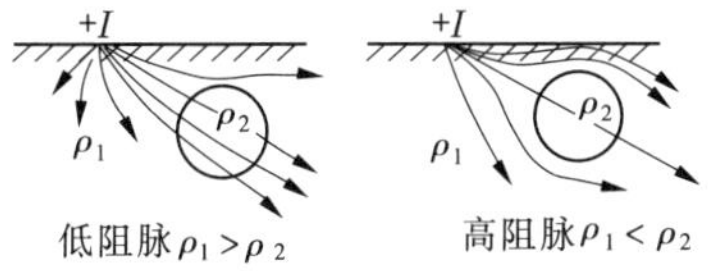 $+I$　ρ_2　ρ_1　低阻脉 $\rho_1>\rho_2$ $+I$　ρ_1　ρ_2　高阻脉 $\rho_1<\rho_2$	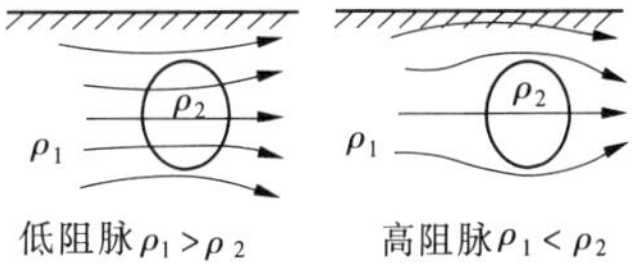 ρ_2　ρ_1　低阻脉 $\rho_1>\rho_2$ ρ_2　ρ_1　高阻脉 $\rho_1<\rho_2$
地表不平	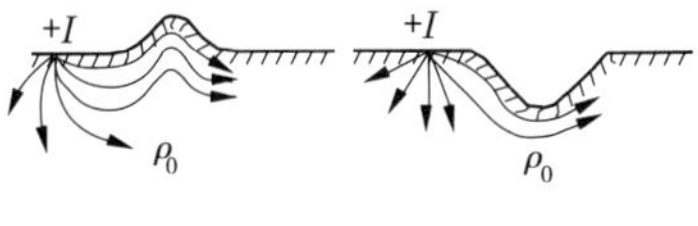 $+I$　ρ_0 $+I$　ρ_0	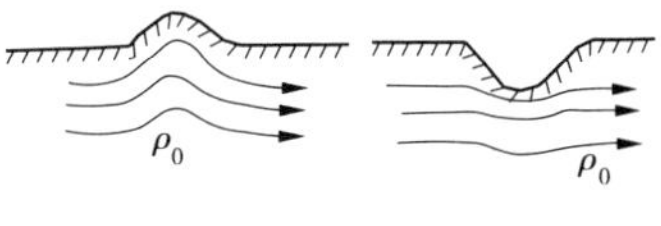 ρ_0 ρ_0

由表 3-2 可知,它们的特点是:

不同的场相对不同几何形状的界面,电流线有不同的入射角,若入射角等于0°(垂直界面入射,入射电流线和界面法线夹角为0°),电流密度切向分量为零,只有法向分量,且连续。若入射角为90°(即入射电流线平行界面),则电流密度矢量在该入射点没有法向分量,只有切向分量。这是从入射角度来讨论的两种极端的情况。当入射角大小介于上述情况之间,即 $0°<\theta_1<90°$,电流密度矢量的切向分量和法向分量同时存在,其中切向分量变化越大,电场被歪曲得越厉害,也就是说,电流线畸变越严重。

若电流线由高阻介质进入低阻介质，电流线趋于发散；反之，由低阻介质进入高阻介质，电流线趋于集中。遇到电阻率趋于无穷大（如$\rho_{空气}\to\infty$）的界面，电流线被高阻界面全部排斥，电流无法穿过分界面。

地表起伏不平也会引起电流线的畸变，凹陷处相当于为空气这种高阻介质所充填，凸出部分好比增加了一块导电介质。

第五节　高密度电阻率法勘探的工作原理

高密度电阻率法勘探是以地下岩石（或矿石）的导电性差异为物理基础，通过观测和研究人工建立的地下稳定电流场的分布规律，从而达到找矿或解决某些地质问题的目的。基于稳定电流场的基本理论，本节分别对大地电阻率的测定、视电阻率的测量、视电阻率和电流密度的关系、测量装置系数 K 的计算和高密度电阻率法勘探方法的测量形式进行深入探讨。

一、大地电阻率的测定

为测定均匀大地的电阻率，通常在大地表面布置对称四极装置，即两个供电电极 A、B，两个测量电极 M、N，如图 3-12 所示。

当通过供电电极 A、B 向地下发送电流时，就在地下电阻率为 ρ 的均匀半空间建立起稳定的电场。在 M、N 处观测电位差 ΔU_{MN} 大小，由式(3-19)可写出 M、N 间的电位差为

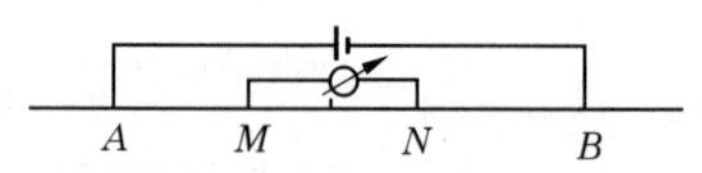

图 3-12　对称四极装置图

$$\Delta U_{MN} = \frac{I\rho}{2\pi}\left(\frac{1}{\overline{AM}} - \frac{1}{\overline{BM}} - \frac{1}{\overline{AN}} + \frac{1}{\overline{BN}}\right) \tag{3-28}$$

式中　I——电流强度；

　　ρ——均匀大地电阻率。

由式(3-28)可导出均匀大地电阻率计算表达式为

$$\rho = \frac{2\pi}{\frac{1}{\overline{AM}} - \frac{1}{\overline{BM}} - \frac{1}{\overline{AN}} + \frac{1}{\overline{BN}}}\frac{\Delta U_{MN}}{I} = K\frac{\Delta U_{MN}}{I} \tag{3-29}$$

式中　K—— 装置系数，$K = \dfrac{2\pi}{\frac{1}{\overline{AM}} - \frac{1}{\overline{BM}} - \frac{1}{\overline{AN}} + \frac{1}{\overline{BN}}}$，m。

装置系数 K 的大小仅与供电电极 A、B 及测量电极 M、N 的相互位置有关。当电极位置固定时，K 值即可确定。

在均匀各向同性的介质中，不论布极形式如何，根据测量结果按式(3-29)计算出的电阻率始终等于介质的真电阻率 ρ。这是由于布极形式的改变，可使 K 值、I 及 ΔU_{MN} 也作相应的改变，从而使 ρ 保持不变。

二、视电阻率的测量

以上讨论了测量地下均匀介质电阻率的方法,在实际工作中,这种情况是很少的,常遇到的地电断面一般是不均匀和比较复杂的。当仍用四极装置进行电法勘探时,将不均匀的地电断面以等效均匀断面来替代,故仍然用式(3-29)计算地下介质的电阻率。这样得到的电阻率不等于某一岩层的真电阻率,而是该电场分布范围内,各种岩石电阻率综合影响的结果,称之为视电阻率,并用ρ_s表示。因此,视电阻率的表达式为

$$\rho_s = K\frac{\Delta U_{MN}}{I}\ (\Omega \cdot \mathrm{m}) \tag{3-30}$$

式中　K——装置系数,m;

ΔU_{MN}——在M、N测量电极间的实际电位差,mV;

I——AB供电回路的电流强度,mA。

这是视电阻率法中最基本的计算公式。更确切地说,电阻率法应称做视电阻率法,它是根据所测视电阻率的变化特点和规律去发现和了解地下的电性不均匀体,揭示不同地电断面的情况,从而达到找矿或探查构造的目的。

由式(3-30)可见,影响视电阻率的因素有以下几点:

(1)装置的类型和大小。K改变,ρ_s也发生变化。

(2)装置相对不均匀地电体的位置。

(3)地下介质的不均匀性。

式(3-30)中比值$\frac{\Delta U_{MN}}{I}$的变化,直接与上述后两个因素有密切关系。为更深入地理解视电阻率的物理实质,分析视电阻率和电流密度的关系是很有意义的。

三、视电阻率和电流密度的关系

根据式(3-2)和式(3-8),视电阻率的基本公式即式(3-30)改换为下列形式:

当$\overline{MN}$很小时,其间的电场可认为是均匀的。电场强度等于电位的负梯度(注:电位梯度的定义是单位距离内电位的增加量。电位梯度$=\frac{U_N - U_M}{\overline{MN}}$)。

$$\vec{E}_{MN} = -\frac{U_N - U_M}{\overline{MN}} = \frac{\Delta U_{MN}}{\overline{MN}} = \vec{j}_{MN} \cdot \rho_{MN}$$

所以

$$\Delta U_{MN} = \vec{j}_{MN} \cdot \rho_{MN} \cdot \overline{MN} \tag{3-31}$$

式中　$\overline{MN}$——M、N电极间距离;

$\vec{j}_{MN}$——M、N电极处实际电流密度;

ρ_{MN}——M、N电极处的真实电阻率。

将式(3-31)代入式(3-30)得

$$\rho_s = K\frac{\Delta U_{MN}}{I} = K\frac{\vec{j}_{MN}\cdot\rho_{MN}\cdot\overline{MN}}{I}$$

当地下介质均匀时，把“j”和“ρ”的脚标换成“0”则可表示为

$$\rho_s = \rho_0 = K\frac{\vec{j}_0\cdot\rho_0\cdot\overline{MN}}{I}$$

则

$$\frac{1}{\vec{j}_0} = \frac{K\cdot\overline{MN}}{I} \tag{3-32}$$

所以

$$\rho_s = K\frac{\Delta U_{MN}}{I} = \frac{K\cdot\overline{MN}}{I}\cdot\vec{j}_{MN}\cdot\rho_{MN} = \frac{\vec{j}_{MN}}{\vec{j}_0}\cdot\rho_{MN}$$

最后，得到视电阻率和电流密度的关系公式为

$$\rho_s = \frac{\vec{j}_{MN}}{\vec{j}_0}\cdot\rho_{MN} \tag{3-33}$$

式中 $\vec{j}_0$——地下介质均匀时的电流密度值。

如图 3-13 所示，对 A 极供电，M、N 极测量的三级装置来说，若采用梯度测量方式，即$\overline{MN}\to 0$，MN 的中点为测量点，称为 O 点，即$\overline{AO}\gg\overline{MN}$，$\overline{AM}\approx\overline{AN}\approx\overline{AO}=r$，且

$$K = \frac{2\pi\,\overline{AM}\cdot\overline{AN}}{\overline{MN}} \tag{3-34}$$

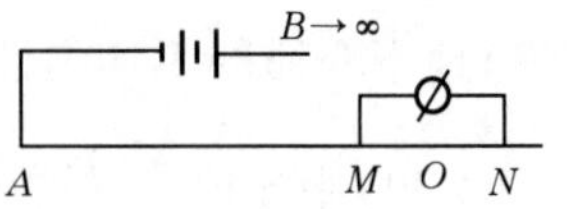

图 3-13 三极装置

根据式(3-32)有

$$\vec{j}_0 = \frac{I}{K\cdot\overline{MN}} = \frac{I}{2\pi\,\overline{AM}\cdot\overline{AN}} = \frac{I}{2\pi r^2}$$

这与一个点电源在均匀半空间地面上电场（称为正常场）的电流密度公式（3-18）是一致的。

式(3-33)清楚地表明，在均匀介质中，采用一定装置测量所得的视电阻率 ρ_s 与测量电极所在地段的介质真实电阻率 ρ_{MN} 成正比，其比例系数是$\frac{\vec{j}_{MN}}{\vec{j}_0}$，这是测量电极间的电流密度值与假设地下全部介质都是均匀时所具有的电流密度值之比。

同时，由表 3-2 可以发现，不同地电断面电流线的畸变情况同均匀介质电流线末发生畸变的情况相比，遇到低阻体，正常电流线被低阻体吸收，使地表 M、N 处的电流密度明显减弱，故 $\vec{j}_{MN}\ll\vec{j}_0$，即$\frac{\vec{j}_{MN}}{\vec{j}_0}\ll 1$；遇到高阻体，正常电流线被高阻体排斥，使地表 M、N 处的

电流密度明显增强，故 $\vec{j}_{MN} \gg \vec{j}_0$，即$\dfrac{\vec{j}_{MN}}{\vec{j}_0} \gg 1$。在 ρ_{MN}变化不大的情况下，采用固定的极距排列，沿剖面线逐点测量其视电阻率值，分析 ρ_s 剖面曲线的变化，根据所发现的高阻异常（ρ_s 曲线出现极大值）或低阻异常（ρ_s 曲线出现极小值），如表 3-2 所示，可以定性地推断地下高阻体或低阻体的存在。如前所说，若电流密度畸变程度越大，所产生的 ρ_s 异常就越明显。

电流密度畸变程度的大小和不均匀体的电阻率差异以及边界条件有直接的关系。在不均匀地电体的边界上，根据式(3-27)即

$$\frac{\tan\theta_1}{\tan\theta_2} = \frac{\vec{j}_{1t}}{\vec{j}_{2t}} = \frac{\rho_2}{\rho_1}$$

可知，只有当 ρ_2 与 ρ_1 差异很大，而且入射角 θ_1 是适当的时候，$\vec{j}_{1t} \gg \vec{j}_{2t}$，或 $\vec{j}_{1t} \ll \vec{j}_{2t}$。这时，才能导致$\dfrac{\vec{j}_{MN}}{\vec{j}_0}$或者远大于 1，或者远小于 1。

所谓视电阻率曲线的高阻异常或低阻异常，是相对围岩（正常背景）而言的，是一个相对概念。

在讨论式(3-33)时，除应十分重视$\dfrac{\vec{j}_{MN}}{\vec{j}_0}$外，亦不可忽略 ρ_{MN}。测量电极 M、N 接地处的电阻率 ρ_{MN}如果是均匀的，对 ρ_s 的影响不大；如果 ρ_{MN}是不均匀的，例如地表遇到废石堆、潮湿凹地、沼泽地、河漫滩，或者地表有金属管道等会导致 ρ_{MN}的变化（当然$\dfrac{\vec{j}_{MN}}{\vec{j}_0}$亦受影响），将产生和地下勘探对象无关的干扰。

四、测量装置系数 K 的计算

式(3-30)可适用于任何装置类型。装置不同，极距的选择不同，K 值也不同。为更好地理解 K 值的物理意义，以三极装置（AMN）的 K 值公式为例进行分析。且由式(3-34)知$K = \dfrac{2\pi\,\overline{AM}\cdot\overline{AN}}{\overline{MN}}$，当$\overline{MN} \ll \overline{AO}$，令$\overline{AO} = r$ 则

$$K = \frac{2\pi r^2}{\overline{MN}} \tag{3-35}$$

式(3-35)中的 $2\pi r^2$ 是以 A 为球心，以 r 为半径的半球壳表面积。在介质均匀情况下（ρ_0），它相当于过 M 点的等位面和过 N 点的等位面，厚度为$\overline{MN}$的半球壳的平均面积，如图 3-14 所示。

在式(3-30)中，令 $R_{MN} = \dfrac{\Delta U_{MN}}{I}$，则

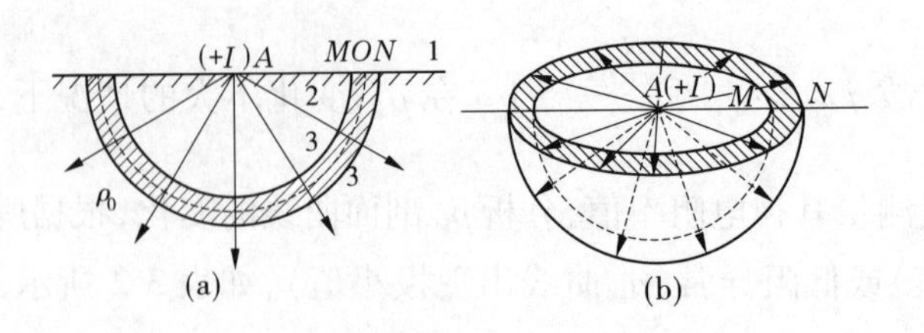

1—地面;2—电流线或电力线;3—等位面

图 3-14　均匀半空间三极装置的电场

$$\rho_s = KR_{MN} = \frac{2\pi r^2}{\overline{MN}}R_{MN} \tag{3-36}$$

将式(3-36)同第二章细长导体的电阻率公式(2-1)比较,它们之间存在以下的等效关系:K 值等效于$\frac{S}{L}$;$2\pi r^2$ 半球壳面积等效于细长导体的截面面积 S,$\overline{MN}$的距离等效于细长导体的长度。截面面积 S 是垂直于电流方向的。换句话说,用三极装置在地下半空间均匀介质中测得的电阻率实质是厚度为$\overline{MN}$的半球壳(以 A 为球心,$\overline{AO}$为半径)体积的介质电阻率。

所以,装置系数 K 是与通过 M 点及 N 点的两个等位面几何形状有关的物理参数。

同理,对于四极对称装置,由于 A、B 电极和 M、N 电极都对称于装置的中心点 O,所以 $\overline{AM} = \overline{NB}$,$\overline{AN} - \overline{AM} = \overline{BM} - \overline{BN} = \overline{MN}$,则

$$K = \frac{\pi \cdot \overline{AM} \cdot \overline{AN}}{\overline{MN}} \tag{3-37}$$

用四极对称装置所测得的电阻率相当于过 M 点和过 N 点两个等位面间所夹这部分体积的介质的电阻率。

以上讨论说明,电阻率法探测实质上是一种体积勘探。任何电阻率法装置无非是探测在电场影响范围内的、介质的有限体积内的视电阻率。

测量电极 M、N 离供电电极 A、B 越远,电场影响所涉及的等位面越深,当然探测得也越深。在勘探体积内,非探测对象电阻率的不均匀性也将叠加进去,造成干扰。

当供电电极 A、B 固定,对称于装置中心 O 点,改变 M、N 间的距离,若$\overline{M_1N_1} > \overline{M_2N_2}$,则后者比前者勘探深度要大些。比值$\frac{\overline{MN}}{\overline{AB}}$越小,$MN$ 等位面几乎和地表垂直,入地较深,故勘探深度较大。

五、高密度电阻率法勘探方法的测量形式

目前,常用的电法勘探方法有:电阻率法(电测深法、电剖面法和高密度电阻率法)、激发极化法、充电法和自然电流法等,它们都属于直流电法勘探。高密度电阻率法勘探法是集电测深法和电剖面法于一体的一种多装置、多极距的组合方法。本节重点介绍高密度电阻率法的测量形式。

(一)电测深法

在地面上插下四根金属电极(铜电极或铁电极)A、M、N、B(见图 3-15),其中 A、B 与电源连接,用来供电,称为供电电极;M、N 用来测量地面上某两点间的电位差,称为测量电极。AB 电路通电后,地下就形成一个人工电流场。这时,大部分电流集中在 ACB 半球体内流通。将 A、B 间的距离逐渐增大到 $A'B'$ 和 $A''B''$,电流就流向地下深处,集中到更大的半球体 $A'C'B'$ 和 $A''C''B''$ 内。这样,如果保持测量电极 M、N 不动,逐渐增大供电电极 A、B 的距离,电流线的分析范围就越广,到达的深度就越大。

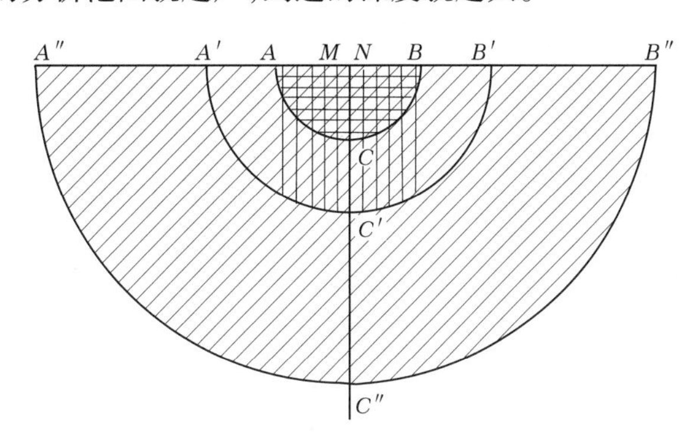

图 3-15　不同电极距时大部分电流的分布范围

从图 3-16 可以看到,A、B 之间距离较小时,大部分电流将从靠近地表的岩层中流过,如图 3-16(a)所示。这时,如果测出 M 极和 N 极之间的电位差 ΔU_{MN} 和 AB 电路中的电流 I,用式(3-30)计算,求出的 ρ_s 值几乎等于近地表岩层的电阻率 ρ_1。增大 A、B 间的距离,如图 3-16(b)所示,使相当一部分电流流经深部岩层,深部岩层的导电性就会得到反映。假定深部岩层的电阻率 ρ_2 大于上部岩层电阻率 ρ_1,那么这时测得的视电阻率 ρ_s 值就大于 ρ_1,小于 ρ_2。再增大 A、B 间的距离,如图 3-16(c)所示,使绝大部分电流在深部岩层里流过。这时上层岩层的影响就很小,视电阻率 ρ_s 值将接近等于 ρ_2 值。

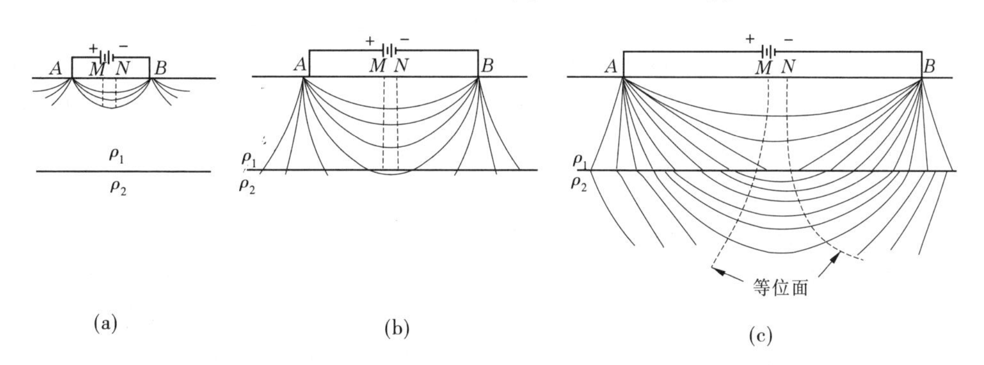

图 3-16　电流分布与供电电极距的关系

由此可见,增大供电电极间的距离,可以测到不同的视电阻率 ρ_2 值,它反映了测点处从地表到地下深处的岩层导电性的变化情况。

(二)电剖面法

电测深法主要用来解决划分水平的电性分界面的问题,但是在划分垂直的电性分界面时，例如在地质填图时划分陡倾岩层接触界线，追踪断裂构造，普查陡立的层状或脉状矿体等，就要用电剖面法。电剖面法的特点是：采用固定极距的电极排列，沿剖面线逐点供电和测量，获得视电阻率剖面曲线，通过分析对比了解地下勘探深度以上沿测线水平方向的岩石的电性变化。

1. 方法原理

用电剖面法工作时，将两个供电电极 A、B 和两个测量电极 M、N 排列在一条测线上，选定它们之间的距离，固定不变。每观测完一个测点，就把四个电极同时向前移动一个点距，继续观测，直到测完一条测线。因此，电剖面法的观测成果反映了某一个深度范围内视电阻率沿测线方向 L 的变化。这样就可以把垂直的电性分界面划分出来。

2. 工作方法

首先根据设计及野外试验，确定装置类型和极距后，计算相应的装置系数 K 值（单位为 m）；测量 ΔU_{MN} 及 I，按视电阻率公式(3-30)计算 ρ_s 值。

在野外现场绘制剖面草图，以测点位置为横坐标（记录点为 MN 中点），以 ρ_s 值为纵坐标绘出 ρ_s 曲线。同时，草测地形剖面图，注明记录点附近特殊地形、地貌、岩石露头、干扰体等，作为解释曲线的参考材料，然后进行室内资料整理及综合解释。总之，通过对各种电剖面探测结果的综合分析，便可确定地电不均匀体的轮廓，为覆盖地区地质填图提供资料。

（三）高密度电阻率法

高密度电阻率法是集电测深法和电剖面法于一体的一种多装置、多极距的组合方法，并且具有一次布极，即可进行多装置数据采集，以及通过求取比值参数面能突出异常信息的特点，它的装置是一种组合式剖面装置。高密度电法以研究地下各介质电性差异为目标，利用程控式多路电极转换器和多功能电测仪，对测线实现连续快速滚动扫描测量、采集及储存数据，并应用专业作图软件绘制出地下视电阻率剖面图，通过对剖面的综合解释而得到地下实际地质情况。

高密度电阻率法工作系统包括数据的采集和资料处理两个方面。野外实际测量时，将所需要的电极埋设在一定间隔的测点上，测点密度较常规电法勘探大很多。电极转换开关可以根据野外实际工作需要自动进行电极装置形式、极距及测点的转换。测量信号由电极转换开关送入高密度电阻率法测量主机并将数据存储，测量完毕后把数据导入计算机即可用软件对数据进行处理。

高密度电阻率法在求解地电条件简单的电场分布时，通常采用解析法，也就是根据给定的边界条件来解拉普拉斯方程式(3-10)，它概括了稳定电流场所满足的基本试验规律，反映了稳定电流场的内在规律。但由于解析法能够计算的地电模型非常有限，在研究复杂的地电结构的异常分布时，无法求得拉普拉斯方程的解析解时，主要还是采用各种数值模拟方法。例如：二维地电模型使用点源二维有限元法，三维地电模型则使用有限差分法等来解决上述问题。具体的勘探技术详见第四章。

第四章　高密度电阻率法的勘探技术

高密度电阻率法的勘探技术主要包括高密度电阻率法的系统组构、野外工作方法技术和数据处理等内容。本章首先对高密度电阻率法系统的电极排列类型、工程常用高密度电法仪、高密度电法仪系统组成进行介绍；其次，重点总结了野外工作方法技术中装置的选择、极距的确定方法，以及测量过程和方法；最后，对数据采集和预处理、数据预处理，高密度电阻率法中的比值参数研究、比值参数对比分析、干扰异常识别、线性滤波等技术进行了论述。

第一节　高密度电阻率法的勘探设备

高密度电阻率法测控系统主要由电极系、高密度电法仪（主机、从机）和上层软件三大部分组成。高密度电阻率法实质上属于直流电阻率法，其基本原理与直流电阻率法相同，不同的是它的装置是一种组合式剖面装置。其中，α 排列、β 排列、γ 排列、δA 排列、δB 排列、α2 排列、自动 M 排列、自动 MN 排列、充电 M 排列、充电 MN 排列适于固定断面扫描测量；A－M、A－MN、MN－B、AB－MN、A－MN－B、跨空等电极排列适于变断面连续滚动扫描测量。下面首先根据不同断面扫描方法，对高密度电阻率法的电极装置（排列）类型进行介绍。

一、高密度电阻率法的装置类型

高密度电阻率法采用的是温纳三电位电极系，在条件许可的情况下（可以布设无穷远电极时）还可采用温纳联合三极装置。高密度电阻率法可采用的装置有：温纳对称四极装置（w－α）（见图 4-1）；温纳偶极装置（w－β）（见图 4-2）；温纳微分装置（w－γ）（见图 4-3）；温纳三极装置（w－A）（见图 4-4(a)）；温纳三极装置（w－B）（见图 4-4(b)）等 5 种装置。各装置的视电阻计算公式分别如下所示：

$$R_s^{\alpha} = \frac{\Delta U_{MN}^{\alpha}}{I} \tag{4-1}$$

$$R_s^{\beta} = \frac{\Delta U_{MN}^{\beta}}{I} \tag{4-2}$$

$$R_s^{\gamma} = \frac{\Delta U_{MN}^{\gamma}}{I} \tag{4-3}$$

$$R_s^{A} = \frac{\Delta U_{MN}^{A}}{I} \tag{4-4}$$

$$R_s^{B} = \frac{\Delta U_{MN}^{B}}{I} \tag{4-5}$$

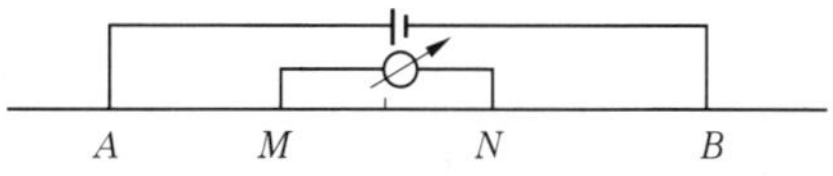

图 4-1　温纳对称四极装置（w－α）

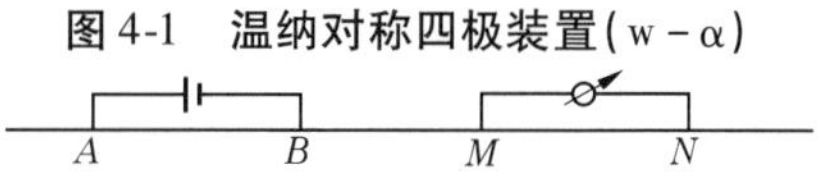

图 4-2　温纳偶极装置（w－β）

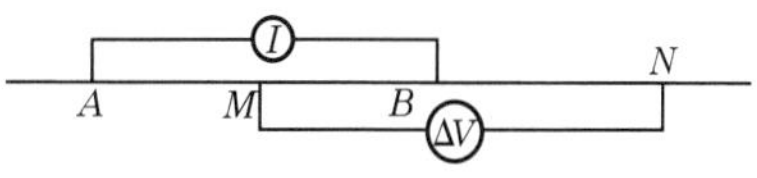

图 4-3　温纳微分装置（w－γ）

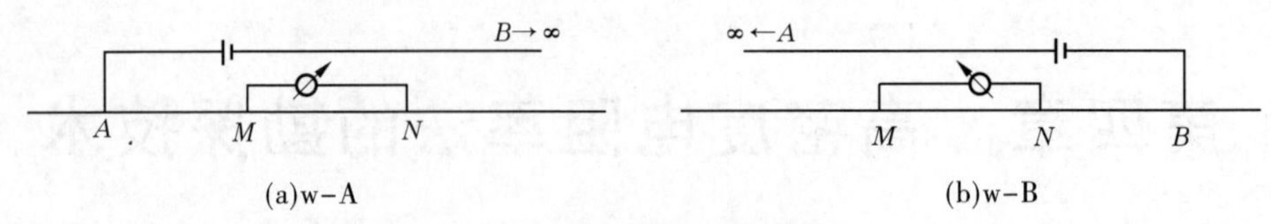

图 4-4　温纳联合三极装置

图 4-1 为温纳对称四极装置，用 w－α 表示。该装置的特点是$\overline{AM}=NB$，记录点为 MN 的中点，其视电阻率的表达式为

$$\rho_s^{\alpha} = K_1 K_{\alpha} R_s^{\alpha} = K_1 \cdot 2\pi a \cdot R_s^{\alpha} \tag{4-6}$$

图 4-2 为温纳偶极装置，用 w－β 表示。它要求 $AB=\overline{MN}$，$\overline{BM}=px$（其中 p 是任意正整数，x 是固定间距（测点间距）），但在满足精度要求的条件下，为了计算设计的方便，取 $\overline{AB}=\overline{MN}=\overline{NB}$，记录点为 BN 的中点，其视电阻率的表达式为

$$\rho_s^{\beta} = K_2 K_{\beta} R_s^{\beta} = K_2 \cdot 6\pi a \cdot R_s^{\beta} \tag{4-7}$$

图 4-3 为温纳微分装置，用 w－γ 表示。在这种装置中，一般，我们采用温纳思想将 $\overline{AB}=\overline{MN}$，且 B 位于 MN 的中点电极上，记录点为 MN 的中点，即为 B 电极，其视电阻率的表达式为

$$\rho_s^{\gamma} = K_3 K_{\gamma} R_s^{\gamma} = K_3 \cdot 3\pi a \cdot R_s^{\gamma} \tag{4-8}$$

图 4-4 为温纳联合三极装置，分别用 w－A 和 w－B 表示其一个电极在无穷远，移动方便，两个三极装置即为一个对称四极，但是又比对称四极覆盖得更全面，所得结果也更可信。总电极数目相同时，它的观测点数和四极的一样，记录点是 MN 的中点，其视电阻率的表达式为

$$\rho_s^{A} = K_4 K_{A} R_s^{A} = K_4 \cdot 4\pi a \cdot R_s^{A} \tag{4-9}$$

$$\rho_s^{B} = K_5 K_{B} R_s^{B} = K_5 \cdot 4\pi a \cdot R_s^{B} \tag{4-10}$$

其中，测量装置系数 $K_1 \sim K_3 = 1 \sim 2$，默认为 1，相同极距，$K_4 = K_5$，装置电极间距 $a = nx$（n 是隔离系数）。供电电极在测量电极之间所产生的电位差有如下关系：

$$\Delta U_{MN}^{\alpha} = \Delta U_{MN}^{\beta} + \Delta U_{MN}^{\gamma} \tag{4-11}$$

各视电阻、视电阻率间有如下关系：

$$R_s^{\alpha} = R_s^{\beta} + R_s^{\gamma} \tag{4-12}$$

$$\rho_s^{\alpha} = (\rho_s^{A} + \rho_s^{B})/2 \tag{4-13}$$

各测点和深度记录点断面分布见图 4-5。

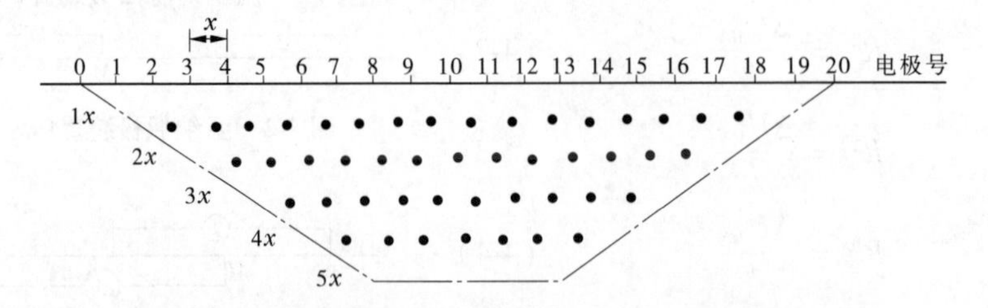

图 4-5　高密度电阻率法的测点和记录点断面分布图

二、高密度电阻率法的电极排列

(一)固定断面扫描测量

该测量方法在测量时以剖面线为单位,启动一次测量最少一条剖面线,存储与显示亦以剖面线为单位进行。一个断面由若干条剖面线组成,且每条剖面线有唯一的编号,简称剖面号。各种固定断面扫描测量的电极排列及测量断面分别介绍如下。

1. α 排列(对称装置 $AMNB$)

电极排列如图 4-6 所示。测量时,$\overline{AM}=\overline{MN}=\overline{NB}$ 为一个电极间距,A、B、M、N 逐点同时向右移动,得到第一条剖面线。接着,$\overline{AM}$、$\overline{MN}$、$\overline{NB}$ 增大一个电极间距,A、B、M、N 逐点同时向右移动,得到另一条剖面线。这样不断扫描测量下去,得到倒梯形断面。

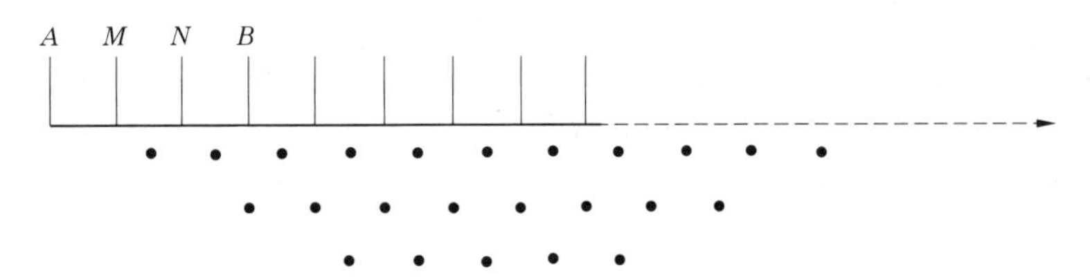

图 4-6 对称装置电极排列及测量断面示意图

2. β 排列(偶极装置 $ABMN$)

电极排列如图 4-7 对称。测量时,$\overline{AB}=\overline{BM}=\overline{MN}$ 为一个电极间距,A、B、M、N 逐点同时向右移动,得到第一条剖面线。接着,$\overline{AM}$、$\overline{BM}$、$\overline{MN}$ 增大一个电极间距,A、B、M、N 逐点同时向右移动,得到另一条剖面线。这样不断扫描测量下去,得到倒梯形断面。

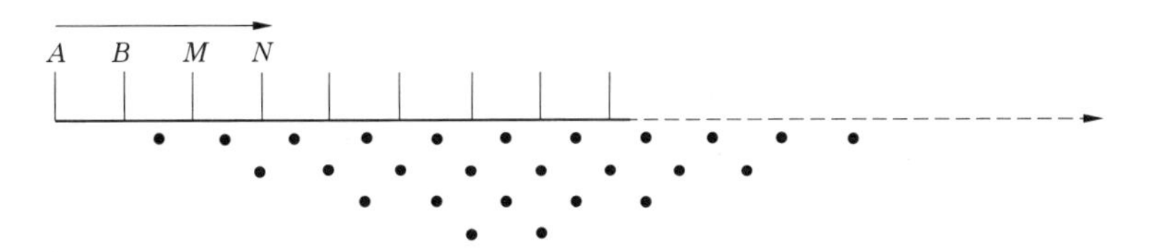

图 4-7 偶极装置电极排列及测量断面示意图

3. γ 排列(微分装置 $AMBN$)

电极排列如图 4-8 所示。测量时,$\overline{AM}=\overline{MB}=\overline{BN}$ 为一个电极间距,A、M、B、N 逐点同时向右移动,得到第一条剖面线。接着,$\overline{AM}$、$\overline{MB}$、$\overline{BN}$ 增大一个电极间距,A、B、M、N 逐点同时向右移动,得到另一条剖面线。这样不断扫描测量下去,得到倒梯形断面。

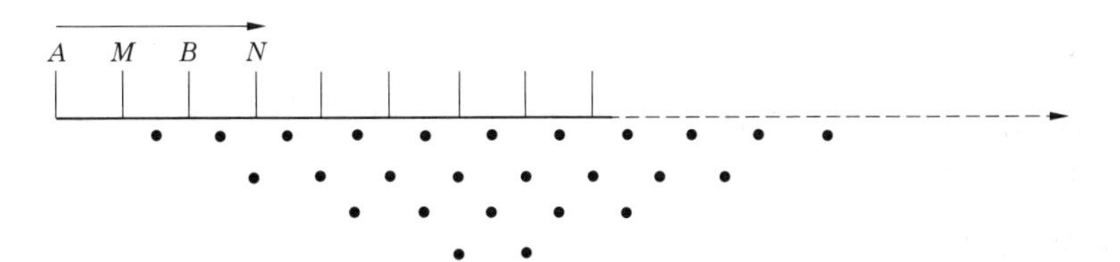

图 4-8 微分装置电极排列及测量断面示意图

4. δA 排列(联剖正装置 $AMN\infty$)

电极排列如图 4-9 所示。测量时,$\overline{AM}=\overline{MN}$ 为一个电极间距,A、M、N 逐点同时向右移动,得到第一条剖面线,接着,$\overline{AM}$、$\overline{MN}$ 增大一个电极间距,A、M、N 逐点同时向右移动,得到另一条剖面线。这样不断扫描测量下去,得到倒梯形断面。

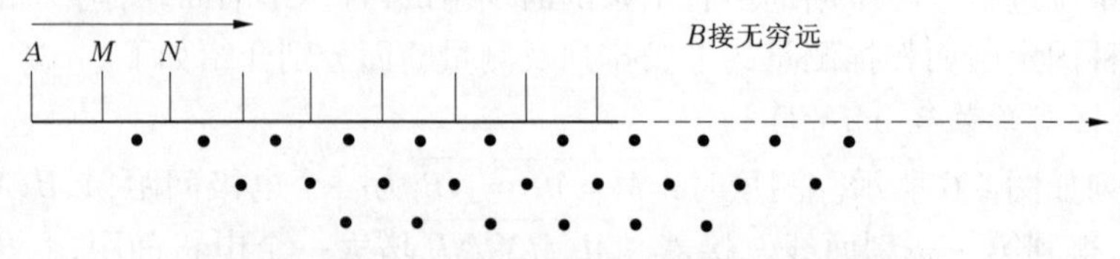

图 4-9 联剖正装置电极排列及测量断面示意图

5. δB 排列(联剖反装置 ∞MNB)

电极排列如图 4-10 所示。测量时,$\overline{MN}=\overline{NB}$ 为一个电极间距,M、N、B 逐点同时向右移动,得到第一条剖面线。接着,$\overline{MN}$、$\overline{NB}$ 增大一个电极间距,M、N、B 逐点同时向右移动,得到另一条剖面线。这样不断扫描测量下去,得到倒梯形断面。

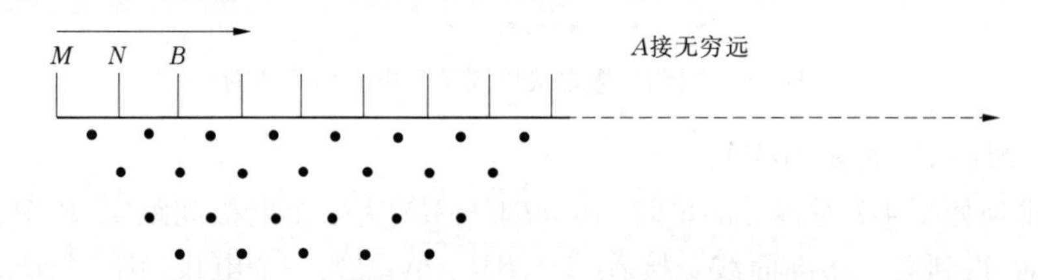

图 4-10 联剖反装置电极排列及测量断面示意图

6. $\alpha 2$ 排列

电极排列如图 4-11 所示。测量时,$\overline{AM}=\overline{MN}=\overline{NB}$ 为一个电极间距,A、B、M、N 逐点同时向右移动,得到第一条剖面线。接着,$\overline{AM}$、$\overline{NB}$ 增大一个电极间距,$\overline{MN}$ 始终为一个电极间距,A、B、M、N 逐点同时向右移动,得到另一条剖面线。这样不断扫描测量下去,得到倒梯形断面。

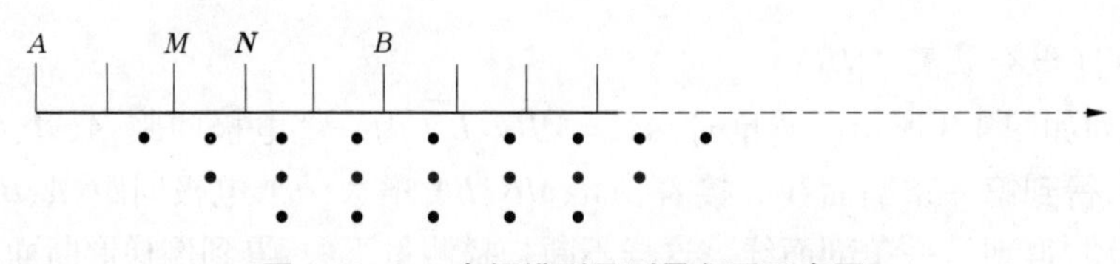

图 4-11 $\alpha 2$ 电极排列及测量断面示意图

7. 自动 M 排列

电极排列如图 4-12 所示。测量时,N 接无穷远极,M 逐点向右移动,测量该点的自然电位得到一条剖面线。

8. 自动 MN 排列

电极排列如图 4-13 所示。测量时,M、N 固定相隔一个电极间距并逐点向右移动,测量该点的自然电位得到一条剖面线。

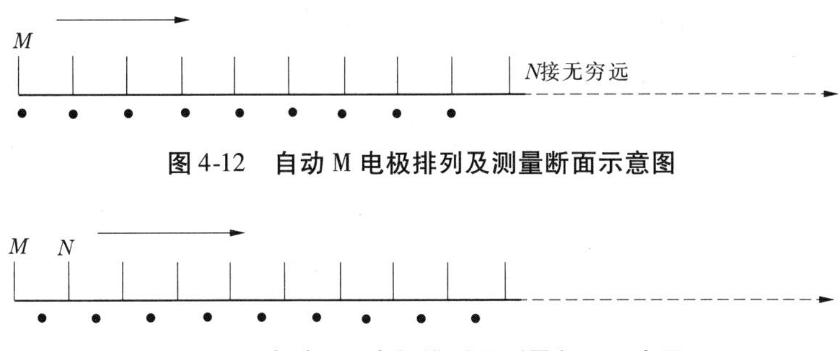

图 4-12　自动 M 电极排列及测量断面示意图

图 4-13　自动 MN 电极排列及测量断面示意图

9. 充电 M 排列

电极排列如图 4-14 所示。A 电极与矿体相连，N、B 电极接无穷远。测量时，M 逐点向右移动，通过测量该点的归一化电位（U_{MN}/I_{AB}）而得到一条剖面线。

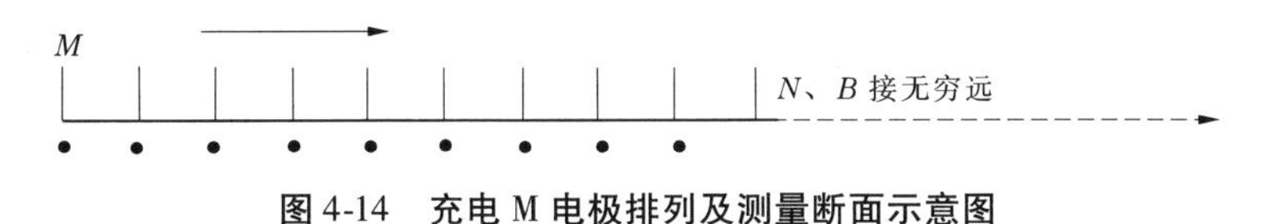

图 4-14　充电 M 电极排列及测量断面示意图

10. 充电 MN 排列

电极排列如图 4-15 所示。A 电极与矿体相连，B 电极接无穷远。测量时，固定相隔一个电极间距逐点向右移动，通过测量两个电极之间的归一化电位（U_{MN}/I_{AB}）而得到一条剖面线。

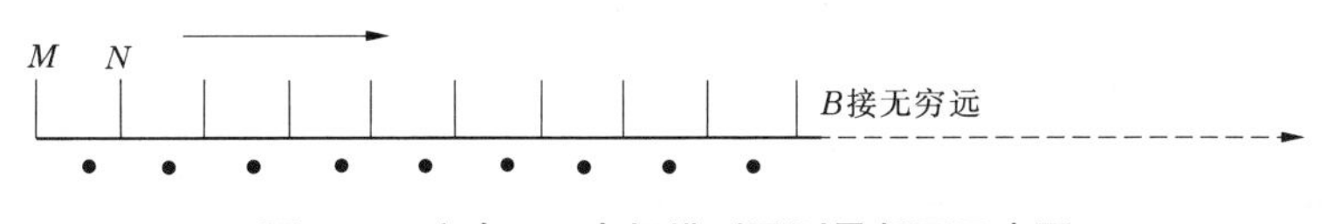

图 4-15　充电 MN 电极排列及测量断面示意图

（二）变断面连续滚动扫描测量

该测量方法在测量时以滚动线为单位，启动一次测量最少一条滚动线，存储与显示时则仍以剖面线为单位进行。滚动线是一条沿深度方向的直线或斜线（不可视线），各测线等距分布其上，所有滚动线上相同测点号的测点构成一条剖面，不同深度的测点位于不同剖面上，一条滚动线上的测点数等于断面的剖面数。一个断面由若干条滚动线组成，且每条滚动线有唯一编号，简称滚动号。

测量一条滚动线的过程称为单次滚动，即在保持供电电极与某个电极接通不动的情况下沿测线方向（电极号由小到大）移动测量电极，测量电极与供电电极间距起始为一个基本点距，测量并存储当前点电阻率后便移动一次测量电极，每次移动一个基本点距，重复上述测量过程直至测量点数等于剖面数。各种变断面连续滚动扫描测量的电极排列及测量断面分别介绍如下。

1. A－M 二极排列

A－M 二级电极排列及测量断面示意图如图 4-16 所示。测量时，A 不动，M 逐点向右移动，得到一条滚动线；接着 A、M 同时向右移动一个电极，A 不动，M 逐点向右移动，得到另一条滚动线;这样不断滚动测量下去,得到平行四边形断面。

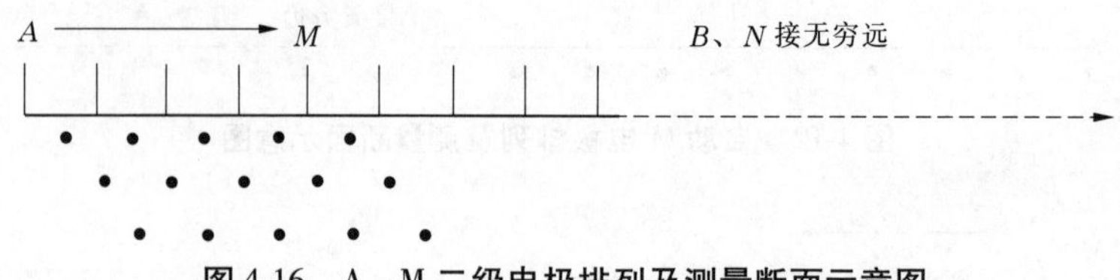

图 4-16 A-M 二级电极排列及测量断面示意图

2. A-MN 三极排列

A-MN 三级电极排列及测量断面示意图如图 4-17 所示。测量时,*A* 不动,*M*、*N* 逐点同时向右移动,得到一条滚动线;接着,*A*、*M*、*N* 同时向右移动一个电极,*A* 不动,*M*、*N* 逐点同时向右移动,得到另一条滚动线;这样不断滚动测量下去,得到平行四边形断面。

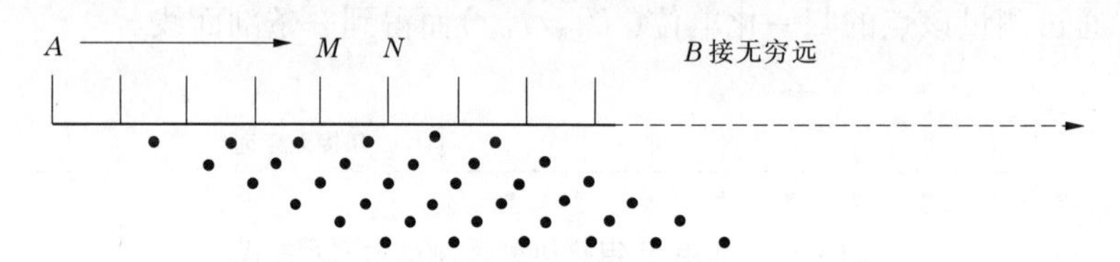

图 4-17 A-MN 三级电极排列及测量断面示意图

3. MN-B 排列

MN-B 电极排列及测量断面示意图如图 4-18 所示。测量时,*M*、*N* 不动,*B* 逐点同时向右移动,得到一条滚动线;接着 *M*、*N*、*B* 同时向右移动一个电极,*M*、*N* 不动,*B* 逐点同时向右移动,得到另一条滚动线;这样不断滚动测量下去,得到矩形断面。

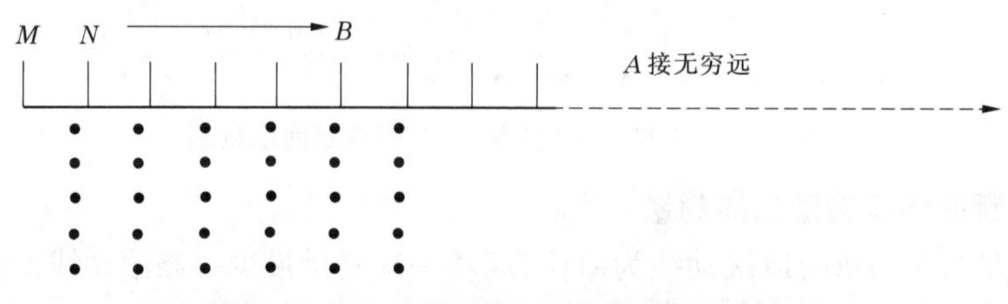

图 4-18 MN-B 电极排列及测量断面示意图

4. 矩形 A-MN 排列

矩形 A-MN 电极排列及测量断面示意图如图 4-19 所示。测量时,*M*、*N* 不动,*A* 逐点向左移动,得到一条滚动线;接着,*A*、*M*、*N* 同时向右移动一个电极,然后 *M*、*N* 不动,*A* 逐点向左移动,得到另一条滚动线;这样不断滚动测量下去,得到矩形断面。

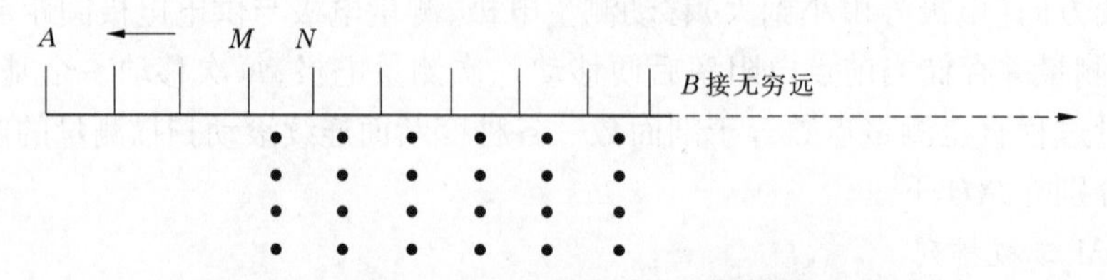

图 4-19 矩形 A-MN 电极排列及测量断面示意图

5. AB－MN 偶极排列

AB－MN 偶极排列及测量断面示意图如图 4-20 所示。测量时，*A*、*B* 不动，*M*、*N* 逐点同时向右移动，得到一条滚动线；接着，*A*、*B*、*M*、*N* 同时向右移动一个电极，*A*、*B* 不动，*M*、*N* 逐点同时向右移动，得到另一条滚动线；这样不断滚动测量下去，得到平行四边形断面。

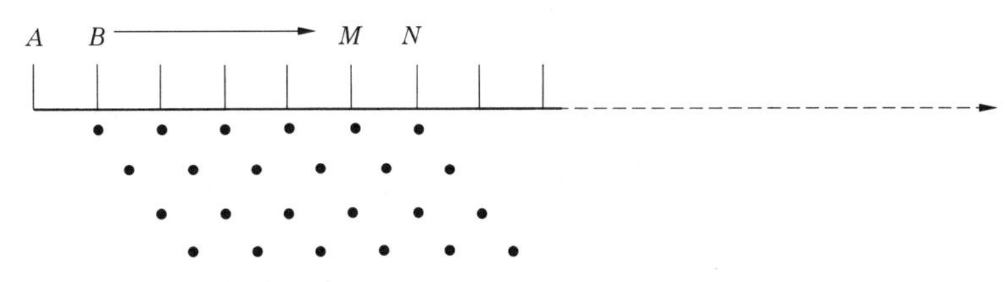

图 4-20　AB－MN 偶极排列及测量断面示意图

6. A－MN－B 四极测深排列(施伦贝尔装置电极排列)

施伦贝尔装置电极排列及测量断面示意图如图 4-21 所示。施伦贝尔装置在测量时 *M*、*N* 不动，*A* 点逐点向左移动，同时 *B* 点逐点向右移动，得到一滚动线；接着 *A*、*M*、*N*、*B* 同时向右移动一个电极，*M*、*N* 不动，*A* 点逐点向左移动，同时 *B* 点逐点向右移动，得到另一滚动线；这样不断滚动测量下去，得到倒矩形断面。

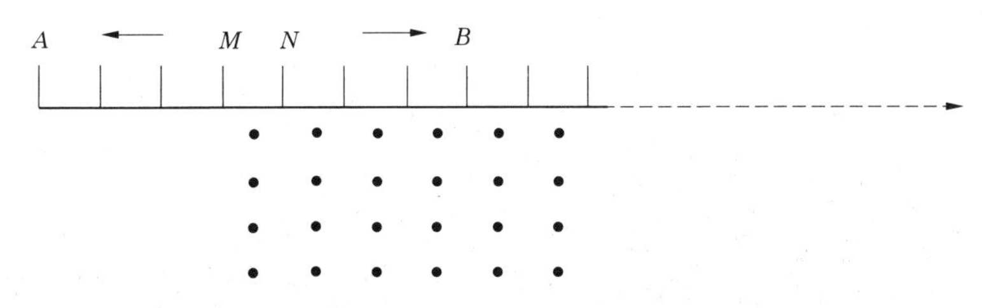

图 4-21　施伦贝尔装置电极排列及测量断面示意图

三、高密度电法仪

(一)国内常用高密度电法仪介绍

国内研究和生产高密度电法仪的厂家有重庆地质仪器厂、北京地质仪器厂、吉林大学、中国地质大学以及重庆奔腾测控技术研究所等。

DUK－1 高密度电阻率法测量系统是中装集团技术中心和重庆地质仪器厂联合研制开发的高密度电阻率探测系统，是进行高密度电阻率勘探、电阻率成像技术研究和各种密电极电法测量的专用装置，在水文、工程、环保等领域得到了广泛应用，全系统包括 DZD－4多功能直流电法仪、多路电极转换器 <II> 和 120 道电极转换器、一套高密度测量专用电缆和电极。

多路电极转换器 <II> 和 120 道电极转换器是由单片微机控制开关阵列进行供电电极与测量电极自动转换的智能化转换器，具有安全可靠、动作准确、转换速度快、工作效率高、操作简便、人为的操作失误因素小、实时监视直观等优点。提高了直流电测勘探工作的自动化水平，为多通道电法勘探方法提供了先进的测量手段。多路电极转换器 <II> 和 120 道电极转换器的具体参数和特点有：采用 60 通道基本机型；具有脱机和联机两种方式的系统自检功能;设有9种基本的高密度电测工作装置模式(温纳四极模式、施伦贝尔1、施伦贝尔2、偶极-偶极模式、微分模式、联合剖面模式、二极电阻率成像CT、三极滚动连续测深及单边三极滚动连续测深等);体积小,重量轻,用8节一号干电池供电,也可以用同一规格镍镉电池供电。

重庆地质仪器厂生产的DUK-2B高密度电阻率法测量系统,如图4-22所示,主要应用于工程勘探领域。它的主要特点是:将数据采集部分和多路转换开关组装在同一个箱体里既缩小了体积又减轻了重量,避免了分别操作主机和开关参数设置不一致造成的错误;增加了不同电流和输入阻抗转换挡,提高了微弱信号的采集能力;增加了每次测量前自动检测接地电阻功能,对于接地电阻值超值的点给予指示。

北京地质仪器厂推出的DCX-1型电法层析成像数据采集系统,如图4-23所示,有DCX-1A型集中式电法层析成像数据采集系统和DCX-1B型分布式电法层析成像数据采集系统两种。既可以做电阻率层析成像探测,亦可做极化率层析成像探测。主要用于找矿、找水、水文地质勘探、地下建筑体(古墓、防空洞)以及地下溶洞、地裂缝等领域勘探。主要特点是:采用双向覆盖电缆,使现场布线速度与分布式仪器的布线速度相当,与以往普通式连接电缆相比,施工简化,降低了劳动强度,提高了工作效率。电缆接头均有防水功能,可在水中作业;同时该系统测量通道数量多,而且易于扩大测量通道数,使探测有效空间增大,便于增加勘探深度和提高探测分辨率。

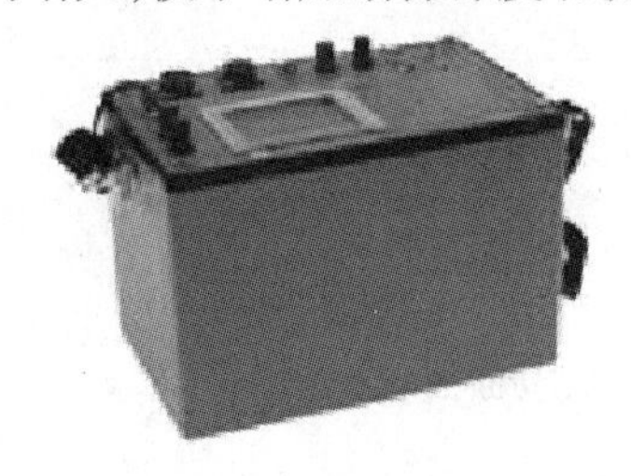

图4-22 DUK-2B高密度电阻率法测量系统

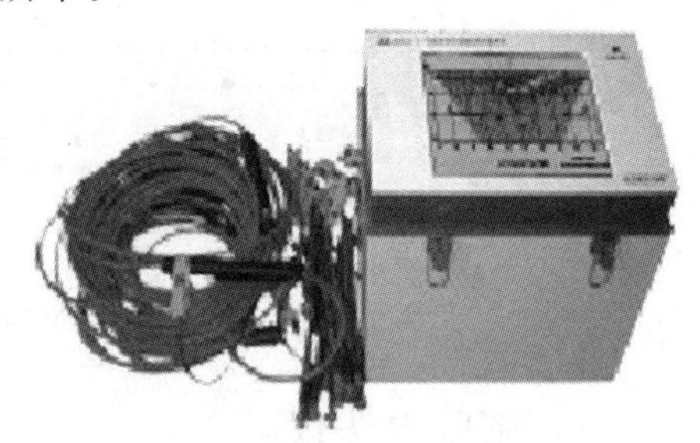

图4-23 DCX-1型电法层析成像数据采集系统

由骄鹏工程技术研究所研制的E60D高密度电法仪可实现二维、二维高密度电阻率法勘探,大功率时间域激电勘探,双频高密度激电勘探,普通电子率勘探等功能。

(二)国外常用高密度电法仪介绍

国外生产和研发高密度电法仪的厂家有美国ZONGE公司和AGI公司、德国DMT公司、日本OYO公司等。

其中,GDP-32Ⅱ地球物理数据处理器实际上是一个万用的、多通道的接收机,其设计目的在于采集任何类型的电磁或电场数据,其带宽为直流(DC)-8 kHz。其设计强调软件的灵活性,最佳的数据质量以及恶劣野外条件下的坚固性。GDP-32Ⅱ多功能电法仪系统包括GDP-32II接收机、系列发射机及配套发电机组等,如图4-24所示。

日本OYO公司的McOHM Profiler-4是一款多通道的高密度电法仪,如图4-25所示,系统内置32电极转换功能、4通道同步接收电路、高分辨率24位A/D转换器,供电电路发射最大400 V(峰峰值800 V)/120 mA的电流(若使用Power Booster升压装置可达

1 A)。它基于 Windows XP 操作系统,带彩色显示屏、硬盘和 USB 接口,质量高、现场稳定性能好。此外,可同时监视和显示电流波形和电位波形,可以有效地控制数据的质量。

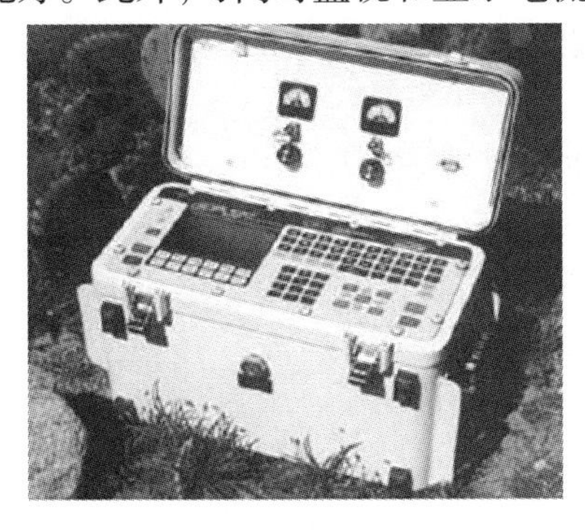

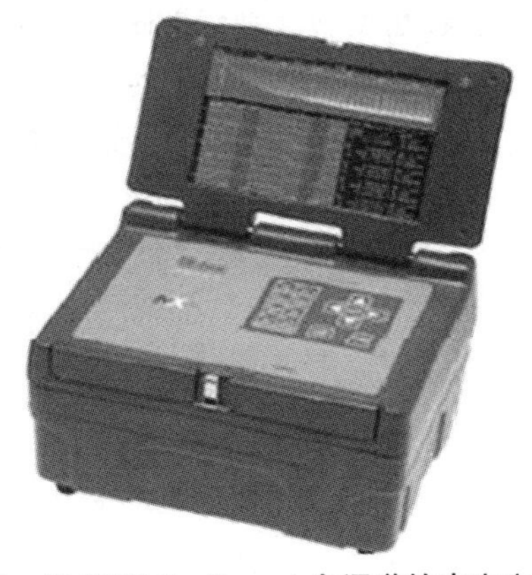

图 4-24　GDP－32Ⅱ多功能电法仪

图 4-25　McOHM Profiler－4 多通道的高密度电法仪

RESECSⅡ三维高密度电法仪是德国 DMT 公司研发的新一代高密度电法仪,如图 4-26所示。它功能齐全、轻便稳定,主要应用于工程和地基精细勘探等。它主要有分布式、多通道、多种观测模式、可进行二位观测等特点。

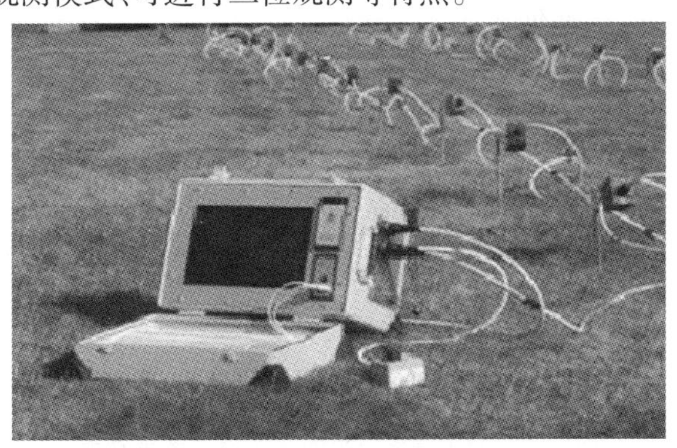

图 4-26　RESECS II 三维高密度电法仪

美国 AGI 公司推出的多电极高密度直流电法仪,轻便小巧,将多个(4～256 个)电极以自动控制、编程组合的方式排列,实现自动、快速的高密度采集。同时,可以一次测量 8 个通道,大大缩短了自动测量剖面的时间,并且可以实现(IP)激电测量,在获得电阻率剖面的同时,获得同一地点的极化率剖面。

由 AGI(Advanced Geosciences Inc)公司推出的 Command Creator V1. 2 软件系统和 Sting R1 Instruction 硬件系统组成了一套完整的高密度电法仪器。

不难看出,现有的高密度电阻率法可以在以下几个方面取得发展和改进:

(1)在高密度电阻率法的实际应用中,多通道将占据主导地位。这样不仅能提高数据采集的数量和速度,还使高密度电法仪同时采集多种测量方式的数据成为可能。

(2)直流电阻率和时间域激发极化法测量将可以在高密度电阻率法的二维数据采集中实现。

(3)三维高密度电阻率法测量将得到大力发展。虽然现在三维高密度电阻率法测量由于种种原因还处于试验和研究的阶段,但随着技术水平的提高,必将得到广泛的应用。

(三)常规与新型高密度电阻率法数据采集方案的比较

1. 常规高密度电阻率法数据采集方案

常规高密度电阻率法数据采集方案,如图 4-27 所示。

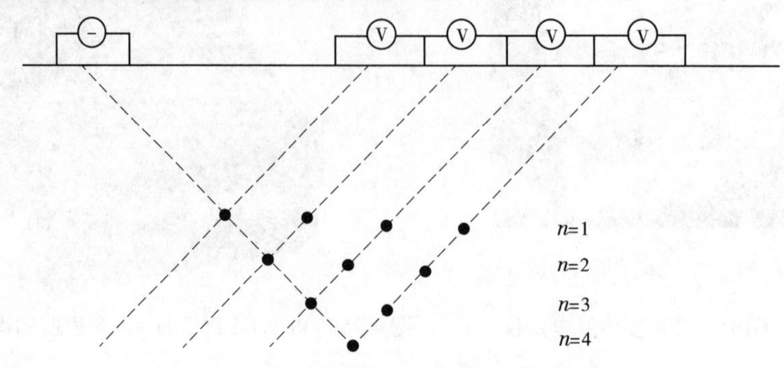

图 4-27　常规高密度电阻率法数据采集方案

主要装置:温纳装置、对称四极装置、偶极 - 偶极装置等。

主要缺陷:获得的是倒三角的数据;剖面两端存在数据空白区,此区域的电阻率信息缺失;串行观测,耗时长,效率低。

2. 新型高密度电阻率法数据采集方案

新型高密度电阻率法数据采集方案,如图 4-28 所示。

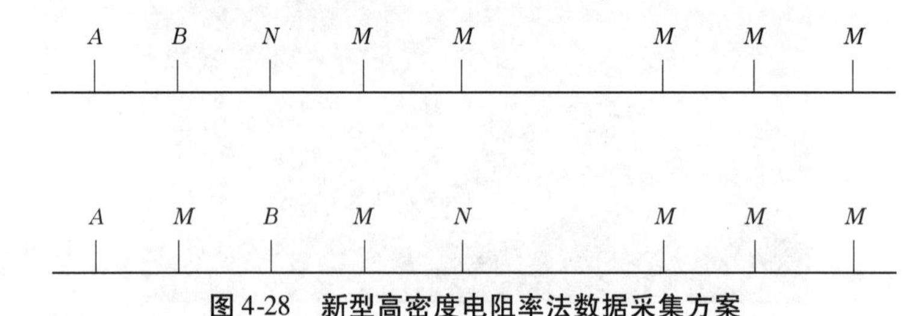

图 4-28　新型高密度电阻率法数据采集方案

装置特点:不是常规直流电法装置;并行观测,效率高。

主要优点:获得的数据不存在空白区,获得的是排列覆盖区域下方的完整电阻率信息。

四、高密度电法仪的系统组成

高密度电法仪主要由电极系、高密度电法仪(主机、从机)和上层软件三大部分组成。主机主要由计算机(或工控机)、标准电法勘探仪器的通用电路以及与从机连接的接口电路组成,其作用是对从机发送控制命令、接收从机反馈信号等。从机(由单片机构成)通过电缆控制电极系统各电极的供电与测量状态。主机通过串口向从机发出工作指令,从机接到指令后按照主机的要求采集数据,并将数据传回主机。数据采集结果自动存入主机,主机通过串口把原始数据传输给计算机。计算机用软件对数据进行处理。高密度直流电法仪测控系统总体设计框图如图 4-29 所示。

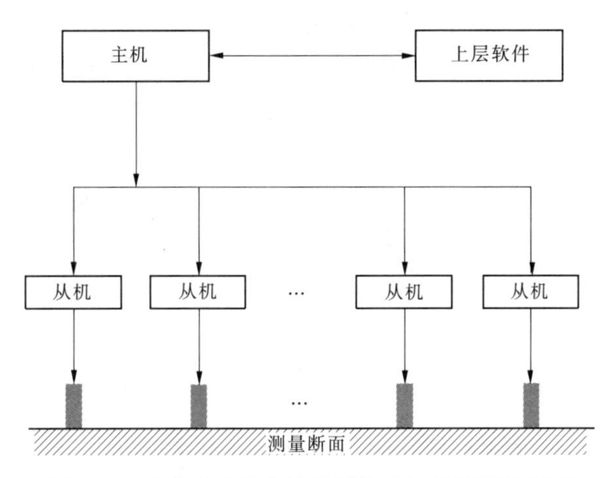

图 4-29　高密度直流电法仪测控系统总体设计框图

(一)高密度电法仪的主机单元

主机单元主要由前端处理模块、数据采集模块和主控模块三部分组成。在第一次测量时,将采集到的数据传到上层软件中进行计算,主要是完成对于接地电阻和偏置电压的计算,以完成接地电阻测量和校准,即调零的工作,并同时选择合适的放大倍数,然后进行正常的采集工作。在数据采集模块中,为了提高仪器的输入阻抗,在电路设计上首先采用了仪用放大器。由于工频干扰的存在,在主机滤波电路中设计了二阶陷波器。将信号处理到集成程控放大器的模数转换器的量程范围内转换为数字信号,经过单片机的处理,通过串口通信传到计算机上进行数据处理。高密度直流电法仪测控系统主机单元的总体设计框图如图 4-30 所示。

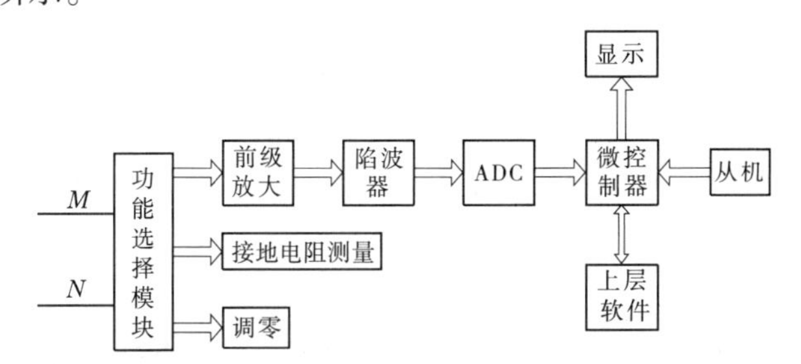

图 4-30　高密度直流电法仪测控系统主机单元总体设计框图

(二)高密度电法仪的从机单元

各从机由单片机构成,采用串接的形式连接,可覆盖整个测量剖面,系统自动为各从机编号,所有系统能自动检测电极故障及其位置。

如图 4-31 所示,主机与从机的双向通信信号通过主机接口连接器插头 J 同带有从机的多芯电缆一端的连接器插头 K 相连,J、K 为多芯连接器的一对插头,向从机 1 发送控制命令,接收从机反馈信号。从机 1 的双向通信信号通过从机 1 接口连接器插头 J 同带有从机 2 的多芯电缆一端的连接器插头 K 相连,向从机 2 传送控制命令、接收从机反馈信号。其他各从机根据电法勘探测量原理按照上述顺序连接。各从机对应的电极 D 按电法勘探测量的要求与大地相接,实现了每个电极 D 之间只有一条多芯电缆相连。因各从机的结构及电路相同，所以可以不按从机的表面编号连接。

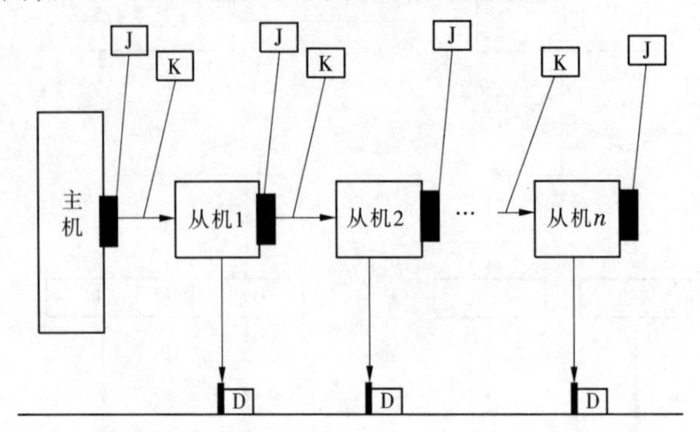

图 4-31　高密度直流电法仪测控系统从机单元总体设计框图

（三）新型电法仪软件设计模块

软件部分包括数据采集软件和数据处理软件。

1. 数据采集软件

该部分是软件的核心，在菜单软件中，首先设置通信串口，进行连接；然后选择电极极距、最小极距系数、最大极距系数、参数文件名和数据文件名后，程序开始电极系数、电极个数的循环测量。

2. 数据处理软件

数据处理软件的主要任务是绘制剖面图、断面图、剖面数据的二维反演、剖面数据的三维反演、视电阻率的计算等。

3. 菜单程序

为了集中管理控制程序，数据采集程序和使用的方便，具有良好的人机交互界面，菜单程序是少不了的。新型高密度电法仪系统中的菜单程序是在面向对象程序设计语言下，用汉字直接显示的全中文菜单，在菜单中实现电极极距选择、装置系数和曲线显示等功能。

4. 数据处理成图程序

数据处理成图程序实现的功能主要是根据不同的电极分布方式进行成图，包括绘制等 ρ_s 断面图、ρ_s 平面等值线图和 ρ_s 曲线类型图等。

第二节　野外勘探技术

一、装置的选择

高密度电阻率法可以有多种排列装置，比较常用的装置方式有偶极 – 偶极（dipole – dipole）、单极 – 偶极（pole – dipole）、温纳（wenner）、施伦贝尔（schlumberger），单极 – 单极（pole – pole）等，这几种装置在测量功能上各有不同的侧重点，因此应根据不同的地质任务来选择不同的测量装置，以达到最佳的勘探效果。

二、极距的确定

极距的设定包括供电电极距 $\overline{AB}$ 和测量电极距 $\overline{MN}$ 的确定。供电电极距 $\overline{AB}$ 的大小视目标体的埋藏深度而定，一般应满足关系式：$\overline{AB} \geqslant 3H$（$H$ 为探测深度）。而测量电极距 $\overline{MN}$ 的确定一般视目标体的范围大小而定，电极距 $\overline{MN}$ 与横向分辨率的要求有关。要提高分辨率，就要减小测量电极距 $\overline{MN}$。

高密度电阻率法工作时，其供电电极与测量电极是一次性布设完成的。通常情况下，经由仪器的电极转换开关控制，排列中的某两根电极既要作为供电电极 A、B，在下一组组合测量时又要作为测量电极 M、N。在工作时，总希望探测深度要大（即 $\overline{AB}$ 要大），又不会漏掉小的异常体（即 $\overline{MN}$ 要小），要提高横向分辨率，就要牺牲它的探测深度，反之亦然。所以，在设计极距时，既要充分考虑探测深度，又要兼顾横向分辨率。

三、测量过程和方法

（一）测量过程

具体施工过程为：首先以固定点距 x 沿测线布置一系列电极（电极数量视多芯电缆芯数而定），取装置电极间距 $a = nx$（$n = 1,2,3,\cdots,n+1$），将相距为 a 的一组电极（四根电极）经转换开关接到仪器上，通过转换开关改变装置类型，一次完成该测点上各种装置形式的视电阻率的观测。四极装置的电极排列中点为记录点，A 装置和 B 装置取测量电极 M、N 中心为记录点 O。一个记录点观测完之后，通过开关自动转接下一组电极（即向前移动一个点距 x），以同样方法进行观测，直到电极间距为 a 的整条剖面观测完。之后，再选取电极距为 $a = 2x, a = 3x, \cdots, a = (n+1)x$ 的不同极距装置，重复以上观测。

点距 x 的选择，主要依据勘探的详细程度。最大极距 $a = nx$ 的大小取决于预期勘探深度，一般隔离系数 n 的最大值不超过 10，而 x 一般为 5 m 或 10 m。

对三极装置的无穷远极（C），在条件允许的情况下，最好沿垂直观测方向的其他巷道布置，尽量保证 $CO \geqslant 3AO$。

（二）测量方法

需要输入的参数：时间、地点、N（实接电极数）、x（固定点间距）、L（装置水平移动距离）、T_g（供电时间）、T_d（断电时间）。

测量的步骤：

（1）记数，首先接 1、2、3、4 号电极点，按温纳四极对称法（w－α）、温纳偶极法（w－β）、温纳微分法（w－γ）、温纳三极法（w－A）、温纳三极法（w－B）装置测量其视电阻率，记录点位置相同；

（2）于供电前测 MN 间自电 U_0，于断电前测 MN 间供电 U_1 及电流 I，并计算；

（3）每点数据为（$(U_0,I,U_1)\alpha$；$(U_0,I,U_1)\beta$；$(U_0,I,U_1)\gamma$；$(U_0,I,U_1)A$；$(U_0,I,U_1)B$；X；a），其中 $X = L + x(1.5n + k - 1)$，$a = nx$；

（4）判断 $k + 1 > N - 3n$，若假，则 $k = k + 1$，各电极顺移 Δx，重复步骤（2）～（3）；

（5）若真，接着判断 $N - 3(n+1) > 0$，若假，则 $n = n + 1$，$k = 1$，即从 1 号电极按 n 个电极间隔重排电极，重复步骤（2）～（4）；

(6)若真,则停止测量。

注:可在测量时,添加质量检查,质量控制判断参数 $e_{obs}=[R_s^{\alpha}-(R_s^{\beta}+R_s^{\gamma})]\times 100/100R_s^{\alpha}$,经判断 $e_{obs}>5\%$ 为真,则不合格,询问(1)是否重试,(2)忽略。

作为直流电法时,为消除激发极化现象,供电时间宜较短。

第三节　勘探数据处理

一、数据采集和预处理

(一)数据采集

在高密度电阻率法勘探工作中,野外数据采集是非常重要的基础工作,数据采集质量的好坏关系到勘探工作的成败。为了确保数据能按质高效的采集,所以在野外数据采集之前要做好各种准备,注意采集时的各种细节问题。

1. 分析探测对象并收集相关资料

在开展工作之前,首先必须分析研究所要调查对象的分布形态和物理性质,以确定方法的可行性。如果探测对象的电阻率和周围介质的电性差异很小,所要探测地层的厚度和异常体的体积与其埋深的比值显得过小,用电阻率方法进行探测就显得非常困难。

同地层介质的弹性波速度相比较,影响介质电阻率的因素更多。比如,探测对象构成物质的颗粒电阻率、孔隙度、含水饱和度、孔隙水电阻率、温度等。另外,地层岩体的生成年代不同,形成后构造运动、热液变质作用、风化作用等因素也影响了电阻率值的大小。因此,在对测得的电阻率结果进行详细解释的时候,所能对比应用的材料越多越好。同时,应该收集地质勘探资料、钻孔资料、测井资料、室内岩土实验资料等有用资料。

2. 野外布设

1)测区选择

在数据采集过程中,电法仪所测得的电位值,不仅和地下构造的分布有关,还受地形变化的影响。一般来说,凸地形情况和平坦地形相比,测得的电位值(电阻率值)偏大,凹地形情况下电位值(电阻率值)则偏小。这是因为在凸地形处,由于电流间的排斥作用,使其流经地表,但因恒定的均匀、平行分布的正常电流线在该处变得稀疏,使得 M、N 间的 j_{MN}减小,其结果必然使得视电阻率与实际围岩电阻率的比值变小;反之,凹地形则增大。

高密度电阻率法所探测的结果是测量装置下方地电介质的分布情况,是地下构造和地形起伏双重影响下的电阻率二维断面图。沿测线方向地形变化的影响必须要改正,如果测线横穿陡崖或角度大于45°的斜坡,很容易发生伪像,在这种情况下地形改正就显得尤为重要。测线横穿区域地形变化可通过有限元、边界元等方法进行地形校正,但在测线两侧地形变化很大的情况下,很难找到合适的数学校正方法。在这种情况下,通常沿垂直测线方向做一条辅助测线进行比较,以确定是否存在伪像和数据结果的可靠程度。

铁路、地下埋设的金属管线、高压电线、钢筋混凝土建筑物、金属堆积物等人工构造物对高密度电阻率法测量的精度影响很大。由于这些构造物和周围介质相比表现为低阻特征,吸引电流集中流向这里,使测得的地层真实电阻率值变化很大。

因此,野外布线时应尽量避开这些构造物。总的来说,测线的布置最好选在地形较平坦的地方,地形起伏如果太大会对测量结果产生影响。尽量避免较强的工业游离电流、大地电流或电磁干扰等其他干扰因素。

2)探测深度选择

高密度电阻率法的探测深度,从野外施工的角度来说,最大可以达到数百米,但在实际施工中,由于受地形和采集系统的器件性能的影响,探测深度还要浅一些。对于直流电法勘察来说,探测深度与最大供电电极距有关,供电电极距越大,则深度越大;反之,则越小,高密度电阻率法也遵循这一规律。而在实际情况中,探测深度在一定程度上还与地下介质的电阻率有关,同样的极距情况下,地下介质高阻比低阻探测深度要大些。根据多次试验和野外经验,研究者总结出在一般情况下高密度电阻率法的温纳装置和偶极装置的有效探测深度为最大极距的 1/8 ~ 1/6 倍。

高密度电阻率法数据采集时,当隔离系数 n 逐次增大时,极距也逐次增大,测点的深度增加,但由于最大供电电极距是不变的,所以反映不同深度的测点将依次减少,从而导致整个剖面最后几层的数据量非常少,反演出来的图像便不准确,精确度很低,所以野外设计的探测深度应为探测对象深度的 1.5 ~ 2.0 倍。

而测线两端的区域也因为数据量较少,存在同样的问题,所以在设计时,测线的总长应为探测对象区域长度 I 加上两侧各 $H/2$(探测深度的一半)的长度。如图 4-32 所示,测线总长 $L=H$(设计探测深度) $+I$(探测对象区域长度)。这样就能保证被探测对象区域的数据量足够丰富,反演图像就比较准确。

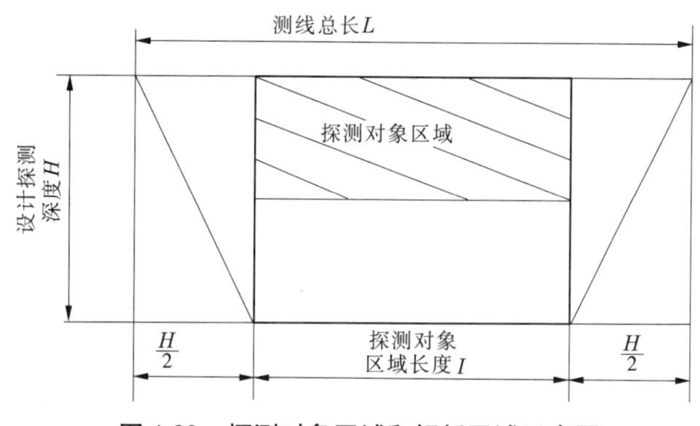

图 4-32 探测对象区域和解析区域示意图

在设计测线极距时,可采取不同极距对同一目标重复观测,对所得成果进行对比观测,并选择最佳极距。极距小,观测的精度相对较高,但观测深度较浅;极距大,则精度小,深度大。所以,极距的选择视具体情况而定,合适的极距对数据的采集结果尤为重要。

3)电极布设

当用两根正、负电极向地下供电时,测得的电阻为两根电极的接地电阻、电线的电阻和地层电阻的总和。通常情况下,电线的电阻可忽略不计,而接地电阻的存在对地层电阻率的测试结果影响很大。由于进行数据采集时,测量电极测得的电位差与地层中的电流强度成正比,地层中电流强度与供电电极间加载电压成正比,与接地电阻成反比。一般情况下,供电电压是有限定的,因此减小接地电阻就显得很重要。接地电阻主要由电极周围地层的电阻率和电极同地层的接触面积来确定。电极设置点的地层电阻率越低,接触面积越大,接地电阻越低。

野外设置电极时,应尽量避开含砾层和树根多的地方,选在表层土致密、潮湿的地方。如果在干燥的山坡布极,在电极周围尽量多地撒一些水或盐水也能减小接地电阻。在条件允许的情况下,电极直接打入地层的湿润部分效果较好。

有时为了增加电极和地层的接触面积,用许多根并联的电极当成一根电极。在这种情况下,电极应打入相同深度且间隔相等,并尽量选用多根细电极而不用少量粗电极。

电极布设时,一定要确保各点点距均匀,尤其要注意与仪器相连两个电极的距离,否则点距分布不均匀可能会导致反演剖面的异常。

3.数据采集测试阶段

在数据采集前必须先检测接地电阻,确保各电极接地电阻准确无误后,再进行测量,测量前还要进行选择合适的电压等准备工作,根据野外经验,将遇到的问题及解决方法总结如下:

(1)在测量接地电阻时,如果仪器显示某处电极接地电阻率值为200 kΩ·m,说明此处为断路,针对这种情况,找到出现问题的电极,检查线路连接是否良好,再检查电极与大地的接触情况是否良好,找到问题以后重新布设,直到问题解决。

(2)测量时,如仪器提示自电电压过大,这时在检查连接线路没有短路的情况下,要适当地减小供电电压;如测量时仪器提示 *AB* 供电开路,在检查连接线路良好的情况下,要适当地加大供电电压。

(3)测量时,要随时观察测量到的数据,相邻两点的电阻率值应该是比较平滑的变化,如出现起伏非常大的情况,检查是否有外部干扰或其他原因,然后重新测量该段数据。

(4)采用高密度电阻率法进行现场数据采集时,通常有数十到几百毫安的电流从地层中流过,若碰到供电电极,便会有触电危险,因此在供电电极1 m的范围内,人和牲畜不许靠近。

(二)数据预处理

数据预处理的作用在于:可以消除由于地下地电体不均匀的存在、接地条件不好、地形及地质噪声等产生的干扰因素,大大提高了数据质量。

采用高密度电阻率法进行数据处理时,首先将所测得的视电阻率经过数据格式转换,然后对数据进行预处理,包括剔除坏点、数据拼接、地形校正等,通过正演以及最小二乘反演计算,最后得到视电阻率断面图。图4-33为高密度电阻率法数据处理流程图。

1.剔除坏点

在实际工作中,由于电极接触不好或其他各方面的干扰因素,可能常使数据断面出现一些虚假点或突变点,忽大忽小,与相邻电阻率相比有数十倍的差距,进而造成电阻率拟断面图的虚假异常,难以对其进行准确解释。所以,剔除这些坏点是必要的。

在野外,当电极打好后,同一根电极可能是供电电极或测量电极,如果某个电极接触不好,对于供电回路,直接影响着供电电流的大小,从而影响电位差的测量精度;对于测量回路,会产生读数不稳定或出现假异常现象。在野外无法改善电极接触条件时,只能先将数据记录下来,然后剔除数据断面中的虚假点或突变点。

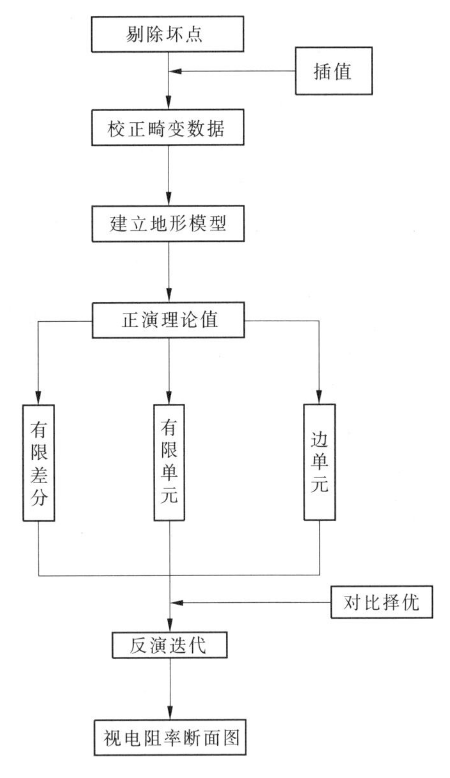

图 4-33　高密度电阻率法数据处理流程图

2. 数据拼接

高密度电阻率法通常是对某一指定测区或某个地质构造进行测量,但实际工作中,有时系统固有的探测剖面不能满足勘探目的的需要,勘探线的长度大于系统测量剖面长度,通常的做法是单条剖面分段测量,然后汇总解释,由于各条剖面独立反演,所以异常色调不统一,反演的精度也不统一,同一条勘探线上的异常不好对比,给解释工作带来了一定的困难和误差。相对上述方法较好的做法是将测得的各个剖面的数据合并为一条长剖面,再进行反演,其结果为一条长剖面的二维断面图,它实现了对整条勘探线上各异常的对比和圈定,相对单独解释各剖面的解释要更加容易,也消除了一定的误差。

处理方法是将第二组的数据坐标值每项相应地加上一定值,然后与第一组数据进行合并,重叠区域的数据取平均值。

3. 地形校正

在实际的野外勘探工作中,地形起伏是不可避免的。由于地形异常的引入会使探测目标的视电阻率异常的形态、位置发生畸变和位移,甚至可能掩盖有用异常,因而有必要对高密度电阻率法的观测数据进行地形校正。

4. 正演计算和反演计算

正演计算主要是通过数值模拟的方法,求解稳定电流场,最终获取各节点的电位值,进而可求得与具体装置形式相对应的视电阻率值,以表征稳定电流场的空间分布。

反演计算是地球物理中最核心、最普遍的问题。其目的是根据地面上的观测信号推测地球内部与信号有关部位的物理状态。因此,反演计算的求解方法成为地球物理反演的主要研究对象。在高密度电阻率法勘探中,探测深度越大、分辨率就越低是不可避免的难题。为了满足高精度且随着深度的增加而分辨率不明显降低的要求,在高密度电阻率法勘探的数据采集和反演解释中提出了电阻率层析成像的新方法,解决了没有模式修改的线性反演问题。特别是近几年来,二维电阻率成像方法向智能化迈进,三维电阻率反演也有了很大进展。

具体的正演和反演模拟方法,将在本书第五章进行详细论述。

二、比值参数研究

除了一些常规参数的设置，一些比值参数在高密度电阻率法中的应用也具有很大的实际价值。不同的比值参数具有各自不同的特点，比值参数的应用能够抑制不同的干扰因素，起到分解复合异常的良好效果。通常情况下有两种不同类型的比值参数：一类比值参数是针对三电位电极系来说的，可以直接利用测量结果通过公式计算构成参数；另一类比值参数则是针对联合三电位电极系来说的，利用公式对测量结果进行计算、组合成为参数。两种比值参数不仅在再现地下原始异常特征方面有更明显的效果，而且很大程度上，还能够抑制各种干扰，以及具有分离复合异常的能力，根据这些特点，与常规电阻率法相比，大大提高了对地下不均匀地电体赋存状况的反映能力。

（一）比值参数 T_s

比值参数 T_s 用以描述三电位电极系中三种视参数中的两种电极排列的测量结果的分布规律。分析 $T_s(i)$，$\rho_s^{\beta}(i)$，$\rho_s^{\gamma}(i)$ 三种视参数的分布规律，比值参数 T_s 的计算公式为

$$T_s(i) = \rho_s^{\beta}(i)/\rho_s^{\gamma}(i) \tag{4-14}$$

式中　$\rho_s^{\beta}(i)$，$\rho_s^{\gamma}(i)$——温纳 β 装置、温纳 γ 装置测得的视电阻率值。

由于结合了温纳 β 装置和温纳 γ 装置的视电阻率值，T_s 反映了同一地电体异常的相对变化关系。比值参数 T_s 是温纳 β 装置和 γ 装置的视电阻率差异的一种量度。由于 β、γ 装置对横向和垂向电阻率变化响应特征不同，因而可利用比值参数 T_s 来表征这些变化。比值参数 T_s 不仅保留了视电阻率异常的特征，而且扩大了异常的幅度，从而使比值参数 T_s 断面图在反映地电结构的某些细节方面具有一定的优越性。因此，将 T_s 所绘的地电断面图与相应排列的视电阻率拟断面图相比较，前者在反映地电结构的分布形态方面清晰很多。

对于均匀介质，有 $\rho_s^{\beta}(i)=\rho_s^{\gamma}(i)$，则 $T_s=1$。对于水平层状介质，由于 β 装置和 γ 装置的勘探深度不同，所以在相同的极距条件下，一般有 $\rho_s^{\beta}(i)\neq\rho_s^{\gamma}(i)$，即 $T_s\neq1$，而且随着各层电阻率大小关系的不同，T_s 值亦有相应的变化。

当观测剖面通过某一电性分界面时，温纳三电位电极系的视电阻率曲线在电性分界面处相交，且表现为尖锐扰曲，这些扰曲在 T_s 曲线上亦表现为尖锐的变化，同时在拐点处的 T_s 值等于 1。

值得注意的是，如果温纳三电位电极系的视电阻率曲线畸变严重，那么曲线的解释将变得十分复杂。这种情况不需要对原始视电阻率曲线进行温纳扩展偏置滤波，将滤波后的结果再进行组合，求取比值参数，可使剖面曲线简化，有助于资料的进一步解释。

正演模型选用一个简单的地下高阻目标体作为对比值参数 T_s 的研究，模拟地下围岩电阻率值为 100 Ω · m，模拟地下高阻体电阻率值为 2 000 Ω · m，模型见图 4-34。对模型进行正演计算，并按式(4-14)计算 T_s。图 4-35 为温纳 β 装置和温纳 γ 装置以及比值参数 T_s 所得的视电阻率拟断面图，两种装置的视电阻率分布规律不一致。由于比值参数 T_s 综合了温纳 β 和温纳 γ 两种装置视参数，因此也能真实地反映同一地电体异常的相对变化关系，能够再现地下原始异常。因此，用 T_s 参数所绘的比值断面图，其在反映地电结构的

分布形态方面,远比温纳 β 装置和温纳 γ 装置的视电阻率拟断面图要清晰得多,且深度反映效果也相对较好。

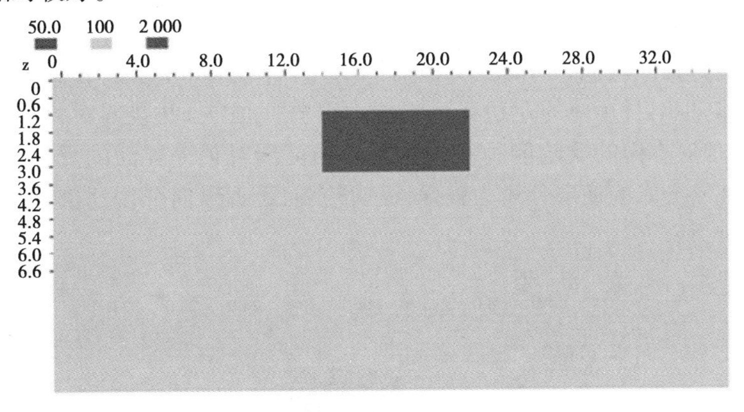

图 4-34　地下高阻体正演模型

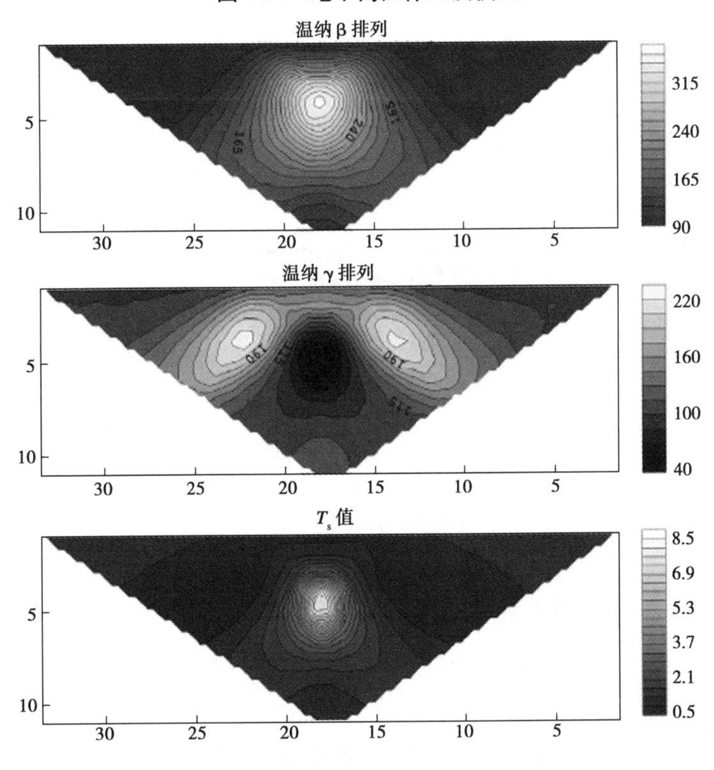

图 4-35　地下高阻体视电阻率拟断面图

(二)纵向分辨率比值效应参数 H_S

对地层分布,三极装置的纵向分辨力较弱,横向分辨力较强。因此,设置了纵向分辨率比值效应参数 H_S 来提高纵向分辨力。比值效应参数 H_S 的计算公式为

$$H_S(i+1,j) = \rho_s(i+1,j)/\rho_s(i,j) \tag{4-15}$$

式中　$\rho_s(i+1,j)$,$\rho_s(i,j)$ ——单极 - 偶极装置或偶极 - 单极装置视电阻率(即 P - DP, DP - P);

i,j——在断面图中视电阻率值所在的位置。对于 H_S 的计算,正演模型选用一个简单的地下低阻目标体,目标体电阻率为 100 Ω · m,围岩电阻率值为 500 Ω · m,模型如图 4-36 所示。

对模型进行正演模拟,并按式(4-15)计算 H_S 。图 4-37 中可以看出温纳 α 装置能分辨出一低阻体,但对目标体的左边界反映能力很弱,而 P-DP 装置对目标体的左边界反映明显,但对顶底界面的反映能力很弱, H_S 值断面图对顶底界面的反映能力相对改善。三极装置对地层分布的横向分辨力较强,纵向较弱,设置纵向分辨比值效应参数 H_S 能提高其纵向分辨力。

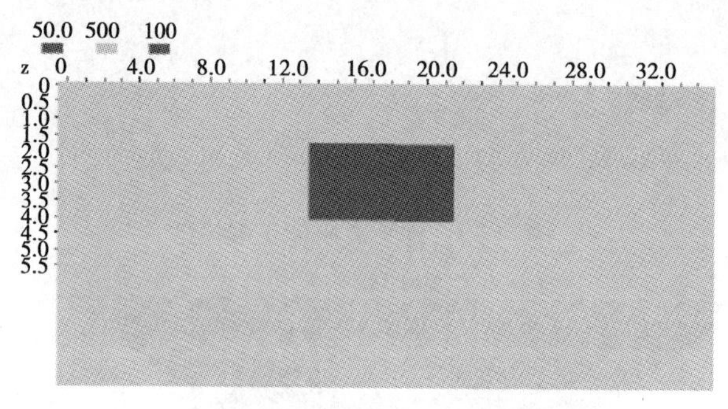

图 4-36 地下低阻正演模型

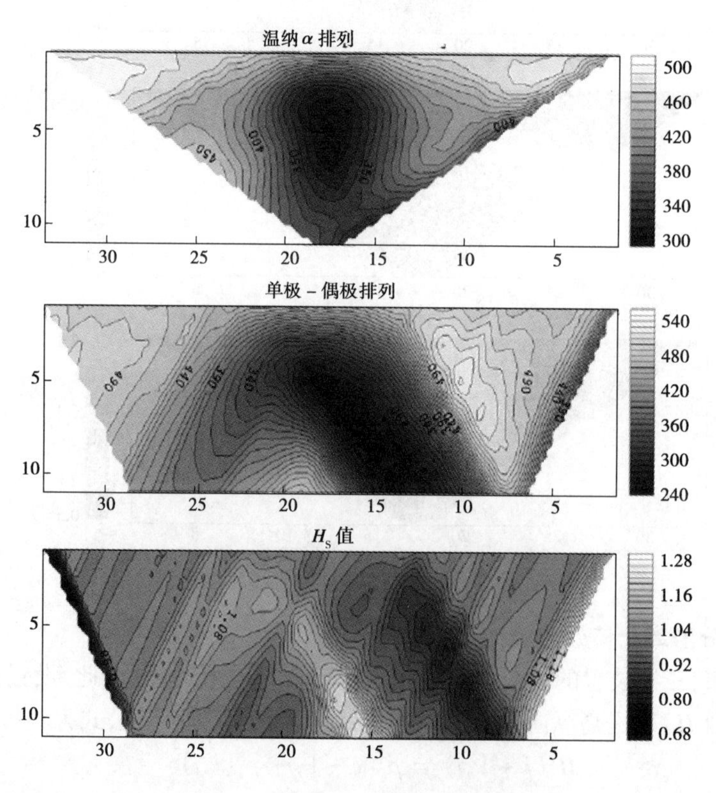

图 4-37 地下低阻体视电阻率拟断面图

三、干扰异常识别

各地区的地表电性不均匀普遍存在，致使靠近地表的 ρ_s 值等值线畸变十分严重。有的地表强烈干扰甚至影响到深部。若不剔除干扰异常，解释工作将无法进行。

干扰异常虽多，从异常性质讲就是高阻和低阻两种。仔细分析起来无论是高阻或低阻，又可分为 M、N 电极受影响和 A、B 电极受影响引起的两种干扰异常，两者在表现形式上完全不同。

（一）M、N 电极受电性不均匀影响产生异常

M、N 电极受电性不均匀影响产生的异常的特征之一是：以地表电性不均匀为中心出现上方等值线密集带，可能是高阻，也可能是低阻。由于低阻体对供电电流线具有吸引作用，高阻体对电流线具有排斥作用，向下的延伸长度则与干扰异常的数值大小有关。特征之二是：随着极距的不断增大，异常值逐渐趋于正常，趋于正常值的深浅与异常值的大小有关。引起此类异常的主要原因有陡坎、建筑物、道路、填筑土、基岩出露等。此类异常是由电流密度 j_{MN} 的变化引起的。

如图 4-38 所示为 M、N 电极受陡坎影响产生的干扰异常。如图 4-39 所示为 M、N 电极受地形影响产成的干扰异常。

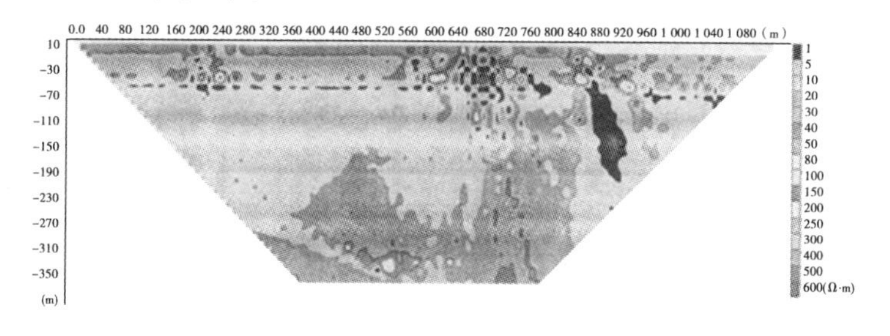

图 4-38　M、N 电极受陡坎影响产生的干扰异常

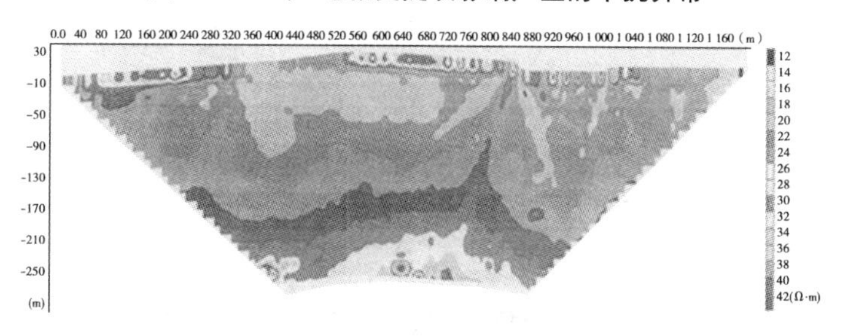

图 4-39　M、N 电极受地形影响产生的干扰异常

（二）A、B 电极受电性不均匀体或地形影响产生异常

A、B 电极受电性不均匀体或地形影响产生的异常，此类异常影响的主要特征之一是：断面等值线呈 45°斜线分布，随着极距增大而形成的记录点呈 45°与倒梯形斜边相平行。特征之二是：随着装置极距的增大，其影响越来越小，这种影响有时候也会延伸到深部。如图 4-40 所示为 A、B 电极受陡坎影响产生的异常现象。产生此类异常的原因是当供电电极附近的电流因受陡坎或其他电性不均匀体的吸引或排斥时，会影响到 M、N 电极之间的电流密度，因而会导致 45°斜线的出现。

从图 4-40 可见，此类异常还有向左和向右倾斜的区别。原因在于各供电电极受陡坎影响。当 A 极（左方）受影响时出现向右倾斜的 45°等值线；当 B 极（右方）受影响时则出现向左倾斜的 45°斜线。

图 4-41 就是 A 极受影响，出现向右倾斜 45°等值线。由断面图可以看出，异常影响的范围很大，已经延伸到探测深度的底部，而且横向影响面积的宽度要大于纵向。在断面图的 200 m 以下，随着探测深度的增加，探测的有效面积越来越小，获得的地电信息也越少，电极的影响已经布满整个断面。这对地下目标体的解释就非常困难了。

A、B 电极受影响出现这种情况的主要原因是：电极 A 在某一点受到影响时，无论隔离系数多大，都是在这一点有影响。探测深度 $H=\overline{AB}/3$，$\overline{AB}$ 为电极 A 和电极 B 之间的长度，随着隔离系数的增大，A、B 也均匀地拉开，探测深度也随着增大。当电极 A 在某一固定点受到影响时，会影响到 M、N 之间的电流密度，从而形成 45°等值线。当电极 B 受到影响时，也会出现 M、N 之间的电流密度减少或增大，从而形成反方向的 45°等值线。

从以上讨论可知，地表影响因素尽管十分复杂，但干扰异常形态却有规律可循。对这些规律认识之后，就容易识别和剔除，对地下地质体的推断就有了把握。除上述两种干扰外，还有同地质体不均匀以及其他因素所造成的深部假异常，则应采取断面对比，或者地质解释以及其他办法给予解决。

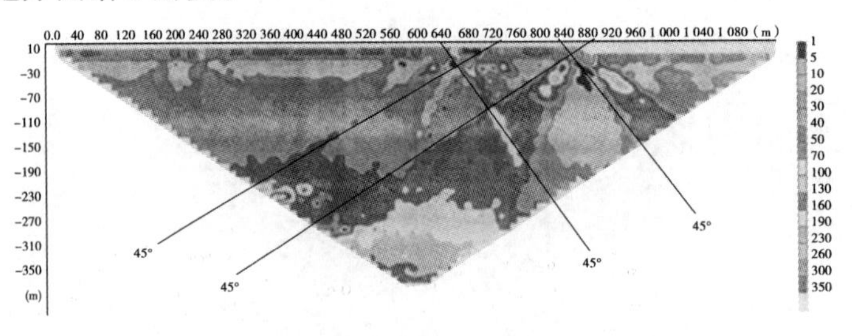

图 4-40　A、B 电极同时受陡坎影响产生的干扰异常

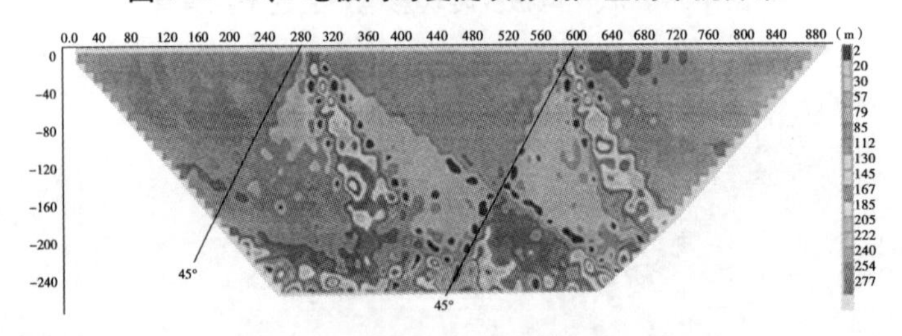

图 4-41　A 电极受陡坎影响产生的干扰异常

四、线性滤波

（一）基本概念

在数字处理技术中，通过对信号进行某种数学运算达到滤波的目的，称为数字滤波，而起到这种作用的数学运算，称为系统，它反映了输入信号 $f(t)$ 和输出信号 $g(t)$ 间的对应关系。如果某一系统的输入信号 $f(t)$ 的频谱 $F(\omega)$ 不同于输出信号 $g(t)$ 的频谱 $G(\omega)$，则认为这一系统具有滤波作用，把输入信号某些频率分量滤掉，保留有用的频率

分量,该系统称为滤波器。借助于数学运算来达到此目的的滤波器,称为数字滤波器。若一个系统具有线性、时间不变性和稳定性的特点,则称该系统为线性滤波器。

(二)采样定理

20 世纪 50、60 年代,研究人员已经证实,视电阻率函数与电阻率转换函数之间是存在线性关系的,这为线性滤波理论能用于视电阻率数据处理解释提供了最基本的依据。为了进行线性滤波计算,必须对连续函数进行采样,把它变成一系列离散值。这就需要应用采样定理,采样间隔越小,截止频率越大,则核函数的采样值越能代表函数本身。

设连续函数$f(t)$ 的傅里叶变换为 $F(\omega)$,且 $F(\omega)$满足条件:当$|\omega| > \omega$时,$F(\omega) = 0$。则$f(t)$可以用$f_n = f(n\frac{\pi}{\omega_c})$ 唯一确定,即$f(t) = \sum_{n=-i}^{+i} f_n \frac{\sin(\omega_c - nt)}{\omega_c t - n\pi}$,采样时只需 $\Delta t = t_{i+1} - t_i = \frac{\pi}{\omega_c} = \frac{\pi}{2f_c}$,此时样本 f_n 能完全代表$f(t)$ 。其中,f_c , ω_c 为截止频率和截止角频率。

(三)视电阻率函数和电阻率核函数的离散形式

由于视电阻率函数和电阻率核函数的频谱都是有限的,因此对视电阻率函数 $\rho_s(x)$ 和电阻率核函数 $T(y)$ 进行采样,便于使用计算机进行处理。视电阻率函数和电阻率核函数可用离散形式表示如下

$$\left.\begin{aligned} \rho_s(x) &= \sum_{i=-\infty}^{\infty} \rho_s(i\Delta) \frac{\sin[\pi(x - i\Delta)/\Delta]}{\pi(x - i\Delta)/\Delta} \\ T(y) &= \sum_{i=-\infty}^{\infty} T(i\Delta) \frac{\sin[\pi(y - i\Delta)/\Delta]}{\pi(y - i\Delta)/\Delta} \end{aligned}\right\} \tag{4-16}$$

同理,将核函数离散形式代入视电阻率积分函数中有

$$\rho_s(x) = \int_{-\infty}^{\infty} \sum_{j=-\infty}^{\infty} T(j\Delta) \frac{\sin[\pi(y - j\Delta)/\Delta]}{\pi(y - j\Delta)/\Delta} F(x - y)\mathrm{d}y \tag{4-17}$$

化为离散形式后可表示为

$$\rho_s(x) = \sum_{j=-\infty}^{\infty} T(j\Delta) \int_{-\infty}^{\infty} \frac{\sin[\pi(y - j\Delta)/\Delta]}{\pi(y - j\Delta)/\Delta} F(x - y)\mathrm{d}y \tag{4-18}$$

式中 Δ ——采样间隔;

$T(n\Delta)$ ——第 n 个采样点上核函数值(i、j 为对应为第 i 个和第 j 个采用点)。

令 $u = y - j\Delta$,则 $\mathrm{d}u = \mathrm{d}y$,对于某一确定采样点 x_0 ,当 $x = x_0 = j_0\Delta$ 时,有

$$\rho_s(j_0\Delta) = \sum_{j=-\infty}^{\infty} T(j\Delta) \int_{-\infty}^{\infty} \frac{\sin[\pi u/\Delta]}{\pi u/\Delta} F[(n_0 - n)\Delta - u]\mathrm{d}u \tag{4-19}$$

这里要引入核函数滤波系数(又名正演滤波系数)C,即

$$C((n - n_0)\Delta) = \int_{-\infty}^{\infty} \frac{\sin[\pi u/\Delta]}{\pi u/\Delta} F[(n_0 - n)\Delta - u]\mathrm{d}u \tag{4-20}$$

则某一确定点的视电阻率函数的离散型式可以简化为

$$\rho_s(j_0\Delta) = \sum_{j=-\infty}^{\infty} T[(j_0 - j)\Delta] C(j\Delta) \tag{4-21}$$

(四)电阻率滤波器的 sin$C$ 响应

视电阻率函数的表达式为

$$\rho_s(r) = r^2\int_0^\infty T_1(\lambda)J_1(\lambda r)\lambda\mathrm{d}\lambda \tag{4-22}$$

电阻率转换函数 $T_1(\lambda)$ 的积分表达式为

$$T_1(\lambda) = \int_0^\infty \rho_s(r)J_1(\lambda r)\frac{1}{r}\mathrm{d}\lambda \tag{4-23}$$

式中, λ 为积分变量;r 为供电电极距的一半。从式(4-22)和式(4-23)中可看出,两式都包括了一阶贝塞尔函数 $J_1(\lambda_r)$ 的旁义积分。由于 $J_1(\lambda r)$ 为振荡衰减函数,直接计算两式的积分值是困难的。引入对数变量 $x = \ln r$ 、$y = \ln\frac{1}{\lambda}$,即 $r = e^x$, $\lambda = e^{-y}$,则式(4-22)和式(4-23)可化为

$$\left.\begin{aligned} \rho_s(e^x) &= \int_{-\infty}^\infty T_1(e^{-y})J_1(e^{x-y})e^{2(x-y)}\mathrm{d}y \\ T_1(e^{-y}) &= \int_{-\infty}^\infty \rho_s(e^x)J_1(e^{x-y})\mathrm{d}x \end{aligned}\right\} \tag{4-24}$$

令 $\rho_s(e^x) = \rho_s(x)$,$T_1(e^{-y}) = T_1(y)$,$J_1(e^{x-y})e^{2(x-y)} = C(x-y)$,$J_1(e^{x-y}) = G(x-y)$,则有

$$\left.\begin{aligned} \rho_s(x) &= \int_{-\infty}^\infty T_1(y)C(x-y)\mathrm{d}y \\ T_1(y) &= \int_{-\infty}^\infty \rho_s(x)G(x-y)\mathrm{d}x \end{aligned}\right\} \tag{4-25}$$

经过变换、置换后,视电阻率和电阻率核函数均变成褶积计算式。$G(x-y)\mathrm{d}x$,$C(x-y)\mathrm{d}y$ 只取决于 r 和 λ,与底层参数无关。而 $T_1(y)$,$\rho_s(x)$ 为底层参数和 r,λ 的函数。

将式(4-16)代入式(4-25),则有

$$\left.\begin{aligned} \rho_s(x) &= \sum_{j=-\infty}^\infty T(j\Delta y)\int_{-\infty}^\infty \sin C\frac{y-j\Delta y}{\Delta y}C(x-y)\mathrm{d}y \\ T(y) &= \sum_{i=-\infty}^\infty \rho_s(i\Delta x)\int_{-\infty}^\infty \sin C\frac{x-i\Delta x}{\Delta x}G(x-y)\mathrm{d}x \end{aligned}\right\} \tag{4-26}$$

若对不同的 x 值和 y 值计算出积分:

$$\left.\begin{aligned} H_i(x) &= \int_{-\infty}^{+\infty} \sin C\frac{x-i\Delta x}{\Delta x}G(x-y)\mathrm{d}y \\ E_j(x) &= \int_{-\infty}^{+\infty} \sin C\frac{y-j\Delta y}{\Delta y}C(x-y)\mathrm{d}y \end{aligned}\right\} \tag{4-27}$$

将式(4-27)代入式(4-26)中,可以得到关于两组数乘积的形式:

$$\left.\begin{aligned} \rho_s(x) &= \sum_{j=-\infty}^\infty T(j\Delta y)E_j(x) \\ T(y) &= \sum_{i=-\infty}^\infty \rho_s(i\Delta x)H_i(y) \end{aligned}\right\} \tag{4-28}$$

$H_n(x)$,$E_n(x)$ 就称为电阻率滤波器的 $\sin C$ 响应函数。施伦贝尔热装置的 $\sin C$ 响应曲线如图 4-42所示。温纳装置的 $\sin C$ 响应曲线如图 4-43 所示。

(五)数字线性滤波系数

利用式(4-27)计算不同 x、y 值的 $\sin C$ 响应,也需要将 x、y 离散化。令 x 和 y 的取样

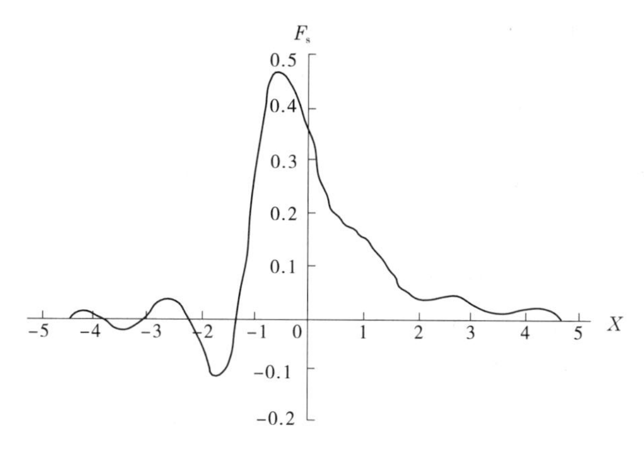

图 4-42　施伦贝尔热装置的 sin$C$ 响应曲线

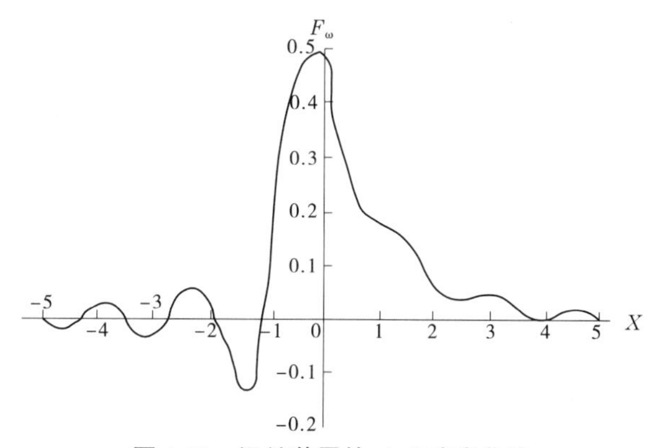

图 4-43　温纳装置的 sin$C$ 响应曲线

间隔相等，即 $\Delta x=\Delta y=\Delta$。

若 $x=i\Delta$，取新参数 $u=y-j\Delta y=y-i\Delta$，因而 $\mathrm{d}u=\mathrm{d}y$，则 $x-y=(i-j)\Delta-u$。若 $y=i\Delta$，取新的参数 $s=x-j\Delta x=x-i\Delta$，因而 $\mathrm{d}s=\mathrm{d}x$，则 $y-x=(j-i)\Delta-s$。于是式(4-27)可转变为

$$\left.\begin{aligned}H_i(x)&=\int_{-\infty}^{+\infty}\mathrm{sin}C\,\frac{s}{\Delta}G[(j-i)\Delta-s]\,\mathrm{d}s\\E_j(x)&=\int_{-\infty}^{+\infty}\mathrm{sin}C\,\frac{u}{\Delta}C[(j-i)\Delta-u]\,\mathrm{d}u\end{aligned}\right\}\tag{4-29}$$

将式(4-29)代入式(4-28)中，再根据褶积的互换性，得到

$$\left.\begin{aligned}T(y)&=\sum_{i=-\infty}^{\infty}\rho_s((j-i)\Delta)\cdot H_i(i\Delta)\\\rho_s(y)&=\sum_{j=-\infty}^{\infty}T((j-i)\Delta)\cdot E_j(j\Delta)\end{aligned}\right\}\tag{4-30}$$

式(4-30)为电阻率转换函数和视电阻率的离散型褶积运算表达式，式中用离散形式表示的滤波器脉冲响应 $H_n(x)$，$E_n(x)$ 为数字线性滤波器的滤波系数。对于施伦贝尔热装置，图 4-42 所示的函数的抽样值就是对应于它的滤波系数。

（六）线性滤波系数的作用

根据高密度电阻率法勘探的基本理论，对于 $\overline{AB}$ 远大于 $\overline{MN}$ 的对称四极装置而言，测得的水平均匀层状介质的视电阻率理论值可表示为

$$\rho_s(x) = r^2\int_0^{\infty} T(\lambda)J_1(\lambda r)\lambda \mathrm{d}\lambda \tag{4-31}$$

式中 $T(\lambda)$ ——电阻率核函数；

$J_1(\lambda r)$ ——一阶贝塞尔函数；

r——供电电极距的一半，即 $r = AB/2$，很多时候视其为勘探深度。

对式(4-31)作汉克尔逆变换，可导出转换电阻率函数，即

$$T(y) = \int_{-\infty}^{\infty} \rho_s(x)J_1(y - x)\mathrm{d}x \tag{4-32}$$

变换后的公式实质上是一种褶积形式，$\rho_s(x)$ 和 $T(y)$ 分别为输入和输出。为了便于计算，根据抽样定理在给定的频段内将 $\rho_s(x)$ 离散化，则有

$$T(m_0\Delta x) = \sum_{m=-\infty}^{\infty} \rho_s(m\Delta x)\int_{-\infty}^{\infty} \frac{\sin(\pi u/\Delta x)}{\pi u/\Delta x} \cdot J_1[(m_0 - m)\Delta x - u]\mathrm{d}u \tag{4-33}$$

$$H[(m_0 - m)\Delta x] = \int_{-\infty}^{\infty} \frac{\sin(\pi u/\Delta x)}{\pi u/\Delta x} \cdot J_1[(m_0 - m)\Delta x - u]\mathrm{d}u \tag{4-34}$$

得到

$$T(m_0\Delta x) = \sum_{m=-\infty}^{\infty} \rho_s(m\Delta x)H[(m_0 - m)\Delta x] \tag{4-35}$$

通常将 $H[(m_0 - m)\Delta x]$ 称为线性滤波系数。

在用数字线性滤波法对电测深曲线进行处理时，可求出转换电阻率函数，另外用递推方法也可求出转换电阻率函数的理论值。

在求得转换电阻率函数值的过程中，滤波系数序列的精度对电测深曲线解释结果的好坏有直接的影响。只有采用高精度的滤波系数序列，才具有得到高质量处理解释成果的基础。因此，研究获得高精度滤波系数的方法是相当重要的。

（七）滤波系数的精度检验

为了确保处理解释的精度要求，首先必须对采用的滤波系数进行精度检验。

通常采用以下两种检验滤波系数的方法：

(1)当滤波系数确定之后，可用 $T(m_0\Delta x) = \sum_{m=-\infty}^{\infty} \rho_s(m\Delta x)H[(m_0 - m)\Delta x]$ 计算变换电阻率 $T(m_0\Delta x)$ 的值。对单一电性层来说，其视电阻率或变换电阻率值是一个常数 ρ_1，则有

$$\rho_1 = \sum_{m=-\infty}^{\infty} \rho_1 \cdot H[(m_0 - m)\Delta x] \tag{4-36}$$

$$\rho_1 = \rho_1 \sum_{m=-\infty}^{\infty} H[(m_0 - m)\Delta x] \tag{4-37}$$

所以，化简后得到

$$\sum_{m=-\infty}^{\infty} H[(m_0 - m)\Delta x] = 1 \tag{4-38}$$

由此可知，滤波系数的代数和应等于1。利用这一性质，可作为检验滤波系数精度高低的一种方法。

(2) D. P. Ghosh 在1971年给出过一组函数，即

$$\rho_{\partial}(x) = \rho_1 + (\rho_2 - \rho_1)e^{3x}/(1 + e^{2x})^{3/2}$$
$$T(y) = \rho_1 + (\rho_2 - \rho_1)\exp[-\exp(-y)] \tag{4-39}$$

取 $\rho_1 = 1$，$\rho_2 = 10$、50、100、500、1 000、3 000、5 000，分别计算 $\rho_{\partial}(i\Delta x)$ 和 $T(i\Delta y)$ 的值。$\Delta x = \Delta y$ 为取样间隔。然后用算好的滤波系数 $H(i)$ 和 $T(i\Delta y)$ 进行褶积运算求得 $\rho_{\partial}(i\Delta x)$ 值，再计算 $\rho_{\partial}(i\Delta x)$ 与用解析式算出的 $\bar{\rho}_{\partial}(i\Delta x)$ 之间的相对误差 ε，用 ε 可判断滤波系数的精度。ε 的表达式为

$$\varepsilon = \frac{|\rho_{\partial}(i\Delta x) - \bar{\rho}_{\partial}(i\Delta x)|}{\bar{\rho}_{\partial}(i\Delta x)} \times 100\% \tag{4-40}$$

第五章 高密度电阻率法的数值模拟方法

随着计算技术的发展,目前为了获得准确的高密度电阻率法勘探结果,多采用数值模拟的方法对采集获得的野外勘探数据进行分析和成像,模拟分析结果包含丰富的地电信息,更直观地再现了地下断面的特征,解释起来相对也更为简单,大大提高了工作效率。高密度电阻率法的数值模拟方法从两个方面进行分类:高密度电阻率法的正演问题模拟和高密度电阻率法的反演问题模拟。本章首先对常用的有限单元法、有限差分法和保角变换法等正演问题模拟方法进行了论述,然后对最小二乘反演方法、奥克姆反演方法和一维模拟退火反演方法等反演问题模拟方法进行了论述。

正演是反演的基础,而反演的解决又是实现高密度电阻率法层析成像的前提。高密度电阻率法是二维测量,因此核心问题实际上就是直流电法勘探中的二维正、反演问题的广义扩展。但较之常规方法,高密度电阻率法正、反演问题具有更高的要求,特别是反演问题,实施起来难度大得多。通过本章内容的论述,为高密度电阻率法在工程中的正演和反演应用提供有效的分析方法。

第一节 正演问题模拟方法

在地球物理中,给定地球模型和初始边界条件,求地球物理场被称做正演问题。提出准确和完备的正演问题,并找出快速的算法,是地球物理反演的基础之一。因此,在研究反演问题之前必须研究正演问题。正演问题模拟主要是通过数值模拟的方法,求解稳定电流场,最终获取各节点的电位值,进而可求得与具体装置形式相对应的视电阻率值,以表征稳定电流场的空间分布。由于地电场的复杂性,除个别十分简单的规则形体具有解析表达式外,其他大多数地电模型很难得到其解析解,只能用数值计算法求其近似数值解。为了解决复杂地电模型的地球物理场的模拟,国内外发展了各种数值模拟方法,主要包括有限单元法、有限差分法、保角变换法等。

一、有限单元法

有限单元的这一概念最早由 Courant 于 1943 年提出。而有限单元法(Finite Element Method,简称 FEM)这个名称则是由 Clough 于 1960 年在其著作中首先提出的。在 1960 ~ 1970 年间基于各种变分原理的有限单元法得到了迅速的发展,R. J. Melosh 等应用势能原理建立了有限单元位移模型,R. E. Jones, YYamanmut 等应用修正的势能原理建立了混合有限单元模型。迄今为止,有限单元法已具有牢固的理论基础,并已迅速成功地应用到了各学科领域,如物理学、热传导、结构力学,最早将其用于电阻率法勘探的是 J. H. Coggon,1971 年他从电磁场总能量最小原理出发,建立了用有限单元法进行电和电磁模拟的算法;1977 年 L. R. Rijo 进一步完善了它的算法,使之成为计算二维地电条件下电阻率法和激发极化法异常的有效方法;1981 年 D. F. Pridmore 等发表了用有限单元法做三维电阻率法和电磁模拟的研究成果;周熙襄等于 1983 引进 Coggon - Rijo 的算法,罗延钟等于 1986 年在选用边值条件和反傅氏变换的算法及波数取值等方面做了改进,使整个算法日臻完善。从理论上证明,只要有限单元法中用于离散分解对象的单元足够小,所得到的解就可足够逼近于精确值。

有限单元法是一种以变分原理和剖分插值为基础的数值计算方法。用这种方法求解稳定电流场电位,首先要利用变分原理将在给定边值条件下求解电位 U 的微分方程问题,等价地转变成求解相应的变分方程,也就是所谓的泛函的极值问题;然后离散化连续的求解区域,即按一定的规则将求解区域剖分为一些在节点处相互连接的网格单元;进而在各单元上近似地将变分方程离散化,导出以各节点电位值为变量的高阶线性方程组;最后解此方程组,算出各节点的电位值,得到地下半空间场的分布,以表征稳定电流场的空间分布。

(一)基本方程

1. 有限元稳定电流电位函数 U 所满足的微分方程

$$\nabla \cdot (\sigma \nabla U) = -I\delta(\vec{r} - \vec{r}_A) \tag{5-1}$$

式中 $\vec{r}_A$——供电电极的矢径;

$\vec{r}$——测量电极的矢径;

σ——电导率,$\sigma = 1/\rho$;

$\delta(r)$——狄拉克函数,$\delta(r) = \delta(x)\delta(y)\delta(z)$。

对于均匀介质,电导率 σ 为常数,式(5-1)便为泊松方程,即 $\nabla^2 U = -I\rho\delta(\vec{r} - \vec{r}_A)$。

若在无源空间,式(5-1)变为拉普拉斯方程,即 $\nabla^2 U = 0$。

2. 有限元稳定电流电位函数 U 所满足的边界条件

在实际野外工作中,电流场分布于地下半空间,但在成像计算中必须取有限空间来近似地等于地下半空间。在有限区域边界上,对电位函数应赋予已知值,使得在这个区域内的电场分布尽量等同于地下半空间的电场分布。常用的边界条件有以下三类。

1)第一类(狄里希莱条件)

$$U(x,y,z)\big|_\Gamma = \varphi(x,y,z)$$

式中 Γ——所研究区域的边界;

$\varphi(x,y,z)$——定义于 Γ 上的已知函数。

2)第二类(诺依曼条件)

$$\left.\frac{\partial U}{\partial n}\right|_\Gamma = \varphi(x,y,z)$$

式中 n——Γ 的外法线。

3)第三类(混合边值条件)

$$\left.\left(\frac{\partial U}{\partial n} + AU\right)\right|_\Gamma = \varphi(x,y,z)$$

式中 A——已知函数。

（二）稳定电流场的变分问题

在二维地电条件下，点电流源场的计算可归结为对若干个给定波数 λ 求解电位的傅氏变换 $V(\lambda,x,z)$ 所满足的如下二维偏微分方程的边值问题：

$$\left.\begin{aligned}&\frac{\partial}{\partial x}\left(\sigma\frac{\partial V}{\partial x}\right)+\frac{\partial}{\partial z}\left(\sigma\frac{\partial V}{\partial z}\right)-\lambda^2\sigma V=f_1\\&\left.\frac{\partial V}{\partial n}\right|_{\Gamma_1}=0\\&\left[AV+\frac{\partial V}{\partial n}\right]_{\Gamma_2}=0\end{aligned}\right\}\tag{5-2}$$

式中，$f_1=-\sum_{k=1}^{n}I_k\delta(x-x_k,z-z_k)$，$I_k$ 为第 k 个点电流源强度。

与二维偏微分方程边值问题等价的变分问题为

$$J(V)=\iint_s\left\{\sigma\left[\left(\frac{\partial V}{\partial x}\right)^2+\left(\frac{\partial V}{\partial z}\right)^2+\lambda^2V^2\right]+2f\cdot V_1\right\}\mathrm{d}s+\int_{\Gamma_2}\sigma AV^2\mathrm{d}l=\min\tag{5-3}$$

求出变换电位 $V(\lambda,y,z)$ 后，便可按式(5-4)作傅里叶逆变换计算电位，即

$$U(x,o,z)=\frac{2}{\pi}\int_0^{\infty}V(x,\lambda,z)\mathrm{d}\lambda\tag{5-4}$$

（三）区域离散化

区域离散化，即对连续求解区域作网格剖分，为使程序简化并满足正演计算和反演成像精度要求，在每一矩形中再布置交叉对称三角剖分，以每一个三角形作为基本单元，对变分问题离散化。

1. 网格剖分的基本原则

对于二维电阻率法问题，最常用的是四边形单元和三角形单元。其中，对于三角形单元，在矩形网格中布置交叉对称三角形的剖分网格可以足够近似地模拟一般常见的不平地形和电性异常体，同时又能节省计算量。根据有限单元法及二维电场的特点，网格剖分应注意以下几个基本原则：

（1）各三角单元不能重叠，不能有公共内点。

（2）网格剖分要遍及整个待解场域，当边界为直线时可直接取为线元，当边界为曲线时应先将曲线边界分段线性化后再取为线元。

（3）网格剖分愈细，计算精度愈高，但计算量也愈大，所以在满足一定精度要求的前提下，应尽量减少网格单元的数目。

（4）对于非均匀介质模型，每个三角单元中只能含有一种介质，导电率为常数。

（5）为节省计算机内存，网格节点编号应使有限单元方程的总系数矩阵的带宽尽可能小。

（6）在电场变化剧烈的地方，网格应划分得细一些，而在电场变化平缓的地方，网格应划分得粗一些，这样可以减少单元总量。但网格的疏密应是逐渐过渡的。

2. 网格编排

节点编号按从左至右，从上至下依次编排。粗黑线标出的矩形区为成像区，反演所得图像就表示该区域的电性分布。显然，成像区以外区域选得越小，计算效率越高；选得过

小则会影响正演计算精度。

有限单元计算网格剖分可以在执行程序并输入有关参数时自动生成,根据成像区域的大小,网格可以自动放大或缩小,每个矩形单元的边长也是可以随意变化的,这些均可由输入参数来控制。网格剖分越密,正演计算精度越高,对图像分辨能力越高,但网格剖分过小会增加工作量,而且影响反演迭代计算的稳定性,因此需要针对实际问题,选用合理网格剖分。

(四)线性插值

为了计算二次函数 $J(V)$,需要知道求解区域内的 V 值,通常利用各节点函数值在各个单元内作线性内插值来求 V 值。如图 5-1 所示的三角形单元,设第 e 个单元三个节点按逆时针方向编号,依次为 i,j,m,其坐标为(x_i,z_i),(x_j,z_j),(x_m,z_m),对应的节点函数值为 V_i,V_j,V_m,单元内函数 V 是线性变化的,即

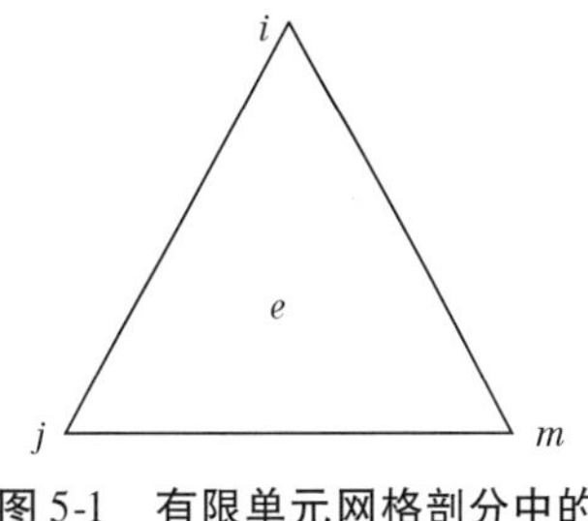

图 5-1　有限单元网格剖分中的三角形单元

$$V(x,z) = a + bx + cz$$

单元 e 内线性插值函数 $V(x,z)$,可近似表示成三个顶点上的傅氏电位 V_i,V_j,V_m 的线性函数,即

$$V(\dot{x},z) = N_i(x,z)V_i + N_j(x,z)V_j + N_m(x,z)V_m \tag{5-5}$$

其中,N_i,N_j,N_m 为形函数。

求得了每个单元的这种近似表示式,就得到了整个求解区域内 V 的总体近似函数,此函数在各单元内是线性的。对任意的两个单元来讲,近似函数在公共边上的值被两端点的节点函数值唯一确定,故总体近似函数在整个求解区域内是连续的。

(五)变分问题离散化

二维变分问题中的泛函 $J(V)$ 是对整个求解区域积分的,它可表示为各个单元的积分 $J_e(V)$ 之和,即

$$J(V) = \sum_{e=1}^{N} J_e(V)$$

其中,$J_e(V)$ 可根据各单元 e 内函数 V 的线性插值近似式求得。

1. 单元分析

单元内 σ 为常量,三角形单元 e 上的泛函可写为

$$J_e(V) = \frac{1}{2}\sigma_e\iint_e\left[\left(\frac{\partial V}{\partial x}\right)^2 + \left(\frac{\partial V}{\partial z}\right)^2\right]\mathrm{d}x\mathrm{d}z - \iint_e VI_A\delta(x - x_a, z - z_a)\mathrm{d}x\mathrm{d}z \tag{5-6}$$

式中　σ_e ——单元 e 内的电导率值;

I_A ——线电流源强度。

2. 总体合成

将所有单元的 $J_e(V)$ 相加,得整个求解区域的泛函 $J(V)$。

3. 求泛函 $J(V)$ 的极值

将泛函 $J(V)$ 离散化为所有节点函数值 $V_1,V_2,\cdots,V_N$ 的多元函数后,变分问题就变成了多元函数的极值问题,即 $J(V_1,V_2,\cdots,V_N) = \min$。

要求出函数 V 使泛函极小,此时应有

$$\frac{\partial J(V)}{\partial V_i} = 0 \ (i = 1,2,\cdots,N) \tag{5-7}$$

经推导,最终便把连续的变分问题离散化为线性方程组的求解问题:$\boldsymbol{K}\vec{V} = \vec{I}$。

$\boldsymbol{K}$:总刚度矩阵,其元素为所有单元刚度矩阵 $\boldsymbol{K}^e$ 之和,即 $\boldsymbol{K} = \sum_{e=1}^{N} \boldsymbol{K}^e$。

$\vec{I}$:与供电点有关的矢量。因此,供电点只与方程右端项有关,而与方程的系数矩阵无关。计算不同供电点场分布,只需要形成和分解一次刚度矩阵,对于不同供电点形成右项,逐次代入得到不同节点傅氏电位值。与形成和分解矩阵相比,回代计算量小,因此计算多个供电位置的电场,计算量增加也不大,可提高剖面法计算速度。

$\vec{V}$:待求的傅氏电位。

(六)线性方程组解法

矩阵 $\boldsymbol{K}$ 是一个对称正定方阵,其阶数等于节点总数,并且大部分元素为0,非零元素分布在对角线下附近的一个条带内。为了减少存储量和计算工作量,对矩阵 $\boldsymbol{K}$ 可采用缩紧存储方式。因 $\boldsymbol{K}$ 为一带状分布,故可只存储带状内部元素;又由于 $\boldsymbol{K}$ 为对称矩阵,故可只存储半带状元素,半带宽为 $N_z + 2$(N_z 为网格纵向节点数目),这样可大量节省存储单元,同时也减少计算量。

(七)反傅氏变换的计算

在对若干个不同的波数 λ 值分别求出各节点的傅氏电位 V 后,对其进行反傅氏变换,可得各节点电位 U 值。通常在求解地面电阻率法的正演问题时,并不需要确定求解区所有节点的电位,只要计算供电点周围一定范围内地面节点的电位值即可。实际上只能对有限个离散的波数 λ 值求出节点函数值 V,计算 V 的波数越多,分布越密,则由 V 计算 U 的近似性越好(精度越高)。因为改变波数 λ 时,刚度矩阵也随之改变,故对于每一个波数 λ 值,都需要重新形成和分解刚度矩阵及重新作回代,以计算相应的节点函数值 V,因此计算量近似于随所用波数的个数成正比地增大。所以,反傅氏变换问题归结于用尽量少的波数及相应的节点函数 V 值,计算出符合精度要求的节点电位 U 值。通常只计算和供电点在同一断面内的节点电位值,$y = 0$,即满足式(5-4)。

因函数 V 随波数 λ 迅速衰减,可用数值积分方法对有限个离散波数 λ 求出节点函数 V,从而得到式(5-4)的近似值。根据视电阻率的计算公式,进一步获得地表观测视电阻率的变化,便可揭示地下电性不均匀地质体的存在和分布。

(八)视电阻率及其定性分析方法

在均匀大地条件下,用一定电极装置(排列)向地下供电(供电电流强度记为 I)和观测电位差(记为 ΔU)后,可计算大地的(真)电阻率。

然而,在野外实际条件下,地表通常不是水平的,地下介质也呈各向异性、非均匀分布,大地电阻率不均匀时算得的参数一般不等于不均匀大地某一部分的真电阻率,但与不均匀大地各部分的真电阻率的分布有关。我们称这个看起来像电阻率(具有电阻率的量纲)的参数为视电阻率,记为 ρ_s。视电阻率实质上是在电场分布有效作用范围内,各种地质体电阻率的综合影响的结果。只有在地下介质均匀且各向同性的情况下,ρ_s 和 ρ 才相

同。在实际工作中,一般测得的都是视电阻率。

$$\rho_s = K\frac{\Delta U_{MN}}{I} \tag{5-8}$$

通过在地表观测视电阻率的变化,便可揭示地下电性不均匀地质体的存在和分布。这就是电阻率法能够解决有关地质问题的基本物理依据。

(九)有限单元法的特点和优点

(1)把二次泛函的极值问题等价于求解一组多元线性方程组。这是一种从部分到整体的方法,可使分析过程大为简化。

(2)对于连续的离散,采用在矩形网格中对称三角网格剖分,比较灵活,能较好地逼近不规则的地面和电性异常体;且易于按需要加密和放稀剖面网格,有利于实现以较少的计算量达到较高的计算精度。

(3)利用有限单元法分析场问题,只要剖分处理得当,求解精度就较高。

(4)有限单元法可以成功地用于多种介质和非均匀连续介质,这是其他数值方法较难处理的问题,对于有限单元法却很容易,只要经过简单的办法处理——对不同的单元规定不同的性质就可。多种介质和非均匀介质是物探场域的基本特征,因此有限单元法的这个优点对物探来说是难得的。

(5)约束处理后的有限单元方程系数矩阵是正定的,保证了解的存在唯一性,而且系数矩阵是稀疏的,可大大减少计算量和简化计算过程。

(6)有限单元法不太适用于电性边界有限而位场域无限的情况,即使只需对地面上个别点求解位场值,它也必须同时对所有内域节点上的位场值求解一个阶数等于节点数的联立方程组,尽管方程组的系数矩阵是对称而稀疏的,但计算量仍是相当庞大的,存在着一个随着计算精度要求不断提高,则数值求解的收敛性急剧变差的问题。

(7)只要解出各个节点值,其区域内部值的计算就会比较容易。方法很有规则,易于在计算机上实现。

(十)有限单元程序流程图

高密度电阻率法二维有限单元正演模拟程序流程图如图 5-2 所示。

二、有限差分法

有限差分法又称为网格法,原理类似于微积分,对电源场的计算过程为:首先,将求解区域离散成多个小正方形或长方形的网格(划分网格大小与精度要求有关),并以网格节点上的参数值来表征电场的空间分布;然后,用网格节点上电位函数的差商来近似代替该点的偏导数(或微商),由此得到一个关于网格节点电位值的高阶线性方程组;最后,解出此方程组就可算出网格节点上的场参数值。有限差分法计算原理和程序设计比较简单,易于解决由二维过渡到三维地球物理问题,特别适用于计算规则形状(如板状体、层状或近似层状体)的矿井地质模型。

有限差分法的关键是恰当地选择求解线性方程组的方法,通过差分格式规格化,使待求解的方程组的系数矩阵 $\boldsymbol{A}$ 是大型的、稀疏的、带状的和对角占优的,无须把各节点的差分方程逐个列出,而只须列出少数几种典型格式,譬如各不同边界,在同类型节点上则套

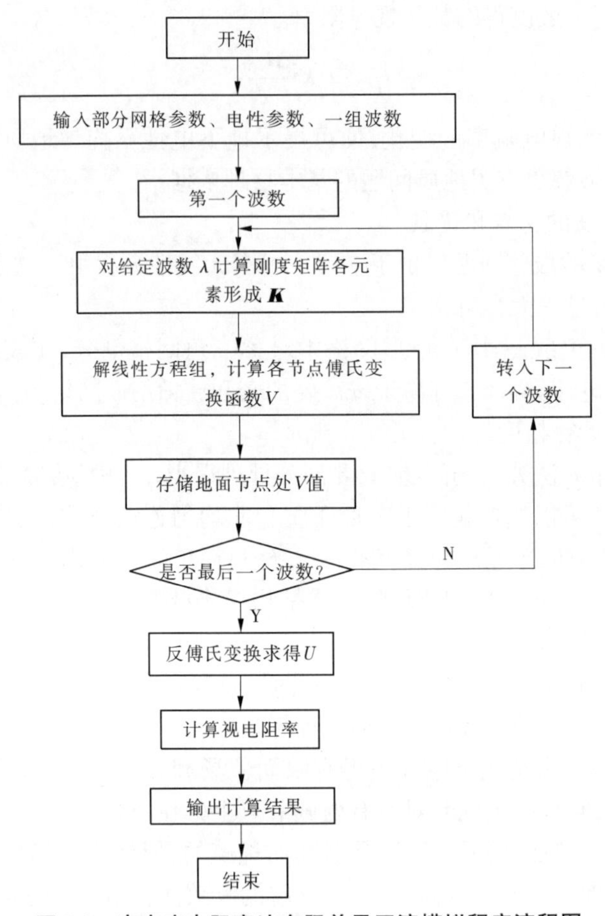

图 5-2　高密度电阻率法有限单元正演模拟程序流程图

用循环语句进行计算。采用迭代法求解方程组可节省计算机存储量,计算量一般也不大。

最常用的迭代法是超松弛迭代法(SOR),其计算方法如下:首先对每一节点上的电位赋以初值(一般各节点的正常场电位值作为该点电位的初值,若是计算异常场,则初值赋零);然后按节点编号依次由差分方程计算各(中心)节点的电位 U_S,进而按下式计算该节点的超松弛迭代电位值:

$$U_{SOR} = \omega^* U_S + (1 - \omega^*) U_0 \tag{5-9}$$

式中　U_0 ——节点的电位初值或前一次迭代时算得的该节点的电位值;

ω^* ——超松弛因子,$1 \leqslant \omega^* < 2$,当 $\omega^* = 1$ 时,即为常规的赛德尔迭代法。

每个节点所算出的迭代电位值,立即用来计算后续相邻节点的电位,直到全部节点(求解区的边界节点直接赋正常场电位值而不参加迭代计算)算完一遍(称为整个网络“扫描”一次)。整个网络扫描一次后,计算各节点两次算得的电位值之差 $\delta U = |U_{SOR} - U_0|$,若各节点的 δU 都不大于规定的允许值(或称迭代限差)E_1,则迭代收敛,本次扫描算得的各节点电位值 U_{SOR} 便作为该节点电位的最终计算结果;若有某些节点的 $\delta U > E_1$,则需要再次扫描整个网络,直到全部节点的 $\delta U \leqslant E_1$。迭代限差 E_1 与计算精度有关,E_1 规定过大,便达不到所要求的计算精度;E_1 规定过小,迭代次数会增多,因而增

加计算时间。E_1 应不大于计算精度。当进行电阻率法计算时,若在给定的电极距上,两相邻节点正常场电位值为 ΔU_0 ,则可规定 $E_1 = 0.2\% \Delta U_0$ 。超松弛因子 ω^* 的取值,对超松弛迭代法的收敛速度影响很大,选取得好可以提高收敛速度,对于用有限差分法求解电法勘探正演问题所遇到的大型、稀疏线性方程组,最佳 ω^* 取值在 1.5 ~ 1.9; E_1 值越小,最佳 ω^* 值越大,但 ω^* 值越大,也越易发散。迭代法不需要存储系数矩阵的零元素,而且往往采取由程序临时产生非零元素的办法,系数矩阵的非零元素也不要存储,所以占用存储单元少,很适合用来解决大容量的数据。

(一)有限差分法的网格划分

无穷远边界条件这种近似处理方式增大了边界对计算结果的影响,同非齐次边界条件相比较,齐次解的无穷远边界会加大计算结果误差,测量点越靠近边界,边界的影响越大,误差也越大;只有边界尽可能远才能得到较满意的结果,但同时也增加了计算机内存的需求量和计算时间。所以,为解决模拟精度和计算速度的矛盾,将整个反演区域分为两个部分:目标区和边界区。目标区为异常体赋存区域,也是数据的主要采集区域,采用较密的等边正方体网格部分,使得有较好的模拟精度;边界区则指异常体赋存区域外的部分,采用按等比步长逐渐加大边长的立方体网格划分,模拟无穷远边界,最大化地减少边界的影响。为了便于讨论,给每一个区域编一个号,且规定: i,j 分别表示网格节点 Q 沿 x,y 方向的编号;网格节点电位 $U(i,j) = U(x_i,y_j)$;单元电导率 $\sigma(i,j) = \sigma(x_i,y_j)$;场源项 $f(i,j) = f(x_i,y_j)$ 。

(二)二维场域的有限差分法

二维场域的拉普拉斯方程可以用有限差分法进行近似计算。首先,把求解的区域划成网格,把求解区域内连续的场分布用网格节点上离散的数值解代替。网格必须分得充分细,才能达到足够的精度,在异常体目标区可采用正方形网格划分,如图 5-3 所示。其次,把拉普拉斯方程用以各网格的节点电位作为未知数的差分方程式来进行代换。

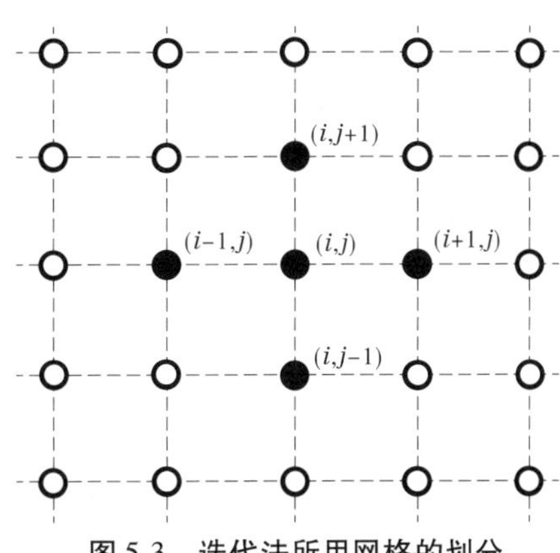

图 5-3 迭代法所用网格的划分

如图 5-3 所示,正方形每个网格边长为 h_i (称为步长),网格节点 (i,j) 上、下、左、右 4 个节点为 $(i,j+1)$, $(i,j-1)$, $(i-1,j)$, $(i+1,j)$ 。在 h_i 充分小的情况下,将电位在其相邻的点上展开为泰勒级数,再根据所要求的精确度近似取到二次项,求得二维拉普拉斯方程的有限差分形式:

$$\varphi_{i,j} = \frac{1}{4}(\varphi_{i,j+1} + \varphi_{i,j-1} + \varphi_{i-1,j} + \varphi_{i+1,j}) \tag{5-10}$$

其中, $\varphi_{i,j}$ 是定义于节点 (i,j) 处的已知函数。这样,二阶偏微分方程就可以用差分代数方程来近似替代。只要任意设定网格点电位的初值,则用迭代法就可以不断更新各网格点的电位值,直到满足所要求的精度(利用计算机来进行迭代计算时,为了简化程序,初值电位一般取零值)。为加快收敛速度,通常采用松弛法迭代法,节点 (i,j) 经过 $n+1$ 次

迭代后,其迭代公式为

$$\varphi_{i,j}^{n+1} = \varphi_{i,j}^{n} + \frac{\omega^*}{4}(\varphi_{i,j-1}^{n} + \varphi_{i,j+1}^{n} + \varphi_{i-1,j}^{n} + \varphi_{i+1,j}^{n} - 4\varphi_{i,j}^{n}) \tag{5-11}$$

其中,ω^* 为松弛因子,它的最佳值可由下式计算:

$$\omega^* = \frac{2}{1 + \sqrt{1 - \left[\frac{\cos\frac{\pi}{m} + \cos\frac{\pi}{n}}{2}\right]^2}} \tag{5-12}$$

式中　m,n——x,y 方向的网格数。

不同的 ω^* 值可以有不同的收敛速度,其取值范围一般为 1 ~2。

(三)异常场的计算

在各差分格式中,都包含有右端项 $S = -2I\delta(x - x_0)\delta(y - y_0)$ 。由 δ 函数的性质可知:在电流源以外, $S = 0$;而在电流源所在的节点上, $S \to \infty$ 。所以,当求解区存在电流源时,便不能利用这些差分格式。为解决这个问题,可以采用解析计算和数值计算相结合的综合算法:用解析法计算场源在均匀大地条件下产生的正常场电位 U_0,而用有限差分法计算导电异常体引起的异常场电位 U_a,由两者相加获得实际电场的电位 U。将前述差分格式组成的线性方程组表示成矩阵方程的形式:

$$\boldsymbol{A} \cdot \boldsymbol{U} = \boldsymbol{S} \tag{5-13}$$

式中,$\boldsymbol{A}$ 为方程组的系数矩阵;$\boldsymbol{U}$ 为电位 U 的列矢量;$\boldsymbol{S}$ 为方程组右端常数项(场源项)的列矢量。

当地下为电导率等于 σ 的均匀半空间时,同样场源分布条件下的电场称为正常场。可知正常场电位 U_0 满足的矩阵方程:

$$\boldsymbol{A}_0 \cdot \boldsymbol{U}_0 = \boldsymbol{S} \tag{5-14}$$

式(5-13)和式(5-14)中场源列矢量 $\boldsymbol{S}$ 相同,这是因为两种情况下场源分布是相同的。正常场的系数矩阵 $\boldsymbol{A}_0$,只需将实际电场的系数矩阵 $\boldsymbol{A}$ 各元素内的电导率 $\sigma(i,j)$, $\sigma(i-1,j)$, $\sigma(i,j-1)$ 等换成均匀大地的 σ 便可得到。在两个矩阵 $\boldsymbol{A}$ 和 $\boldsymbol{A}_0$ 中,只有电性异常体内及其相邻节点所对应的那些元素才不相同。正常场电位列矢量 $\boldsymbol{U}_0$ 可用解析法算出,所以可以考虑按式(5-14)由 $\boldsymbol{A}_0$ 和 $\boldsymbol{U}_0$ 计算场源列矢量 $\boldsymbol{S}$,而不是用有限差分法由 $\boldsymbol{S}$ 确定 $\boldsymbol{U}_0$。

定义异常矩阵:

$$\boldsymbol{A}_a = \boldsymbol{A} - \boldsymbol{A}_0 \tag{5-15}$$

此外,异常场电位 $\boldsymbol{U}_a$ 为实际电场电位 $\boldsymbol{U}$ 和正常场电位 $\boldsymbol{U}_0$ 之差,即

$$\boldsymbol{U}_a = \boldsymbol{U} - \boldsymbol{U}_0 \tag{5-16}$$

由式(5-13)和式(5-14)两式相减,并代入式(5-15)和式(5-16)中,便得

$$\boldsymbol{A} \cdot \boldsymbol{U}_a + \boldsymbol{A}_a \cdot \boldsymbol{U}_0 = 0 \tag{5-17}$$

式(5-17)是计算异常场电位 $\boldsymbol{U}_a$ 的基本矩阵方程,按式(5-15)定义的异常场矩阵 $\boldsymbol{A}_a$ 只有与导电异常体内及其相邻节点相对应的那些元素才不为零,因而可以说在式(5-17)中,场源的性质是通过异常体内及其相邻节点上的正常场电位 $\boldsymbol{U}_0$ 引入的。这就是说,在计算异常场电位 $\boldsymbol{U}_a$ 时,采用计算实际电场的系数 $\boldsymbol{A}$,并且仅在异常体及其相邻节点的差

分格式才包含(虚)场源项,其余节点的场源项皆为零。

对于一般的三维长方体剖分情况,特别是当中心节点的电导率与周围的不同时,可由式(5-10)和式(5-18)写出内节点的异常场电位的差分格式:

$$a_{i-1,j}U^{a}_{i-1,j} + a_{i,j-1}U^{a}_{i,j-1} + a_{i,j}U^{a}_{i,j} + a_{i+1,j}U^{a}_{i+1,j} + a_{i,j+1}U^{a}_{i,j+1}$$
$$= -(a^{a}_{i-1,j}U^{0}_{i-1,j} + a^{a}_{i,j-1}U^{0}_{i,j-1} + a^{a}_{i,j}U^{0}_{i,j} + a^{a}_{i+1,j}U^{0}_{i+1,j} + a^{a}_{i,j+1}U^{0}_{i,j+1}) \qquad (5\text{-}18)$$

式中,$U^{a}_{i,j}$ 和 $U^{0}_{i,j}$ 分别表示节点 (x_i, y_i) 上的异常场和正常场电位值。矩阵 $\boldsymbol{A}$ 的元素 $a_{i,j}$,$a_{i-1,j}$,$a_{i,j-1}$ 等仍由式(5-18)确定。

三、保角变换法

对于某一直流电场问题,若能写出这一电场的电流密度数学式,则这一电场问题就算解决了。保角变换法所能解决的是二维的平面电场问题。用保角变换法解决直流电场的问题,关键在于求得一个解析函数,把给定的区域变换成要求的区域。施瓦兹-克里斯托费尔(Schwarz-Christoffel)变换就是这样一个有力的工具,在数学的复分析中,施瓦兹-克里斯托费尔变换是复平面的变换,把上半平面共形地映射到一个多边形上。施瓦兹-克里斯托费尔变换可用在位势论和其他应用,包括极小曲面和流体力学中。

(一)保角变换

保角变换法解定解问题的基本思想是:通过解析函数的变换(或映射,复变函数论)将 Z 平面上具有复杂边界形状的边值问题变换为 W 平面上具有简单形状(通常是圆、上半平面或带形域)的边值问题,而后者问题的解易于求得,再通过逆变换就求得原始定解问题的解。

由解析函数 $w = f(z)$ 实现从 Z 平面到 W 平面的变换,在 $f'(z) \neq 0$ 的点具有保角性质,这种变换称为保角变换。

1. 施瓦兹-克里斯托费尔变换

若 $f(z)$ 在 D 内解析且每一点的导数都不为零,则 f 为 D 内的共形映射。设 x_1 是实轴上的一个固定点,$f(z)$ 是一个导数为 $f'(z) = (z - x_1)^{\alpha}$ 的函数,其中实数 α 满足 $-1 < \alpha < 1$。

应用下列方程:

$$f'(z) = (z - x_1)^{\alpha} \qquad (5\text{-}19)$$

确定在映射 f 下,实轴的像的一些属性。

若 z 在 x_1 左侧的 x 轴上,如图 5-4(a)所示,那么由式(5-19)可知,f 在点 z 是共形的,并且对于所有这样的 z,$f'(z)$ 的幅角是常数,即

$$\arg f'(z) = \arg(z - x_1)^{\alpha} = \alpha\arg(z - x_1) = \alpha\pi$$

由此,可以断定 f 把区间 $(-\infty, x_1)$ 映射为一条以 $f(x_1)$ 为端点的直线。因为,若把 $(-\infty, x_1)$ 看做一条每点的切线都与实轴平行的曲线,则它的像也必是一条曲线,并且该曲线上每点的切线与实轴的夹角都是 $\alpha\pi$,也就是说它是一条直线,如图 5-4(b)所示。

若 z 在 x_1 右侧的 x 轴上,则有

$$\arg f'(z) = \alpha\arg(z - x_1) = \alpha \cdot 0 = 0$$

因此,从上可知,区间 (x_1, ∞) 映射成一条以 $f(x_1)$ 为端点的水平直线,如图 5-5(b)所示。

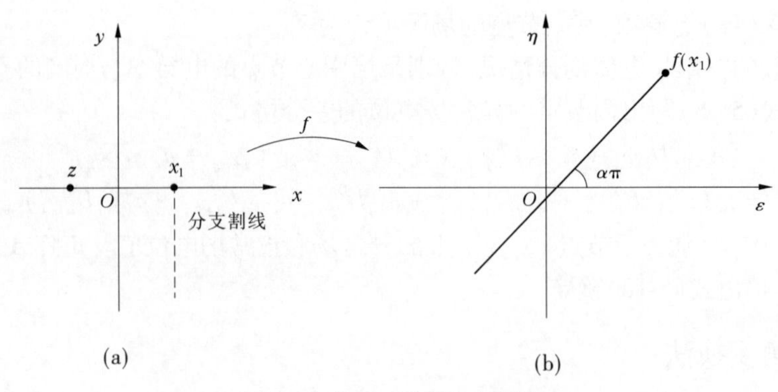

图 5-4　式(5-19)的几何图示

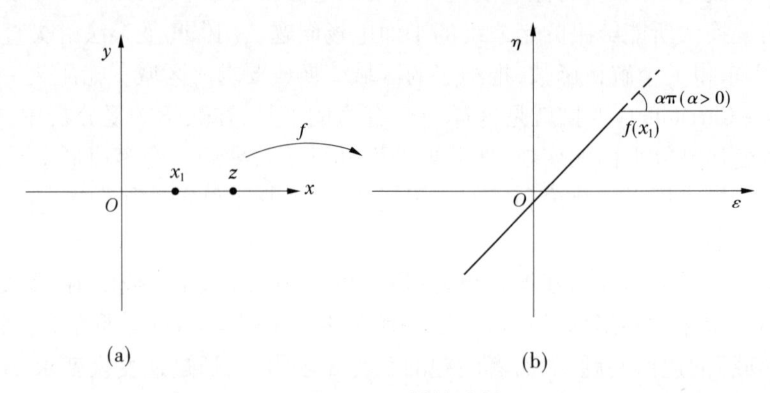

图 5-5　x 轴的映射

现在将上述结论推广到一般情形。若由式(5-20)代替式(5-19),即

$$f'(z) = A(z - x_1)^{\alpha} \tag{5-20}$$

其中,A 为某个复常数, $A \neq 0$,则

$$\arg f'(z) = \arg A + \alpha \arg(z - x_1)$$

可认为 x 轴的像在图 5-5(b)的基础上旋转一个角度 $\arg A$,如图 5-6 所示,特别地,区间 (x_1, ∞) 的像的幅角是 $\arg A$,不过它在 $f(x_1)$ 的转角没有改变,仍是 $\alpha\pi$ 。

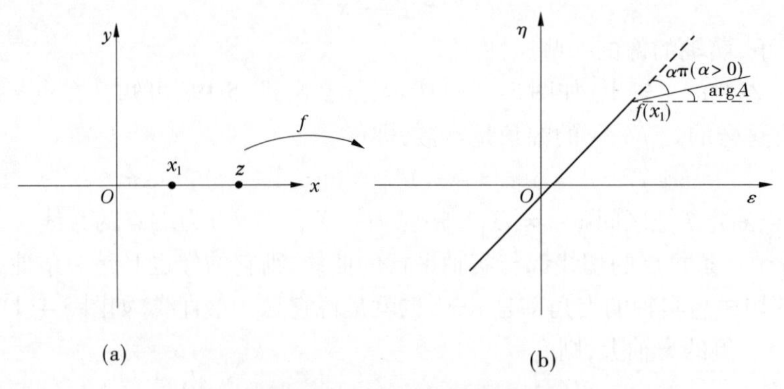

图 5-6　式(5-20)对应的映射

现再做进一步推广。若 $f(z)$ 的导数 $f'(z)$ 具有以下形式:

$$f'(z) = A(z - x_1)^{\alpha_1}(z - x_2)^{\alpha_2}\cdots(z - x_n)^{\alpha_n} \tag{5-21}$$

其中,A 为一复常数,$A\neq 0$, $-1\leqslant\alpha_i\leqslant 1$,$x_i(-1\leqslant i\leqslant 1)$为实数,且满足 $x_1<x_2<\cdots<x_n$。由方程 $\arg f'(z) = \arg A + \alpha_1\arg(z-x_1) + \alpha_2\arg(z-x_2) + \cdots + \alpha_n\arg(z-x_n)$ 及前述可知,f 把区间 $(-\infty,x_1)$,(x_1,x_2),$\cdots$,(x_n,∞) 分别映射成直线的各自部分,并且这些线段的角度可由下述方式按逆时针旋转得到:区间 $(-\infty,x_1)$,(x_1,x_2),$\cdots$,(x_n,∞) 对应的像的幅角分别为 $\arg A+\alpha_1\pi+\alpha_2\pi+\cdots+\alpha_n\pi$,$\arg A+\alpha_2\pi+\cdots+\alpha_n\pi$,$\cdots$, $\arg A$ 。因此,当 x 轴从左向右移动时,f 就把实轴映射成一条折线形的路径,且在每点 $f(x_i)$ 的切线方向都向右旋转角度 $\alpha_n\pi$,如图 5-7 所示。

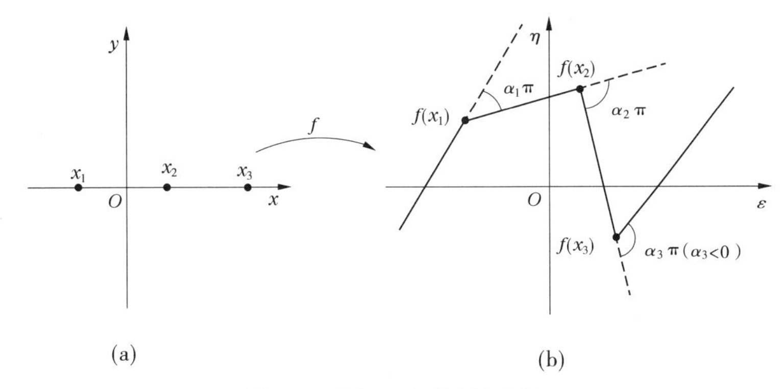

图 5-7　式(5-21)对应的映射

若函数 $f(z)$ 满足式(5-21),则 $f(z)$ 为一个可微函数,从而它在复平面除点 x_i(向下)的分支割线外的区域上解析,所以对上半平面上任意的 z,可令

$$g(z) = \int_\Gamma f'(\zeta)\mathrm{d}\zeta \tag{5-22}$$

式中,Γ 是从 0 到 z 的直线段。于是,对于某个常数 B,有 $f(z) = g(z) + B$ 。特别地,可写为

$$f(z) = A\int_0^z(\zeta - x_1)^{\alpha_1}(\zeta - x_2)^{\alpha_2}\cdots(\zeta - x_n)^{\alpha_n}\mathrm{d}\zeta + B \tag{5-23}$$

式(5-23)的函数称为施瓦兹－克里斯托费尔变换。

(二)保角变换法计算地形条件下的直流电场

在山区的电阻率法勘探中,起伏的地形对电阻率法有很大的影响,使其地质效果降低。因此,关于消除地形对电阻率法的影响的研究在电阻率法勘探中占有重要的地位。实践表明,如能获得纯地形的电阻率法曲线,并用它对实测结果加以校正,就能削弱地形对电阻率法的影响。

依据复变函数的保角变换理论,提出一种比较简单的理论计算方法,利用这一计算方法可以计算为数众多的光滑地形对均匀电场和线电源电场的影响。地形对均匀电场的影响可用来对中间梯度曲线进行地形校正;地形对线电源电场的影响可用来对联合剖面曲线进行地形校正。当然,野外实际工作用点电源供电,三维的点电源和二维的线电源的电场是不同的,用线电源的联合剖面曲线对点电源的联合剖面曲线进行地形校正仍有一定效果。

假定地形是二维的，地下介质均匀。垂直于地形走向作一截面，称为 Z 平面，曲线 RS 代表截面上的地形线。

1. 平面地下电流线分布

在地形下有均匀电流场（即起源于无穷远处的电流场）流过。

在这种情况下，地形线本身是一条电流线；如果再把地表某点 z_0 的电流密度规定为 j_0，那么这个电场的整个分布形貌及各点的电流密度就完全被确定了。因此，该电场的边界条件有以下两点：

（1）地形线本身是一条电流线；

（2）地表某点 z_0 的电流密度为 j_0。

现选用一个解析函数

$$w = f(z) \tag{5-24}$$

使它满足以下两个条件：

（1）为了使电流线变成水平线，根据第一个边界条件的要求，由式（5-24）必须将 Z 平面上的地形线 RS 及其下部变换成 W 平面上的水平线及其下部，如图 5-8（b）所示。

（2）为了满足第二个边界条件，式（5-24）的微商必须满足下列条件：

$$\lim_{z \to z_0} m \overline{\frac{\mathrm{d}w}{\mathrm{d}z}} = j_0 \tag{5-25}$$

式中，m 是引入的待定常数，其数值根据地表某点的指定电流密度值决定。这时，函数

$$\zeta = mw = mf(z) \tag{5-26}$$

即为所求的电场复位，其实部可构成点位线方程，虚部构成电流线方程，其电流密度为

$$j = \overline{\frac{\mathrm{d}\zeta}{\mathrm{d}z}} = m \overline{\frac{\mathrm{d}w}{\mathrm{d}z}} \tag{5-27}$$

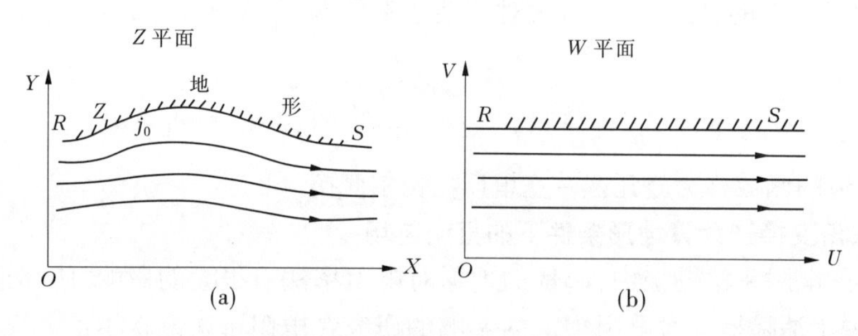

图 5-8　平面地下电流线分布

2. 平行地形线电流源分布

在地形线上置一平行地形走向的线电源如图 5-9（a）所示，由单位长电源流出的电流量为 I，线电源在图上是一个点，该点的坐标为 z_A。电场的边界条件是：曲线 AR 是一条电流线，曲线 AS 是另一条电流线，因为这两条电流线间的电流量为 I，所以曲线 AR 应满足电流线方程 $\eta(x,y) = c$，而曲线 AS 应满足电流线方程 $\eta(x,y) = c + I$，其中 c 是任意的实常数。

现选用某一解析函数 $w = f(z)$，将 Z 平面上的地形线 RS 及其下部变换成 W 平面上

的水平线及其下部,如图5-9(b)所示。在 W 平面上,供电点 A 的坐标是 $w_A = f(z_A)$,将 W 平面的坐标原点移至 w_A,再用对数函数将 W 平面的水平线以下部分变换成 ζ 平面上的无限水平带域,如图5-9(c)所示,并且使 AR 线和 AS 线相距 I,即在 ζ 平面上把曲线 AR 变成 $\eta = -I$ 的水平线,曲线 AS 变成 $\eta = 0$ 的水平线,于是上述边界条件满足。所以,电场的复位是

$$\zeta = \frac{I}{\pi}\ln(w - w_A) = \frac{I}{\pi}\ln[f(z) - f(z_A)] \tag{5-28}$$

式(5-28)的实部是电位线方程,虚部是电流线方程。电流密度是

$$j = \overline{\frac{\mathrm{d}\zeta}{\mathrm{d}z}} = \overline{\frac{\mathrm{d}\zeta}{\mathrm{d}w}} \cdot \overline{\frac{\mathrm{d}w}{\mathrm{d}z}} = \frac{I}{\pi}\overline{\frac{1}{(w - w_A)}} \cdot \overline{\frac{\mathrm{d}w}{\mathrm{d}z}} = \frac{I}{\pi}\overline{\frac{f'(z)}{[f(z) - f(z_A)]}} \tag{5-29}$$

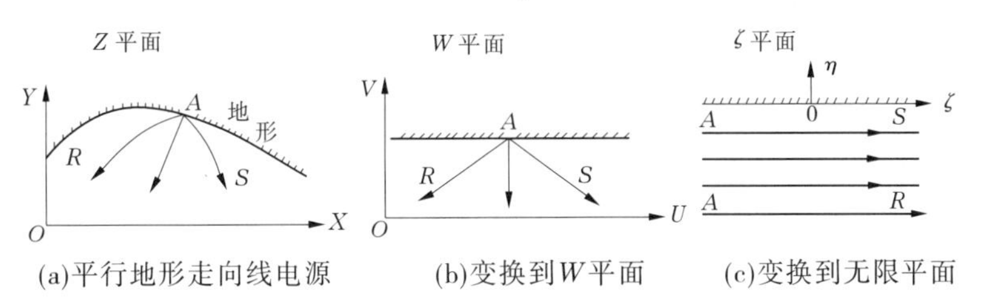

(a)平行地形走向线电源　(b)变换到W平面　(c)变换到无限平面

图5-9　平行地形线电流源分布

从上述的解决途径来看,解决二维地形影响的关键在于找出一个解析函数 $w = f(z)$ 将 Z 平面上的地形线及其下部变换成 W 平面上的水平线及其下部,同时在给定 Z 平面上某一点的坐标后,能够利用这一函数确定 W 平面上的对应点的坐标。

由复变函数的理论可知,对于任意给定的地形线,存在着某一解析函数,可以将该地形线及其下部变换成水平线及其下部。但是要写出这一函数的解析式却是十分困难的,甚至在实际上是不可能的。正因如此,常常只对少数几种在保角变换方面不太困难的地形进行研究,例如截面呈三角形、梯形、半圆形、半椭圆形及扇形的地形,而且这些都是带棱角的地形,在实际中较少遇到。

虽然写出任意地形的保角变换式是十分困难的,然而在写出任一解析函数的解析式后,研究这一函数将什么样的曲线变换成水平线却不是十分困难的。如果将这些曲线(一般是光滑的曲线)看做地形线,那么根据上述思想可知,这种地形对直流电场的影响基本就算解决了。基于这一想法,就能解决为数众多的光滑地形均匀电场和线电源电场的影响。

第二节　反演问题模拟方法

在地球物理学中,地球物理反演是利用观测到的地球物理数据推测地球内部介质物理状态的空间变化及物性结构。如果把地球物理问题分为资料采集、数据处理和反演解释三个阶段的话,那么资料采集是基础,数据处理是手段,反演解释才是地球物理工作的目的。

在高密度电阻率法中,仅根据高密度电阻率法的剖面图(视电阻率拟断面图)的视电

阻率等值线的分布来进行解释显然是很不够的。为了获得地下介质电性分布的更为精确的图案,必须进行二维电阻率反演。

一、最小二乘反演法

最小二乘反演法已经发展到快速最小二乘反演法,其主要是以平滑限定的最小二乘法为基础,对二维视电阻率断面进行反演的一种方法。反演过程不需要提供初始模型,在首次迭代时使用一个均匀介质地下模型作为初始模型,该模型的视电阻率偏导数值可以用解析法得到。在后面的迭代中,使用拟牛顿法去修改每一次迭代的偏导数矩阵,避免了偏导数矩阵的直接计算,从而减少了计算时间和存储空间。同时,运用拟牛顿矩阵校正技术解最小二乘方程组也减少了大量的计算时间。因此,该方法具有简单、快速、有效等优点。

最小二乘法简单的计算过程:首先假设反演的视电阻率模型是由许多电阻率值为常数的矩形块组成,通过迭代非线性最优化方法确定每一小块的电阻率值,这里利用了平滑限定条件下的最小二乘法,所求出的电阻率值与实际测量的视电阻率值将非常接近。

平滑限定的最小二乘法方程表示为

$$(\boldsymbol{J}^{\mathrm{T}}\boldsymbol{J} + \lambda^{*} C^{\mathrm{T}} C)\vec{p} = \boldsymbol{J}\vec{g} \tag{5-30}$$

式中 $\boldsymbol{J}$——雅可比偏微分矩阵;

λ^{*}——阻尼因子;

$\vec{g}$——测量视电阻率与计算视电阻率的对数差的偏差矢量;

$\vec{p}$——模型参数的校正矢量;

C——二维平滑滤波因子。

另外,在计算改正矢量 $\vec{p}$ 过程中,所有电阻率值均为对数值。

通常所采用的高斯-牛顿法解最小二乘方程组,它的突出优点是收敛快。但是,运用牛顿法需要计算二阶偏导数,而且目标函数的海赛矩阵可能非正定。为了克服牛顿法的缺点,人们提出了拟牛顿法。它的基本思想是用不包含二阶导数的矩阵近似牛顿法中的海赛(Hessian)矩阵的逆矩阵。

高斯-牛顿法的另一缺点就是每次迭代时,雅可比矩阵必须被重新计算。拟牛顿法通过用校正法从而避免了雅可比矩阵的再计算。假设第一次迭代中初始模型的雅可比矩阵 $\boldsymbol{J}_0$ 是可以利用的,后继迭代的雅可比矩阵可用校正公式计算得到。

二、奥克姆反演方法

反演问题(Inversion Problem)是地球物理中最核心、最普遍的问题。其目的是根据地面上的观测信号推测地球内部与信号有关部位的物理状态。因此,反演问题的求解方法和对所求解的评价成为地球物理反演的主要研究对象。

地球物理反演问题最大困难在于实际的地球比地球模型复杂得多,有些被略去的次要因素在另一些情况下又变成不可忽略的因素,致使反演结果与实际情况相差很大。反演问题算法的另一特点是计算量大,算法不稳定。

物探资料解释的核心是反演问题,反演核心总要归结到最优化过程。反演方法可分为两大类:线性反演方法和非线性反演方法。

传统的线性反演基于最小方差原理,其优点是求解速度快。但是依赖于目标函数的导数求解,其解依赖于初始模型,要求相当准确的背景介质模型,否则线性化的过程就不能成立,这在实际地球物理问题中很难满足,容易陷入局部极值,难以得到全局最优解,如高斯-牛顿法、马奎特法、广义逆反演法等。

非线性反演方法其主要优点是:不用求目标函数的偏导数及解大型线性方程组,它通过正演计算,按一定的方式直接搜索模型空间,并在搜索过程中不断寻求更好的模型,避免了问题的线性化,即能找到一个全局最优解,而且易于加入约束条件。

(一)基本理论

在反演过程中,为了让模型尽可能的灵活,又要抑制地电构造的不合理性,可通过定义模型粗糙度 R_1 来解决这一问题,粗糙度可表示为模型参数相对某一坐标的一阶或二阶导数平方的积分,如对 z 方向,则

$$R_1 = \int \left(\frac{\mathrm{d}m}{\mathrm{d}z}\right)^2 \mathrm{d}z \quad \text{或} \quad R_2 = \int \left(\frac{\mathrm{d}m}{\mathrm{d}z^2}\right)^2 \mathrm{d}z \tag{5-31}$$

其中,m 为模型电性参数。奥克姆反演要寻求的解是:尽可能地与实际观测数据相吻合,同时又具有最小粗糙度的地电结构。在一维反演中,式(5-31)中函数 $m(z)$ 可表示为

$$m(z) = m_i,\ z_{i-1} < z \leqslant z_i \quad (i = 1,2,\cdots,N)$$

其中,在实用中 N 的典型取值范围是[20,100]。由于随着深度的增大分辨力在下降,可以把 $\frac{z_{i-1}}{z_i}$ 取为小于1的某个常数。模型的最底部是一均匀半空间。m_i 可以是电阻率或电导率值。在这种离散的表示下,相应的粗糙度为

$$R_1 = \sum_{i=2}^{N} (m_i - m_{i-1})^2 \quad \text{或} \quad R_2 = \sum_{i=2}^{N-1} (m_{i+1} - 2m_i + m_{i-1})^2 \tag{5-32}$$

用矩阵运算表示,则粗糙度可写为

$$R_1 = \| \boldsymbol{\partial} \boldsymbol{m} \|^2 \tag{5-33}$$

其中,$\boldsymbol{\partial}$是 $N \times N$ 的矩阵,其给定形式如下所示:

$$\boldsymbol{\partial} = \begin{bmatrix} 0 & & & & \mathbf{0} \\ -1 & 1 & & & \\ & -1 & 1 & & \\ & & & \cdots & \\ & \mathbf{0} & & -1 & 1 \end{bmatrix} \tag{5-34}$$

同样有

$$R_2 = \| \boldsymbol{\partial\partial m} \|^2 = \| \boldsymbol{\partial}^2 \boldsymbol{m} \|^2$$

在二维情况下,若 x 轴为构造走向,则模型粗糙度可表示为 $R_1 = \| \boldsymbol{\partial}_y \boldsymbol{m} \|^2 + \| \boldsymbol{\partial}_z \boldsymbol{m} \|^2$。假定二维有限元网格总共有 N 个单元,水平方向有 P 个单元,每个单元的宽度为 $w_i\ (i = 1,2,\cdots,P)$;在垂直方向有 L 个单元,每个单元高度分别为 $h_i\ (i = 1,2,\cdots,L)$。从左上角单元开始由左到右给单元编号,$N \times N$ 垂向粗糙化矩阵 $\boldsymbol{\partial}_z$ 可表示为

$$\partial_z = \begin{bmatrix} -1 & 0 & \cdots & 0 & 1 & 0 & 0 & \cdots \\ 0 & -1 & 0 & \cdots & 0 & 1 & 0 & \cdots \\ & & \ddots & & & & \ddots & \\ 0 & 0 & \cdots & -1 & 0 & \cdots & 0 & 1 \\ & & & \mathbf{0} & & & & \end{bmatrix} \tag{5-35}$$

式中,$\mathbf{0}$ 是一个 $P \times N$ 的零矩阵。在 ∂_z 的行中 -1 和 1 之间有 $P-1$ 个零。因此,∂_z 反映了垂向相邻单元之间模型参数的差值。$N \times N$ 水平粗糙化矩阵 ∂_y,可表示为

$$\partial_y = \begin{bmatrix} \partial_{y_1} & & \mathbf{0} & \\ & \partial_{y_2} & & \\ & & \ddots & \\ \mathbf{0} & & & \partial_{y_i} \end{bmatrix} \tag{5-36}$$

式中,∂_{y_i}是第 i 层的 $P \times P$ 水平粗糙化矩阵,可表示为

$$\partial_{y_i} = \begin{bmatrix} \frac{-2h_1}{w_1 + w_2} & \frac{2h_1}{w_1 + w_2} & & & \\ & \frac{-2h_i}{w_2 + w_3} & \frac{2h_i}{w_2 + w_3} & \mathbf{0} & \\ & & \ddots & & \\ & \mathbf{0} & \frac{-2h_i}{w_{p-1} + w_p} & \frac{2h_i}{w_{p-1} + w_p} & \\ & & & \cdots & 0 \end{bmatrix} \tag{5-37}$$

因此,∂_{y_i}表示了第 i 层侧向相邻单元之间模型参数的差异,对其惩罚的标准是该层单元的高度与宽度的比率。

现假定有 M 个数据 $d_1, d_2, \cdots, d_M$,它们可以是在不同极距下观测的视电阻率值,且假定每个都有其误差估计 σ_j。利用正演函数 $F(\boldsymbol{m})$ 来计算模拟值,估计模拟值对于实测值的拟合优度用加权最小二乘标准:

$$X^2 = \sum_{j=1}^{M} \frac{[d_j - F_j(\boldsymbol{m})]^2}{\sigma_j^2} \tag{5-38}$$

式中 M——观测数据个数;

σ_j——第 j 个数据的误差(假定关于误差的统计是独立的)。

因此,要求解的数学问题可表述为:对于给定的数据集 d 及其误差,寻找当 X^2 达到可接受的值时使 R_1 或 R_2 尽可能小的向量 $\boldsymbol{m}$。

正演问题的解可表示为:$d_j = F_j(\boldsymbol{m}), (j = 1, 2, \cdots, M)$。包含 M 个实测值的数据可表示为 $d \in E^M$,向量可记为 $\boldsymbol{m} \in E^N$, F_j 是与第 j 个数据相联系的正演函数,用向量可表示为 $d_j = F(\boldsymbol{m})$。数据拟合差可写成:$X^2 = \| Wd - WF(\boldsymbol{m}) \|^2$。式中

$$W = \mathrm{diag}\left\{\frac{1}{\sigma_1}, \frac{1}{\sigma_2}, \cdots, \frac{1}{\sigma_M}\right\} \tag{5-39}$$

最优化过程是最小化由拉格朗日乘子构造的一个无约束的目标函数 U:

$$U = R_1 + \mu^{-1}[\, \| Wd - WF(\boldsymbol{m}) \|^2 - X_*^2 \,] \tag{5-40}$$

式中　μ^{-1} ——拉格朗日乘子；

　　X_*^2 ——反演所要求达到的拟合差。

在反演迭代过程中，目标函数 U 将趋于极小值。因此，令 $\nabla_m U$（U 在 m 处的梯度）等于零，可得模型向量 $\boldsymbol{m}$ 满足：

$$\mu^{-1}(W\boldsymbol{J})^{\mathrm{T}}W\boldsymbol{J}\boldsymbol{m} - \mu^{-1}(W\boldsymbol{J})^{\mathrm{T}}Wd + \boldsymbol{\partial}^{\mathrm{T}}\boldsymbol{\partial}\,\boldsymbol{m} = 0 \tag{5-41}$$

或

$$\mu^{-1}(W\boldsymbol{J})^{\mathrm{T}}W\boldsymbol{J}\boldsymbol{m} - \mu^{-1}(W\boldsymbol{J})^{\mathrm{T}}Wd + (\boldsymbol{\partial}_y^{\mathrm{T}}\boldsymbol{\partial}_y + \boldsymbol{\partial}_z^{\mathrm{T}}\boldsymbol{\partial}_z)\boldsymbol{m} = 0$$

式中，$M \times N$ 的矩阵 $\boldsymbol{J}$ 是雅可比矩阵：

$$\boldsymbol{J} = \nabla_m F \tag{5-42}$$

其元素可表示为

$$J_{ij} = \frac{\partial F_i(\boldsymbol{m})}{\partial \boldsymbol{m}_j}$$

在给定初始向量 $\boldsymbol{m}_1$ 后，反演便开始了一个迭代求解的过程。如 F 在 $\boldsymbol{m}_1$ 可微，则对于足够小的向量 $\boldsymbol{\Delta}$ 有：

$$\left.\begin{aligned} F(\boldsymbol{m}_1 + \Delta) &= F(\boldsymbol{m}_1) + J_1\Delta \\ \boldsymbol{\Delta} &= \boldsymbol{m}_2 - \boldsymbol{m}_1 \end{aligned}\right\} \tag{5-43}$$

将这个近似式代入式(5-40)，则在 $\boldsymbol{m}_1$ 又有如下线性问题：

$$U = R_1 + \mu^{-1}\{\, \| W[d - F(\boldsymbol{m}_1) + J_1\boldsymbol{m}_1] - WJ_1\boldsymbol{m}_2 \|^2 - X_*^2 \,\} \tag{5-44}$$

式中，右端第二项方括号中的表达式是一种数据向量，记为 $\boldsymbol{d}_1$。若定义 $\boldsymbol{m}_2$ 为在这种近似下使 U 取最小的向量，则有

$$\boldsymbol{m}_2 = [\mu\,\boldsymbol{\partial}^{\mathrm{T}}\boldsymbol{\partial} + (W\boldsymbol{J}_1)^{\mathrm{T}}W\boldsymbol{J}_1]^{-1}(W\boldsymbol{J}_1)^{\mathrm{T}}W\boldsymbol{d}_1 \tag{5-45}$$

或

$$\boldsymbol{m}_2 = [\mu(\boldsymbol{\partial}_y^{\mathrm{T}}\boldsymbol{\partial}_y + \boldsymbol{\partial}_z^{\mathrm{T}}\boldsymbol{\partial}_z) + (W\boldsymbol{J}_1)^{\mathrm{T}}W\boldsymbol{J}_1]^{-1}(W\boldsymbol{J}_1)^{\mathrm{T}}W\boldsymbol{d}_1$$

选取 μ 以达到所希望的拟合差，则迭代中 $\boldsymbol{m}_2$ 可由系列 $\boldsymbol{m}_1, \boldsymbol{m}_2, \boldsymbol{m}_3, \cdots$ 中后续的向量依次取代，在该系列中每一个前面的向量都可用做下一个的初始近似。

假设第 k 次迭代已完成，定义向量：

$$\boldsymbol{m}_{k+1}(\mu) = [\mu\,\boldsymbol{\partial}^{\mathrm{T}}\boldsymbol{\partial} + (W\boldsymbol{J}_k)^{\mathrm{T}}W\boldsymbol{J}_k]^{-1}(W\boldsymbol{J}_k)^{\mathrm{T}}W\boldsymbol{d}_k \tag{5-46}$$

或

$$\boldsymbol{m}_{k+1}(\mu) = [\mu(\boldsymbol{\partial}_y^{\mathrm{T}}\boldsymbol{\partial}_y + \boldsymbol{\partial}_z^{\mathrm{T}}\boldsymbol{\partial}_z) + (W\boldsymbol{J}_k)^{\mathrm{T}}W\boldsymbol{J}_k]^{-1}(W\boldsymbol{J}_k)^{\mathrm{T}}W\boldsymbol{d}_k$$

用一系列 μ 值计算向量 $\boldsymbol{m}_{k+1}(\mu)$ 的真正拟合差为

$$X_{k+1}(\mu) = \| Wd - WF[\boldsymbol{m}_{k+1}(\mu)] \| \tag{5-47}$$

在计算的开始阶段，主要的任务是减小拟合差，因为初始向量通常都与任何观测数据相符合的向量相差较远，并且无论选取何 μ 值，$X_k(\mu)$ 都远大于 X_*。接下来是选取 μ 值以最小化 $X_k(\mu)$，这可用一维线性搜索快速完成。迭代一定次数后，可选取 μ 使 X_k 等于 X_*。实际上，可能会有多个这样的 μ 值，此时可选其中最大的 μ 值，这是因为它可使模型粗糙度最小。

在该算法中，当达到所要求的拟合差后，模型粗糙度增加或没达到所要求的拟合差

时，本次迭代拟合差比前次增大（即问题发散），定义了一个为拉格朗日乘子函数的新模型集，即

$$G(\mu) = (1 - a')\boldsymbol{m}_i + a'F(\mu) \tag{5-48}$$

其中，a' 为步长，被连续地平分直到获得一个合适的向量。

（二）程序实现步骤

奥克姆反演计算流程如图 5-10 所示。

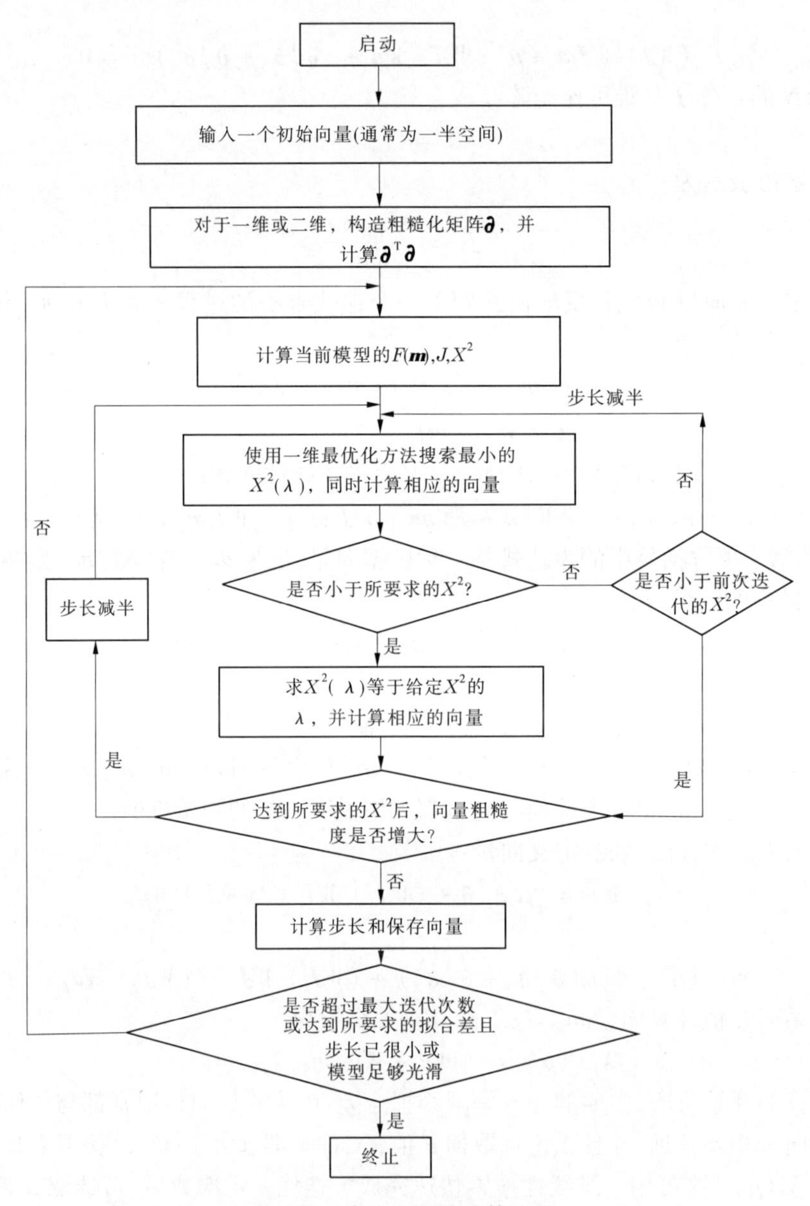

图 5-10　奥克姆反演计算流程

三、一维模拟退火反演方法

随着地球物理观测精度的不断提高,反演技术的不断改革,传统的蒙特卡洛法逐步退化。改进传统的蒙特卡洛法势在必行,实现在一定先验知识指导下有“方向”的随机搜索,即启发式蒙特卡洛法。模拟退火(Simulated Annealing,简称 SA)法,源于统计热力物理学,它模拟熔融状态下物体逐渐冷却达到结晶状态的物理过程。这种算法在给定的模型空间内搜索目标函数达到全局极小值的最优模型。模拟退火算法的基本思想是:生成一系列参数向量模拟粒子的热运动,通过缓慢地减小一个模拟温度的控制参数,使模拟的热系统最终冷却结晶达到系统能量最小值。模拟退火算法最早于 1953 年由 Metropolis 等提出,常规的模拟退火法即由 Kirkpatrick 等于 1983 年成功地将其应用于组合优化问题。

最初,模拟退火法由 Rothman 引入到地震资料处理中的剩余静校正问题中,紧接着用于一维地震波形反演、一维电测深反演、大地电磁测深、重磁资料等方法中,得到广泛应用。

模拟退火法本质上是一个启发式的蒙特卡洛优化过程,它模仿物质退火的物理过程,即统计试验的组合优化过程。模拟退火法用于反演的思路是将待反演的模型参数看做是融化物体的一个分子,将目标函数看做融化物体的能量函数。通过缓慢地减小模拟温度 T,进行迭代反演,使目标函数最终达到最小。模拟退火法是非线性反演方法家族中的重要成员,在 1985 年由 Rothman 将其引入地球物理资料反演后被广泛采用,并取得令人瞩目的成绩。

(一)物理退火过程

模拟退火算法于 20 世纪 80 年代初提出,其思想源于物理退火过程:将固体加温至熔化,再慢慢冷却,使其凝固成规则晶体的过程。加热时,随着温度的升高,固体粒子的热运动不断增强,内能增大,温度升高至熔点时,固体熔化,其规则性完全被破坏,粒子排列从有序的结晶状态转变为无序的液态。这个过程称为熔解,其目的是消除系统中原先可能存在的非均匀状态,使随后的冷却过程以某一平衡态为始点。随着温度的慢慢降低,液体粒子的热运动逐渐减弱,系统在每个温度点下都达到平衡态,最后当温度冷却至结晶温度时,内能减为最小,此时液体凝固成固体的晶态,这个过程称为退火。

(二)Metropolis 准则

Metropolis 准则是由 Metropolis 等在 1953 年提出的、应用蒙特卡洛(Monte Carlo)技术的一种方法。其特点是算法简单,但必须大量采样才能得到比较精确的结果。

1953 年 Metropolis 等提出重要性采样法:首先假定粒子的初始状态 i,作为固体的当前状态,其能量是 E_i。然后随机选取某个粒子的位移,随机产生一微小变化,得到新状态 j,新状态的能量是 E_j。若 $E_j < E_i$,则该新状态就作为“重要状态”;若 $E_j > E_i$,考虑热运动的影响,该新状态是否是“重要状态”要依据固体在该温度下处于平衡状态的概率来判断,即

$$p = \exp\left(\frac{E_j - E_i}{k_b T}\right) \tag{5-49}$$

式中,k_b 为玻尔兹曼常数,在高密度电法反演过程中可设为 1。p 是一个小于 1 的数。用

随机数发生器产生一个在[0,1]区间均匀分布的随机数 r。若 $p > r$（p 为最大值），则新状态 j 作为重要状态，否则舍去。

若新状态是状态 j，则用它代替状态 i 成为当前状态，否则仍然以状态 i 为当前状态，再重复以上新状态的产生过程。在大量的迁移后，系统趋于能量较低的平衡状态。

这种产生新解、判断新解是否接受的准则被称为 Metropolis 准则。

（三）模拟退火反演基本算法

在模拟退火进行高密度电阻率问题的反演中，当目标函数或方差函数值大时，初始温度可取大值，变化率也可以稍大一些；当目标函数值小时，初始温度取小值，变化率要小，这样才能有效避免陷入局部极小。如果将模拟退火法用于反演高密度电法问题，目标函数定义为

$$\Phi(\vec{m}) = \sum [\vec{d}_{obs} - F(\vec{m})]^2 \tag{5-50}$$

式中 $\vec{d}_{obs}$——观测数据向量；

$\vec{m}$——高密度电阻率的模型参数向量；

$F(\vec{m})$——期望反演值。

将非线性高密度电阻率反演问题的每一个模型参数向量 $\vec{m}$，等效为物体的某种状态 r_i，将高密度电阻率反演问题的目标函数 $\Phi(\vec{m})$ 等效为物体的能量函数 E_i，引入一个随迭代次数变化而变化的控制参数 T 模拟物体的温度，定义高密度电阻率反演的 Metropolis 准则，避免局部最小的陷阱：

$$p(m_i \to m_j) = \begin{cases} 1 & (\Phi(m_j) < \Phi(m_i)) \\ \exp\left[\dfrac{\Phi(m_i) - \Phi(m_j)}{k_b T}\right] & (\Phi(m_j) \geqslant \Phi(m_i)) \end{cases} \tag{5-51}$$

这样就可进行模拟退火反演，求反演过程定义目标函数达到最小值，实现模型参数向量逐渐向最优模型参数向量的演化。

假定有待反演的 N 组模型参数，表示为 $m = m_1, m_2, \cdots, m_N$，其中每一个 m_i 有一个对应的模型单元 $[m_i^{min}, m_i^{max}]$。MSA－SA 的算法步骤为：

（1）随机产生一个初始模型 m_0，依据目标函数的定义，设定系统的初始温度 T_0、模型反演空间、最大迭代次数、拟合误差阈值 ε 等参数，令 $k = 0$。

（2）对第 k 次迭代的模型参数值 m_k，计算目标函数 $\Phi(m_k)$，计算温度 T_k，在模型空间里随机地修改模型参数值为 m_{k+1}，按下式计算跃迁概率：

$$p(\Delta E) = \begin{cases} 1 & (\Delta E < 0) \\ \exp\left(\dfrac{\Delta E}{k_b T}\right) & (\Delta E \geqslant 0) \end{cases} \tag{5-52}$$

式中，$\Delta E < 0$ 为目标函数的差值，$\Delta E = \Phi(m_{k+1}) - \Phi(m_k)$。

若 $\Delta E < 0$，则跃迁概率等于1，表明系统朝能量减小的方向移动，新模型参数值 m_{k+1} 可以接受；若 $\Delta E \geqslant 0$，计算概率函数 $p(\Delta E)$。显然，$0 < p(\Delta E) < 1$。然后在[0,1]之间产生一个随机数 R，若 $p(\Delta E) > 0$，则接受新模型 m_{k+1}，否则拒绝修改模型。

（3）计算目标函数 $\Phi(m_k)$，若 $\Phi(m_{k+1}) < \varepsilon$，则退出；否则 $k = k + 1$，转到第(2)步。

（四）模拟退火反演法的问题优点和局限性

模拟退火法的主要优点是：不用求目标函数的偏导数及解大型方程组，即能找到一个全局最优解，且易于加入约束条件，编写程序简单。这种方法避免了线形反演方法结果强烈依赖于初值的选取，能寻找全局最小点而不陷入局部极小值，在反演过程中不用计算雅克比偏导数矩阵等，因而在地球物理资料非线性反演中受到广泛的应用。近年来，出现了许多改进方法，如采用温度的 Cauchy 或似 Cauchy 分布代替常规模拟退火方法中的高斯分布产生新模型；Basu 等提出用试验方法确定临界温度，算法由稍高于临界温度开始，在不同程度上提高了模拟退火法的计算效率。

模拟退火法反演是在一种全局优化算法，是启发式蒙特卡洛法的一种，计算效率高于一般的蒙特卡洛法。但是模拟退火反演过程中还包括大量的正演模拟和反演计算，计算时间和成本都较大，在实际中模拟退火法的应用受到退火机制、模型搜索方式、模型空间、正演问题的复杂度等多种因素的限制，尤其是与退火温度有非常大的关系。当前，高密度电阻率勘探反演资料的数据非常庞大，同时观测精度的提高要求反演结果也更为精准，在这种情况下基于串行思想下的模拟退火算法 SA 就会计算很长时间；如果是解决高维问题，那么就会对应大容量模型空间，实现全局搜索用时较长。

第六章　高密度电阻率法的工程应用

高密度电阻率法勘探设备简单，勘探成本低廉，工作迅速，这是最大的优点。在不同的工程地质任务中，运用高密度电阻率法配合工程地质勘察，能起到积极的促进作用，节省了不少钻探工作（包括岩心钻探和冲积层钻探）。工程实践表明，如果善于因地制宜地使用该勘探方法，可以成功地解决人们在工程地质勘探中经常遇到的问题，本章将重点介绍几个常见高密度电阻率法在地质勘探中的工程实例。

第一节　地下水勘探

为了查明地下水的埋藏条件、含水层类型及其主要特征，评价地下水对工程施工和使用的影响，受相关单位委托，在宝丰县商酒务镇白衣堂村北，紧邻平顶山至汝州公路旁边进行了高密度电阻率法野外实地测量数据的采集工作。该场区所处地貌单元为洪积平原，场地内地形开阔，高差较小。

现场共完成高密度电阻率法电测深剖面 7 个，剖面长度 360 ~ 600 m，探测深度大于 370 m，每条线的有效物理点 552 个。

一、工程地质概况及地球物理特征

（一）工程地质概况

根据区域地质资料、水文地质资料、工程地质勘探结果等资料，场区内地层上部主要为卵石层，下部为黏土，现分述如下：

第 1 层卵石层：肉红色、紫红色、灰白色，稍湿，稍密 ~ 中密状态。分选性差，母岩成分为石英砂岩，卵石含量占总质量的 80% ~90%。由勘察资料可知：该层层底埋深 0. 50 ~ 5. 00 m，层底标高 268. 70 ~ 273. 11 m，层厚 0. 50 ~ 5. 00 m。

第 2 层黏土：棕红色、棕黄色，硬塑 ~ 坚硬状态，含少量铁锰质氧化物，切面光滑，干强度、韧性较高，厚度超过 50 m。由勘察资料可知：该层分布较普遍，层底埋深 3. 20 ~ 13. 90 m，层底标高 260. 01 ~ 270. 16 m，层厚 2. 20 ~ 13. 10 m。

第 3 层卵石夹砂层：棕红色、棕黄色，硬塑 ~ 坚硬状态，无摇振反应，切面光滑。该层含少量钙质胶结物及铁锰质氧化物，钙质胶结物占总质量的 5% ~15%，直径 0. 2 ~ 5. 0 cm。该层分布普遍，层底埋深 3. 20 ~ 13. 90 m，层底标高 260. 01 ~ 270. 16 m，层厚 2. 20 ~ 13. 10 m。勘察范围内未揭穿，最大揭露深度 18. 00 m。

第 4 层泥岩：灰色、灰白色、灰黄色，泥质细晶结构，厚层状构造，节理、裂隙、溶蚀裂隙发育，岩层倾向南西 210°左右，倾角 32° ~40°。经勘察，该层深度比较厚，一般在 300 m 左右见灰岩。

第 5 层灰岩：灰色、深灰色，隐晶质结构，厚层状构造。主要分布于场地西部、南部，倾向南西 210°左右，倾角 32° ~40°。

(二)地层地球物理特征

根据有关资料及以往工作经验可知：该区上部为冲积卵石层，电阻率为 100 ~150 Ω · m；下部黏土的电阻率为 10 ~50 Ω · m；其下含卵石黏土的电阻率为 100 ~300 Ω · m。因场地地层存在有差异的物理性质指标，物探可以完成该项工作。

(三)区域地质资料

根据 1: 100 万《河南省地质构造图》，场地内无断层通过。距离场地较近的断裂为九里山—石灰窑断层和宝丰—郏县断层。

1. 九里山—石灰窑断层

九里山断裂为区域性断裂，从测区北东部通过，呈北西向展布，长达 70 余 km，主断面倾向北东，倾角 40°左右，为一左行走滑断裂，主活动期为燕山期。TM 卫星影像显示在白龟山水库北岸，断裂活动使中元古界汝阳群，震旦系罗圈组、东坡组，寒武系辛集组、朱砂洞组左行错开 2. 5 km。断裂多期活动特征在西段比较明显，在新构造运动期间表现为高角度正断层，其上盘下降为汝河断陷，下盘上升为韩梁凸起，落差在千米以上。在朱砂洞以西，该断裂切割控制下第三系，说明该断层新生代又有活动。在第四系冰碛物堆积区发育有构造线理，也说明该断层在新生代曾有活动。

2. 宝丰—郏县断层

宝丰—郏县断层由一组 3 条互相平行排列的断层组成，展布于郏县—鲁山县辛集一带，延伸方向 NE40°，长 15 ~40 km，在马街、漫流一带将汝阳群、震旦系、寒武系左行错开 2 km。在宝丰南，该断层错开九里山—石灰窑断层。此断层为隐伏断层，在卫星影像上显示出十分清晰的线状特征。

二、高密度电阻率法探测方法技术

高密度电阻率法测深采用计算机控制，同时布设多根电极(60 根)，进行测量时测量电极、供电电极可以互换，在短时间内采集大量数据，可从根本上克服剖面解释时的多解性。

(一)物探仪器设备

电法仪器采用先进物探设备 WDJD -2 多功能直流激电仪及 WDZJ -1 多路电极转换器进行物探测量。野外测量由全微机控制的自动跑极、自动观测、自动记录、计算的全自动观测系统进行原始数据的采集，该测量系统具有测量数据信息采集量大、抗干扰能力强、测量速度快等优点。供电电源采用干电池串并联 360 V；供电导线与测量导线采用 32 芯专用电缆线，护套材料为聚氨酯(-40 ~100 ℃)；测量电极与供电电极采用铜电极。所用仪器在使用前经校验检查，性能稳定可靠，完全满足规范要求。

(二)野外工作方法技术

野外工作执行《中华人民共和国城市勘察物探规范》(CJJ 7—85)，地质矿产行业标准《电阻率测深法技术规程》(DZ/T 0072—93)。野外所取参数为视电阻率 ρ_s。

1. 勘探剖面设置

由东西向布设了 4 个由东向西的高密度测深剖面(1 ~4 剖面)，用以了解场地范围内的地层横向上的变化情况,单剖面长度360~600 m,测量点距为6 m、7 m、8 m、10 m不等。

由南北向布设了3个由南向北的高密度测深剖面(5~7剖面),用以了解场地范围内的地层纵向上的变化情况,单剖面长度600 m,测量点距为10 m,由测绳定出每个极位,为改善电极的接地条件,对每个电极处均进行了浇水处理。

在野外工作过程中,对仪器的性能检查、放线等都严格执行技术规程的有关规定,仪器严格按照说明书要求操作,及时更换仪器电源,以保持仪器的最佳工作状态。

2. 接收部分参数

- 电压通道: ±6 V,测量精度:$V_p \geq 10$ mV时, ±0.5% ±1个字
  $V_p < 10$ mV时, ±1% ±1个字
- 电流通道:5 A,测量精度:$I_p \geq 10$ mA时, ±0.5% ±1个字
  $I_p < 10$ mA时, ±1% ±1个字
- 视极化率测量精度: ±1% ±1个字
- 对50 Hz工频干扰(共模干扰与差模干扰)压制优于80 dB
- 输入阻抗:≥50 MΩ

3. 发射部分参数

- 最大供电电压:400 V
- 最大供电电流:5 A

三、高密度电阻率法物探资料的推断解释

该场地高密度电阻率法物探的解释参考实地地质工程勘察资料。依据各地层电性的变化情况,经对收集到的资料分析研究,以及本次高密度物探实测资料的反演处理成图,定性、定量地解释推断如下。

(一)定性分析

经对实测资料进行反演成图可以看出,该场地上部地层主要为卵石,中部为黏土,下部为电阻率稍高的含卵石黏土。

(二)定量分析

1~4剖面测线方向由东向西,地下水勘探剖面高密度电阻率法物探成果见图6-1。

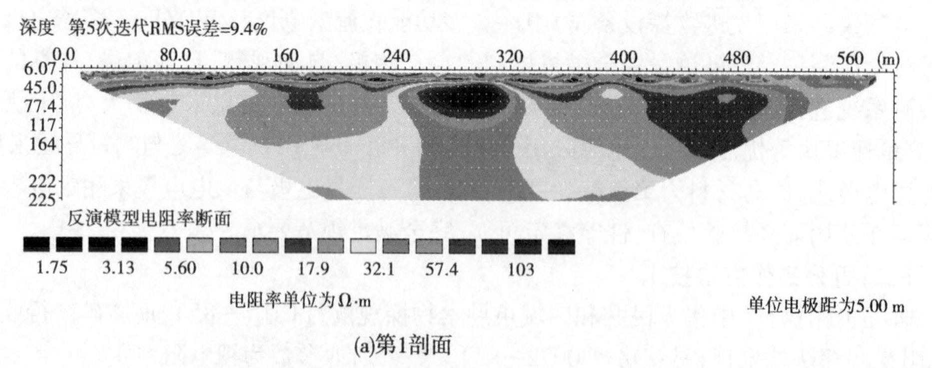

(a)第1剖面

图6-1 地下水勘探剖面高密度电阻率法物探成果

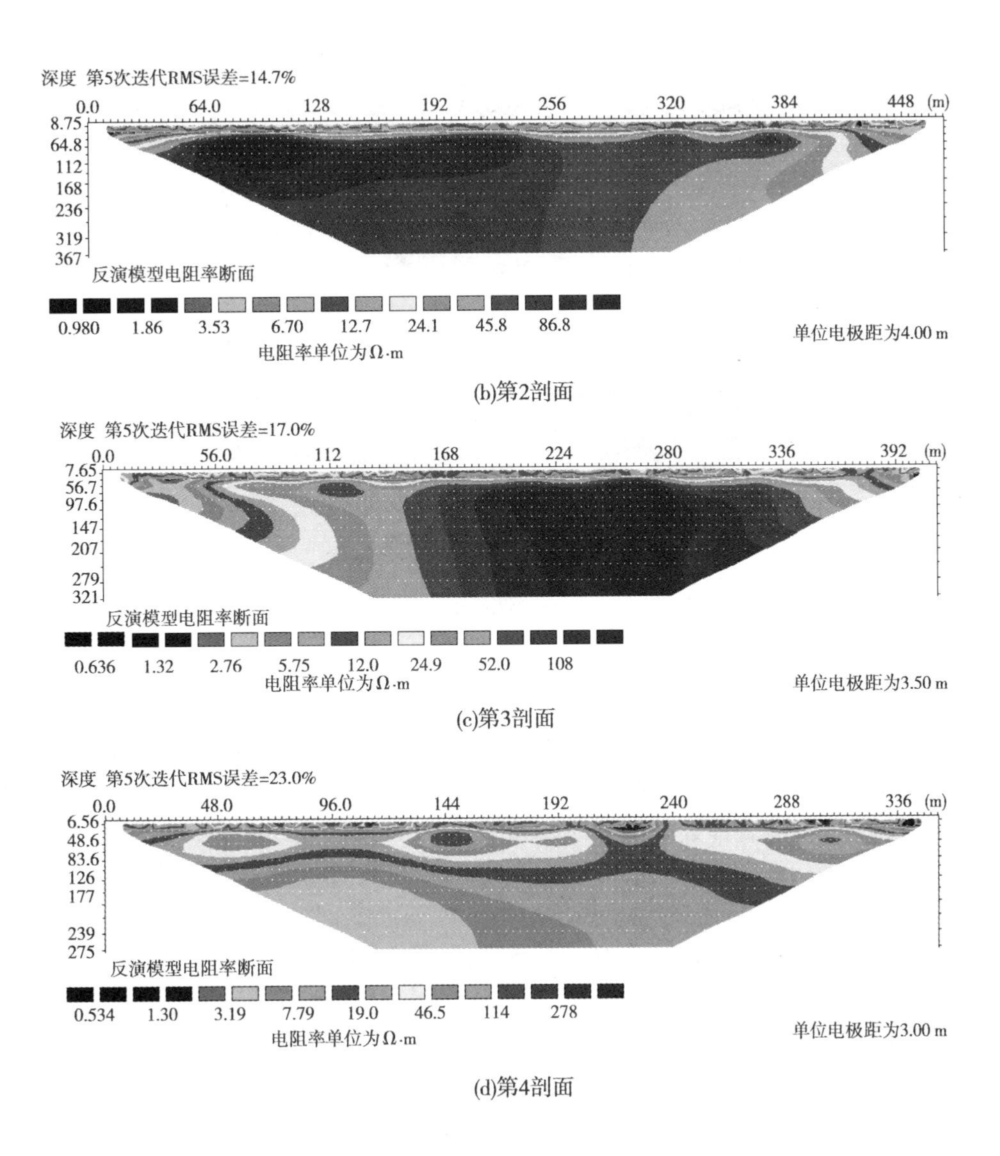

(b)第2剖面

(c)第3剖面

(d)第4剖面

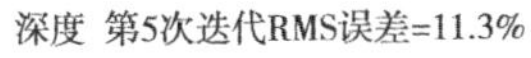

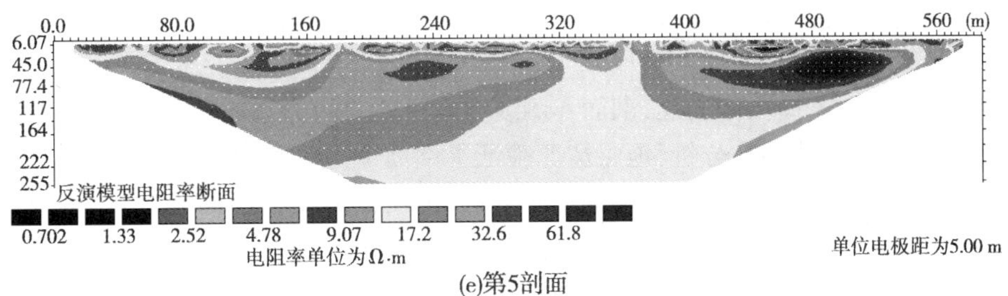

(e)第5剖面

续图 6-1

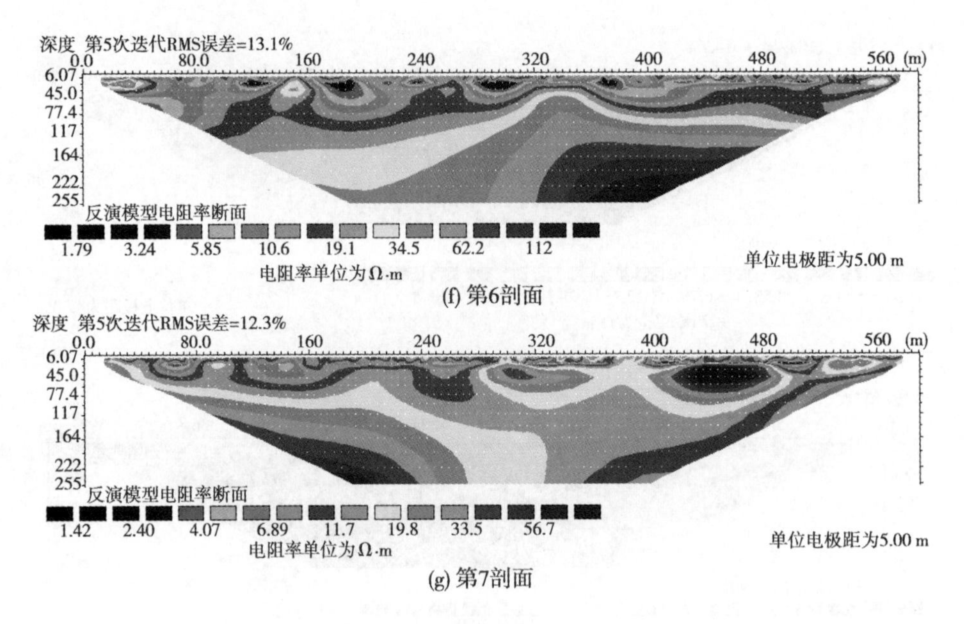

(f) 第6剖面

(g) 第7剖面

续图 6-1

由第 1 ~ 4 剖面总体趋势可以看出：剖面表层一般存在电阻率在 30 Ω · m 左右的稍高阻体，推断岩性为卵石层，该层厚度一般在 1 ~ 3 m；其下电阻率降低，一般在 10 Ω · m 左右，结合钻探资料推断该层为黏土层，厚度一般情况大于 30 m；在该层黏土层下部，电阻率又逐渐增大，推断岩性逐渐向含卵石黏土过渡，且该层厚度很大，一般在 130 ~ 200 m。在剖面 4 深部，130 m 以下电阻率急剧下降，推断可能该区域受电缆线影响，或者该区域下部基岩为泥岩。现具体分析如下：

由剖面 1 分析，在测线 170 ~ 230 m 距离段，该区段深度 30 m 以下，低阻区域下切，水源可能在该区域富集，推断该区域可能为富水、集水较好区域，为较好的成井区域。由剖面 2 分析，剖面在测线 320 ~ 480 m 距离段，电阻率较低，该区域与剖面 6、7 中心区域相对应，具体分析见剖面 6、7。由剖面 3 分析，剖面测线 0 ~ 50 m 距离段的电阻率较低且下切较深，由剖面 1 ~ 3 对比分析，该区域与剖面 1 测线 170 ~ 230 m 距离段为同一条带，因此推断该区域也为水源富集区域，为较好的成井区域。由剖面 4 分析，在该剖面深部，130 m 以下电阻率急剧下降，推断可能该区域受电缆线影响，或者该区域下部基岩为泥岩，推断可能为富水区域，为较好的成井区域。

剖面 5、7 测线方向由南向北，剖面 6 测线方向由北向南。

由剖面 5 ~ 7 总体趋势分析，地层情况验证了剖面 1 ~ 4 的分析推断。但是在测线中心及中心偏北区域，电阻率相较其他剖面较为低，推断该测线中心可能受冲沟影响，从区域构造分析，该条冲沟可能受宝丰—郏县次生断层影响所致。现具体分析如下：

由剖面 5 分析，在测线 320 ~ 360 m 距离段，该段存在一明显深部电阻率相对两边较低的情况，推断该低阻区域为受冲沟影响区域，为较好的富水区域。剖面 6、7 也反映了此种情况，因此在剖面 6 的 160 ~ 240 m 距离段及剖面 7 的 360 ~ 400 m 距离段为较好的富水区域。

四、高密度电阻率法的物探资料的结论与建议

通过本次水井物探的测量及分析，从集水情况上看：

(1)推荐井位1：测线1点位在170～230 m距离段内为较好的富水位置。

(2)推荐井位2：测线3点位在0～50 m距离段内为较好的富水位置。

(3)推荐井位3：测线4点位在200～240 m距离段内为较好的富水位置。

(4)推荐井位4：测线5点位在320～360 m距离段内为较好的富水位置。

(5)推荐井位5：测线6点位在160～240 m距离段内为较好的富水位置。

(6)推荐井位6：测线7点位在360～400 m距离段内为较好的富水位置。

出水量与成井工艺有很大关系，建议找有经验的打井队作业。

第二节　溶洞和溶蚀裂隙勘探

受相关单位的委托，为查明水泥生产线及周围重要建筑物、构筑物的地下岩性及其基本地质情况，在该场地进行了高密度电阻率法野外实地测量数据的采集工作。其目的是查明场地可能存在的溶洞和溶蚀裂隙及其充填状况等不良地质现象，并对场地地层情况进行基本了解。

一、工程地质概况及地球物理特征

(一)工程地质概况

1. 区域地质概况

本区位于中朝准地台南缘，嵩箕台隆的中西段，区域内地层出露较全，构造复杂，矿产丰富。

本地层区划属华北地层区豫西地层分区嵩箕地层小区，工作区内地层出露有古生界寒武系、二叠系、第四系，邻近地区有中元古界王佛山群马鞍山组出露。

2. 厂区地质概况

1)地形地貌

厂区范围内属于丘陵高地地区，最高标高点324.3 m，最低标高点250.0 m，相对高差66.3 m，厂区中部高，周围低，由中部向四周逐渐降低，南部最低侵蚀基准面为250.0 m。

地层多裸露，植被不发育，区内南部和北部各有一条切割较深的深谷，北部六巴湾沟为一条东西向干沟，雨季由西向东排泄洪水。南部为马峪川河水由西向东流往白沙水库。

厂区水域属淮河水系，颍河流域，雨季洪水向东流入白沙水库(颍河)注入淮河。

2)地质构造

(1)白沙向斜。该向斜分布于禹州市西北向的白沙镇至禹州市城北的湫水庙一带，长约20 km，呈北西—南东向，槽部被第四系沉积物覆盖，仅在近山区出露有石千峰组地

层。向斜的东北翼即为荟萃山风后岭背斜的西南翼。南西翼在向斜北西端为二叠、石炭、奥陶和上寒武纪地层分布,其岩层向东和南东倾斜,倾角一般5°~15°。南西翼的其余部位均被第四系沉积物覆盖,该向斜北西端抬起,南东端没入黄土之下。

(2)王屯断层。该断层分布于侯家门、告成镇庙庄南一带,为正断层,走向20°~25°,倾向一般120°,倾角一般70°,长度大于3 km。

(二)地球物理特征

该场区地貌单元属丘陵,地形地貌复杂。

根据区域经验及相关资料,该区上部为第四系覆盖层 θ_4,电阻率为10~20 Ω·m;下伏灰岩(基岩)$\in_2x$ 的电阻率为500~3 000 Ω·m;岩溶空洞的电阻率可视为无穷大,若充填有第四系沉积物则相对围岩呈现明显低阻;泥质页岩 P_1x 的电阻率为100~300 Ω·m,断层破碎带的电阻率一般比基岩小,但与泥质页岩相差不大,判别难度较大。因场地下溶洞与围岩、破碎带与完整岩石之间存在明显的电阻率差异,所以应用高密度电阻率法是可行和有效的。

二、高密度电阻率法探测方法技术

物探仪器设备和野外工作方法技术采用本章第一节中所述的设备和技术,接收部分和发射部分方面的参数也采用本章第一节中所述的参数。

在野外工作过程中对仪器的性能检查、放线等都严格执行技术规程的有关规定,仪器严格按照说明书要求操作,及时更换仪器电源,以保持仪器的最佳工作状态。

共完成工作量:现场共完成高密度电阻率法剖面22个。每个剖面总长度180 m,点距为3 m,每条线有效物理测点552个,探测最小有效深度为30 m。由测绳定出每个极位,为改善电极的接地条件,在每个电极处均进行了浇水处理。本次布线覆盖了整个场地区域,通过对场地进行高密度电阻率法工程物探工作,可以达到预期目的。

三、高密度电阻率法物探资料的推断解释

该场地高密度电阻率法物探的解释参考了实地地质资料。经对收集资料的分析研究,依据各地层电阻率的变化情况,结合本次高密度物探实测资料的反演处理成图,定性、定量地解释推断如下。

(一)定性分析

经对实测资料进行反演成图分析,结合地质填图资料可以推断出,该场地主要岩性为灰岩、第四系黏土及泥质页岩。

(二)定量分析

水泥厂溶洞和溶蚀裂隙勘探剖面高密度电阻率法物探成果,如图6-2所示。

(1)剖面1、2、4、6、8测线方向为近东西向,剖面3、7测线方向为近南北向。

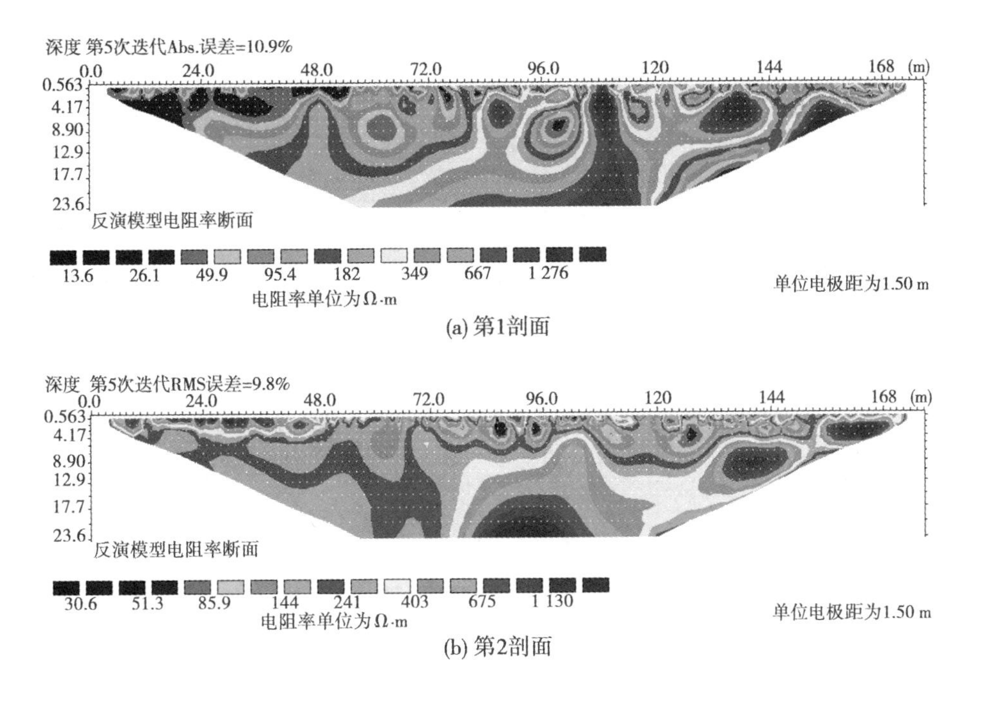

(a) 第1剖面

(b) 第2剖面

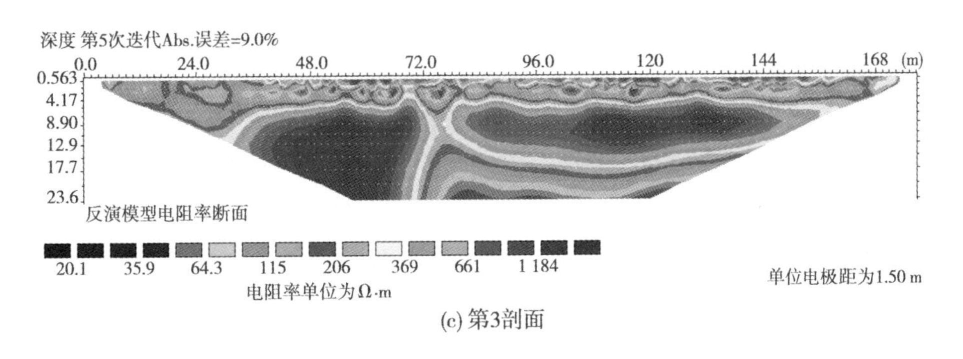

(c) 第3剖面

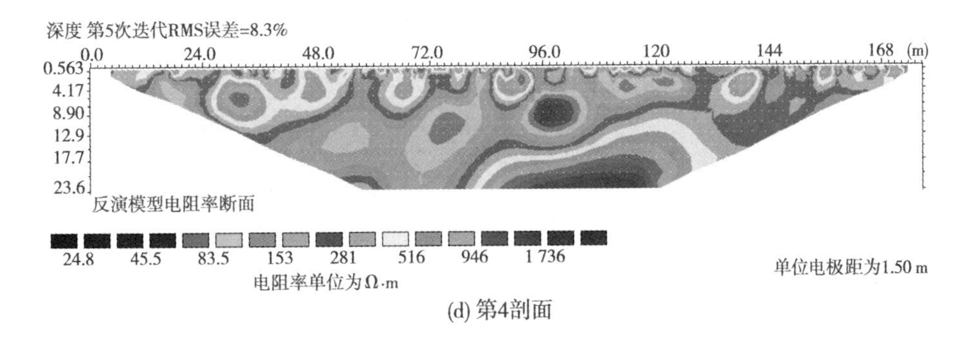

(d) 第4剖面

图 6-2 水泥厂溶洞和溶蚀裂隙勘探剖面高密度电阻率法物探成果

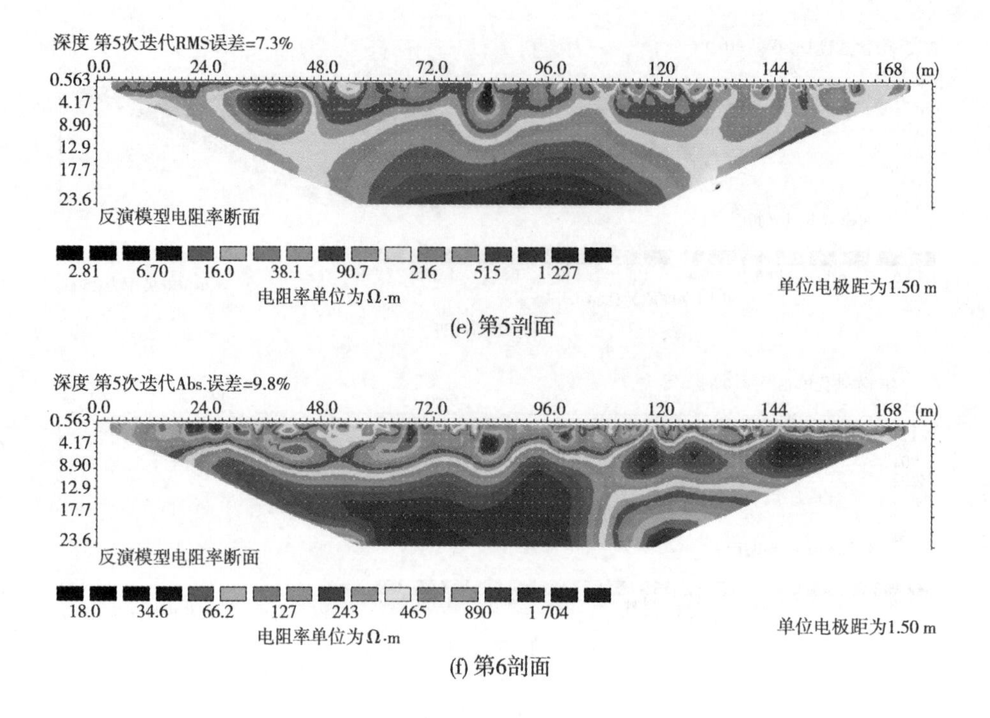

(e) 第5剖面

(f) 第6剖面

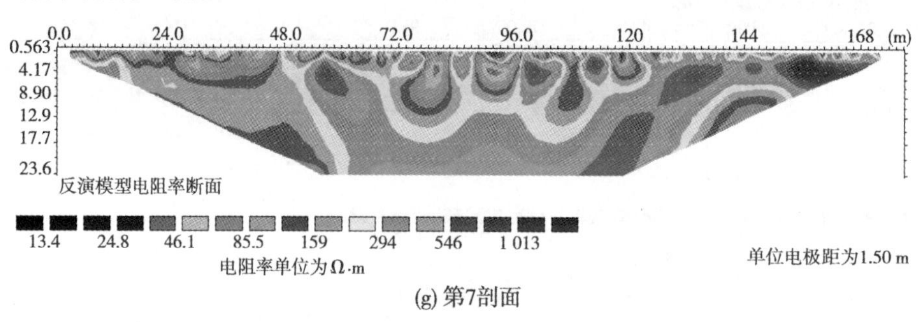

(g) 第7剖面

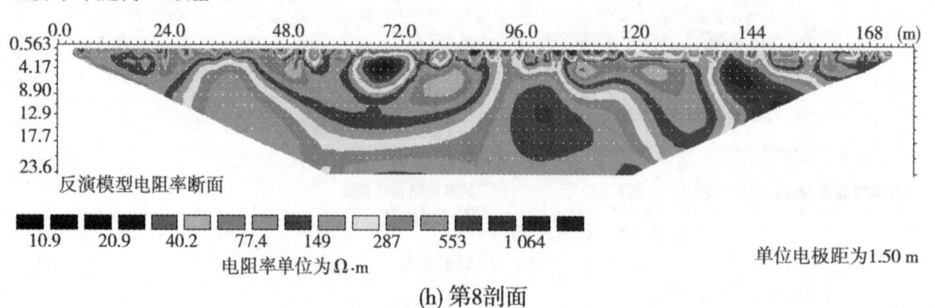

(h) 第8剖面

续图 6-2

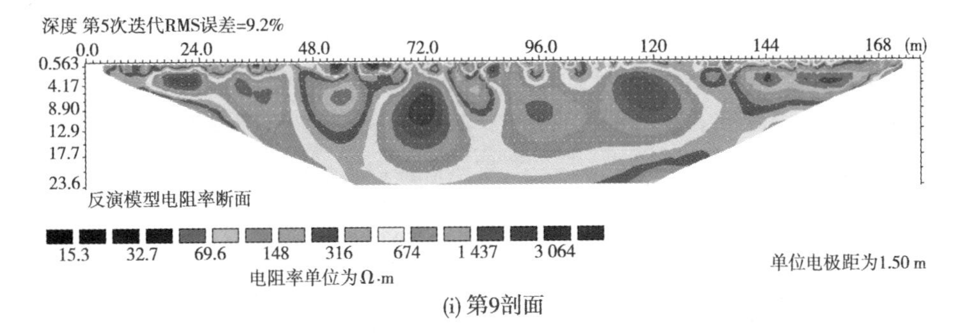

(i) 第9剖面

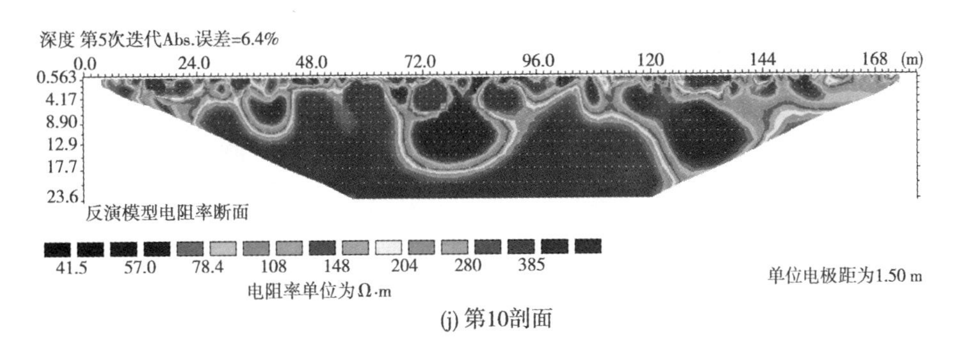

(j) 第10剖面

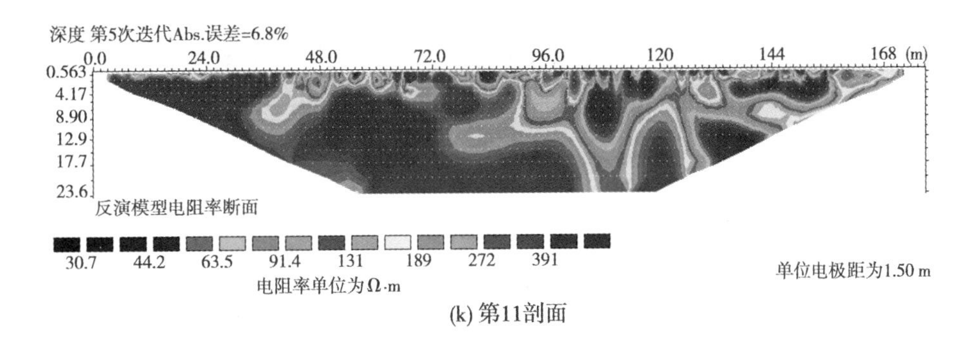

(k) 第11剖面

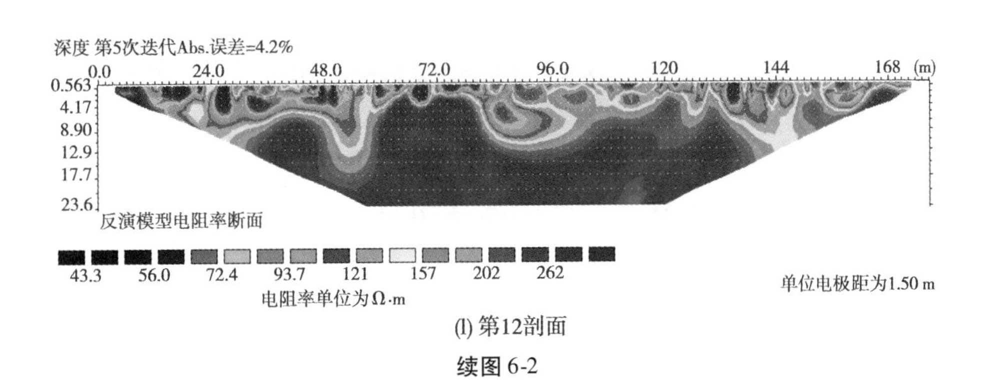

(l) 第12剖面

续图 6-2

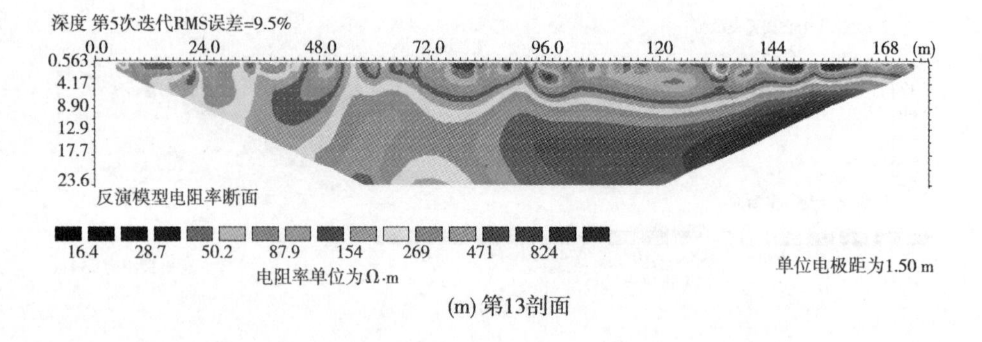

(m) 第13剖面

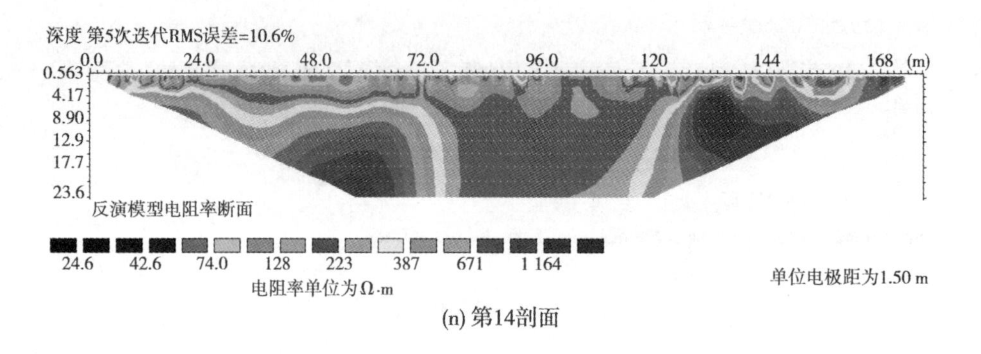

(n) 第14剖面

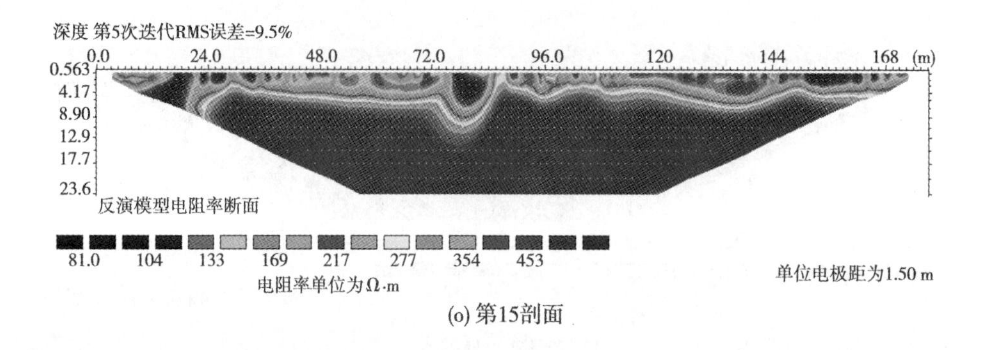

(o) 第15剖面

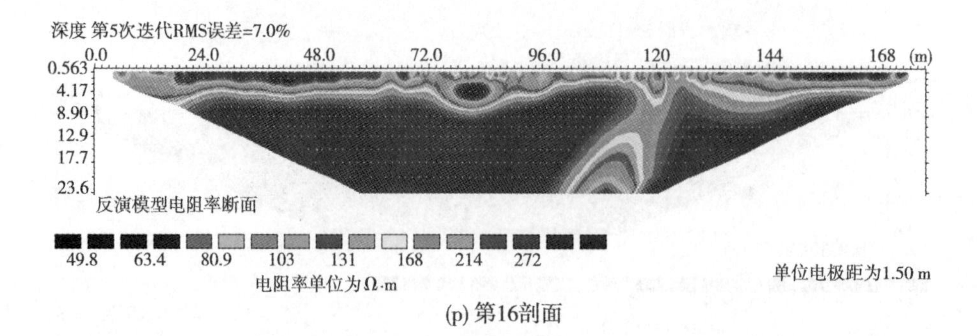

(p) 第16剖面

续图 6-2

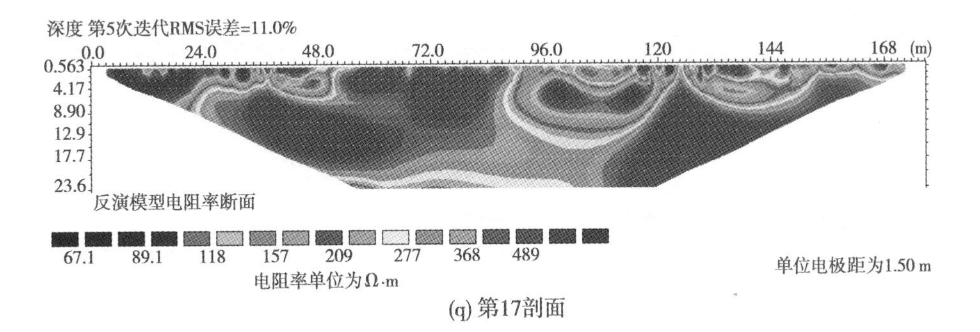

(q) 第17剖面

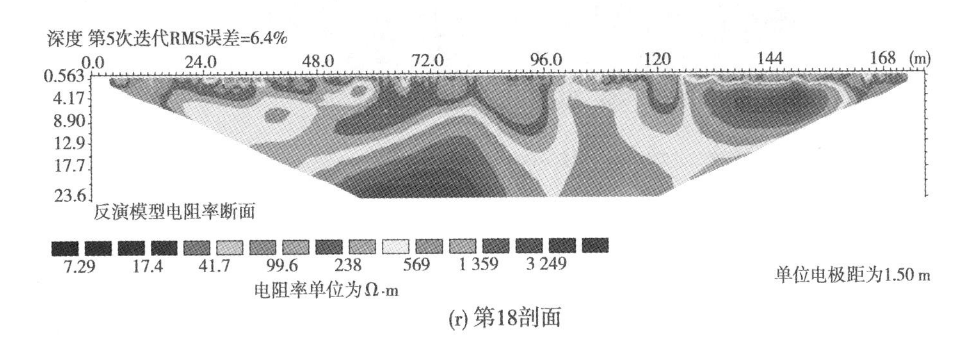

(r) 第18剖面

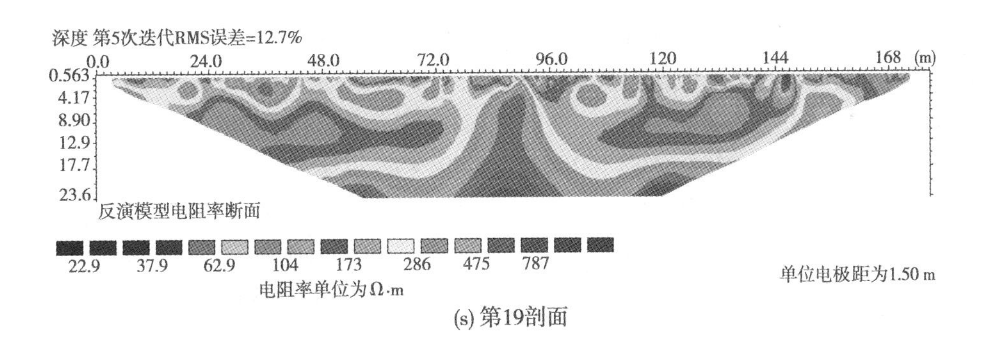

(s) 第19剖面

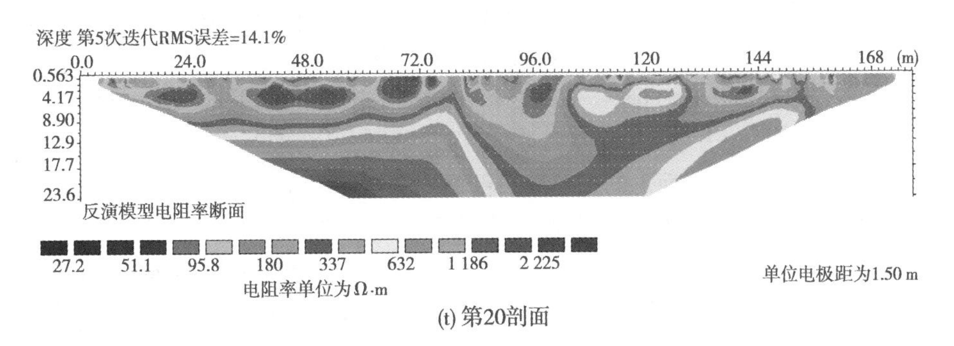

(t) 第20剖面

续图 6-2

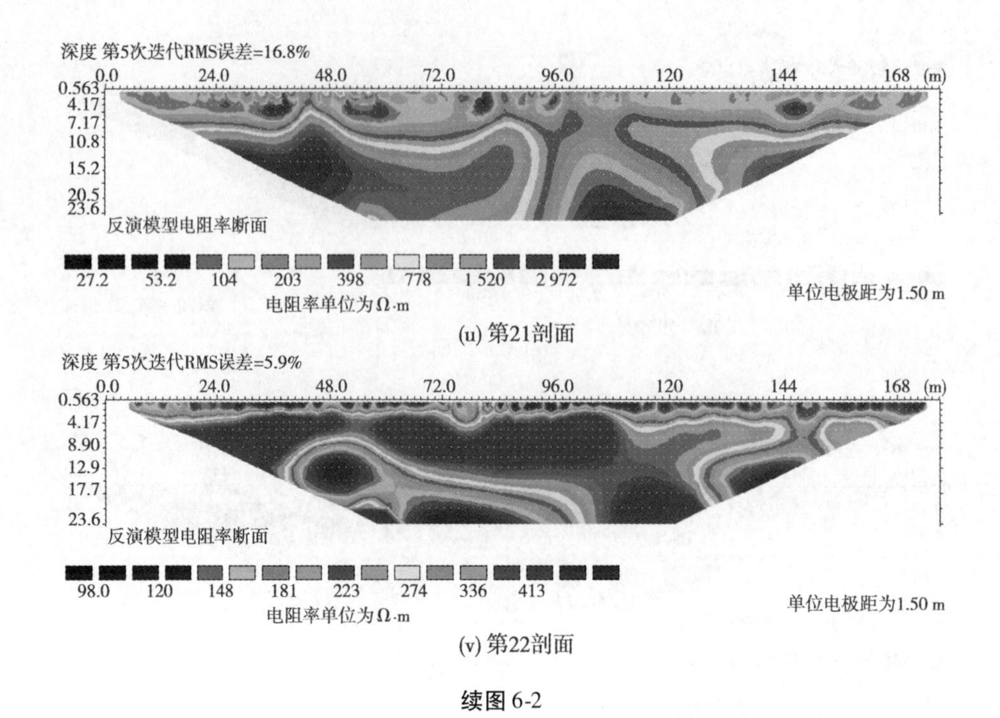

(u) 第21剖面

(v) 第22剖面

续图 6-2

由剖面 1、2、6、8 的剖面图的总体趋势可以看出：剖面的表层一般存在一层电阻率在 412 ~ 720 Ω · m，厚度一般在 1 ~ 6 m 的地质体，推断为卵石层；其下电阻率降低，一般在 260 Ω · m 左右，推断该层为含卵石黏土层，多为强风化；该黏土层下部电阻率逐渐增大，推断岩性为灰岩。但在剖面 3 的测线中部及右侧，深度 16 m 以下电阻率急剧下降，低阻体在高阻体的下面，推断该区域下部基岩为泥页岩。现具体分析如下：

在剖面 1 的 132 ~ 140 m，深度 5 ~ 9 m 处存在一高阻闭合地质体，推断岩性可能为溶洞，且部分充填；且在测线的 123 ~ 140 m，深度 10.9 m 处，推测该区域为一个小断层，且部分已被砂卵石充填。在剖面 2 的 78 ~ 96 m 和 124 ~ 129 m，深度 3 ~ 6 m 处存在相对围岩低阻区域，推断岩性可能为裂隙。在剖面 3 的 75 ~ 109 m，深度 13 m 左右处电阻率急剧下降，推断该区域下部基岩可能为泥质页岩，该测线与 1、2 测线的方向垂直，位于整个测区的最西边，在场地上呈网格状。

在剖面 4 的 27 ~ 36 m 和 86 ~ 93 m，深度 3 ~ 7 m 处，存在高阻地质体，推断岩性可能为溶洞；该测线位于沟中的破碎带区域，表面多滚石出露。

在剖面 6 的 20 ~ 27 m 和 68 ~ 70 m 处存在与相对围岩的低阻地质体，推断岩性可能为裂隙；在 110 ~ 144 m，深度 13 m 左右处，电阻率急剧下降，推断该区域下部基岩可能为泥质页岩，该泥质页岩与剖面 3 的相对应。剖面 8 的 65 ~ 72 m，深度 2 ~ 6 m 处，存在一高阻闭合地质体，推断岩性可能为溶洞，且在它的西边有一条人工挖沟。剖面 7 为南北向，该测线与剖面 6、8 测线的方向垂直，剖面 7 所反映的地层情况验证了剖面 6、8 的推断。

（2）剖面 9、10 测线方向为东西向，剖面 11、12、13 测线方向为南北向，位于整个测区的中间。

在剖面 9 的 48 ~ 75 m，深度 5 ~ 9 m 处，存在高阻闭合体，推断岩性可能为溶洞；在剖面 10 的 36 ~ 42 m 和 75 ~ 87 m,深度 6 ~ 15 m 处,及 110 ~ 140 m 距离段,深度 0 ~ 20 m 处存在与相对围岩的低阻地质体,推断岩性可能为溶洞;在剖面 11 的 102 ~ 110 m 处,存在一层较厚的泥质页岩,该测线与剖面 9、10 的方向垂直。在剖面 12 的 48 ~ 56 m 处,存在一层泥质页岩,剖面 12 是和剖面 11 平行的一个剖面,地层变化比较稳定。在剖面 13 的 56 ~ 66 m 处,深度 12 m 处,存在一条已被充填的裂隙带。

(3)剖面 16 测线方向为东西向,剖面 14、15 测线方向为南北向。

在剖面 14 的 80 ~ 114 m 处存在一断开高阻区的地质体,推断岩性可能为泥质页岩;在剖面 15 的 78 ~ 84 m 处和 130 ~ 144 m 处存在于相对围岩的低阻地质体,推断岩性可能为溶洞或是较厚的风化层。在剖面 16 的 78 ~ 82 m 处存在一相对围岩的低阻地质体,推断岩性可能为泥岩。

在剖面 14 的 81 ~ 117 m 处和剖面 16 的 116 ~ 123 m 处,存在一明显深部电阻率相较两边较为低的情况,推断该低阻区域为同一条带的泥质页岩。

(4)剖面 17 测线方向为东西向。

在该剖面起始位置电阻率较低,厚度较小,推断岩性为第四系风化残积土。在剖面 96 ~ 120 m 距离段,该区域存在一低阻切割高阻地质体,推断岩性可能为裂隙带,该裂隙带影响宽度约 25 m,影响深度约 20 m。在整个剖面的下部,存在一低阻地层,推断岩性为泥质页岩。

(5)剖面 20 测线方向为东西向,剖面 18、19 测线方向为南北向。

在剖面 18 的 135 ~ 150 m,深度 5 ~ 9 m 处,存在一高阻闭合体,推断岩性可能为溶洞,且部分充填。在剖面 19 的 87 ~ 93 m 段,存在一明显电阻率相较两边较为低的情况,推断该低阻区域可能受冲沟影响。在剖面 20 的 36 ~ 57 m,深度 2 ~ 6 m 处,存在一相对围岩低阻地质体,推断岩性可能为裂隙。

(6)剖面 21 和 22 为一组垂直剖面。

在剖面 21 的 105 ~ 120 m 的下边存在一相较围岩电阻率急剧降低的带状异常区域,电阻率在 100 Ω · m 左右,结合地质资料推断该异常区域为泥岩与灰岩接触带。在剖面 22 的 48 ~ 72 距离段,深度 7 ~ 20 m 处依然存在一低阻异常地质体,因该剖面与剖面 21 垂直,推断剖面 21 的泥岩与灰岩接触带岩溶较为发育,且岩溶裂隙发育方向沿接触带方向。

(三)物探剖面、地质剖面综合分析

现根据以上基本分析结果,以剖面 9、10、14、15、17 及地质剖面为例综合分析如下:

水泥厂物探剖面 9 高密度电阻率法物探成果图与其地质剖面解疑图(见图 6-3)分析可知,在剖面的 48 ~ 75 m 距离段,推断该区域溶蚀裂隙极为发育,溶洞最大直径可达到 4 m,且溶蚀大多被黏土所充填,但在测线 72 m 左右处,溶洞可能部分被充填。

由水泥厂物探剖面 10 高密度物探成果图与其地质剖面解疑图(见图 6-4)分析可知,在测线 36 ~ 42 m、75 ~ 87 m 距离段及 110 ~ 140 m 距离段所推测的溶洞区域,因测线 0 ~ 120 m 距离段均为泥岩,所以 36 ~ 42 m、75 ~ 87 m 距离段所对应的低阻区域为风化层较厚区域,而 110 ~ 140 m 距离段则为溶洞、溶蚀裂隙发育区域,该剖面很好地反映了地层接触带的变化情况,并根据地质剖面,排除了 2 个可能溶洞区域的多解,验证了测线 110 ~ 140 m 处为溶洞、溶蚀裂隙带的推断。

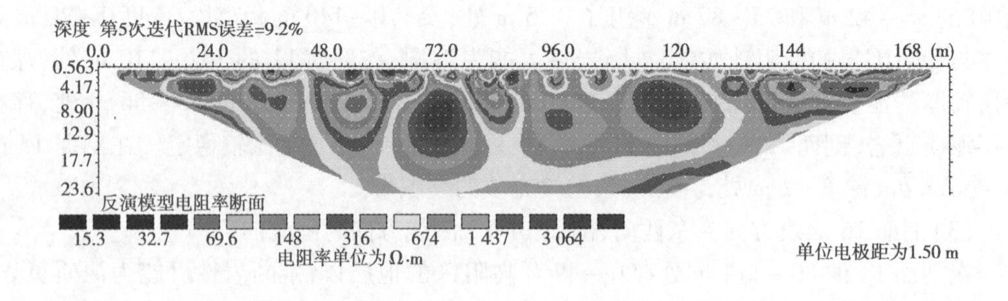

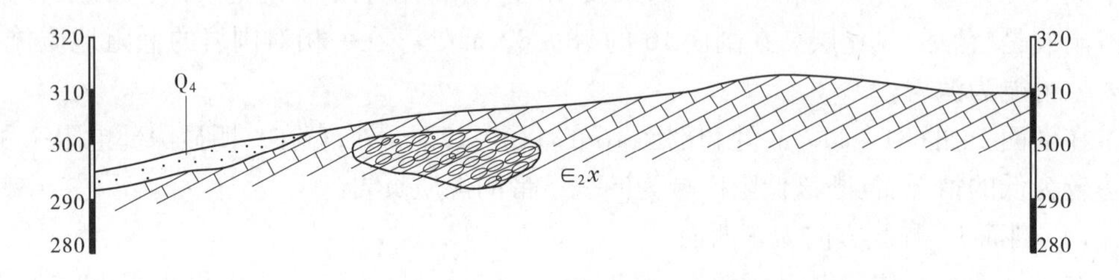

图 6-3　水泥厂物探剖面 9 高密度电阻率法物探成果图与其地质剖面解疑图

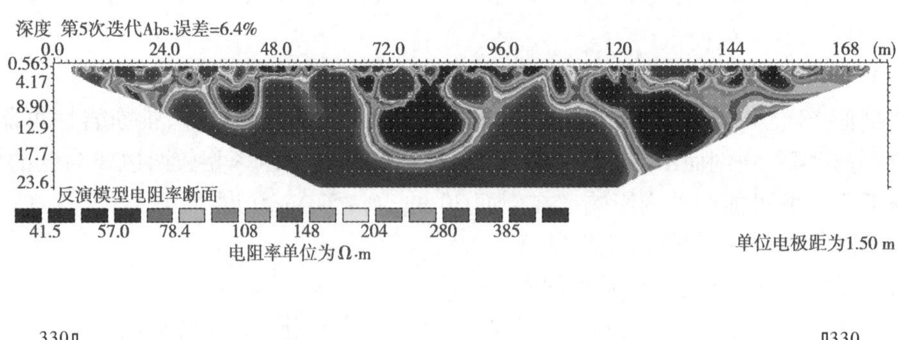

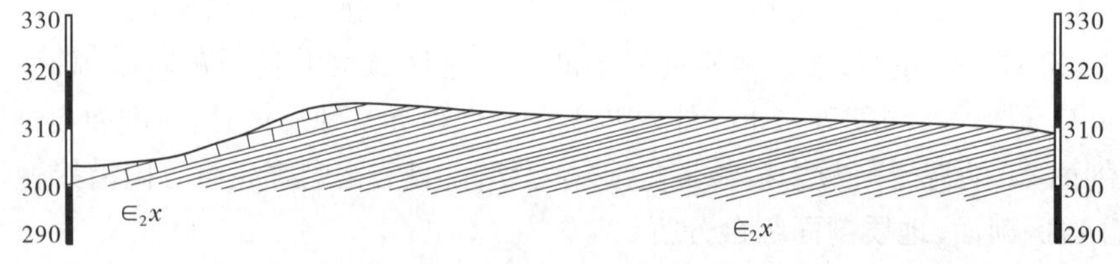

图 6-4　水泥厂物探剖面 10 高密度物探成果图与其地质剖面解疑图

由水泥厂物探剖面 14 高密度物探成果图与其地质剖面解疑图(见图 6-5)分析可知，在测线的 80 ~ 114 m 距离段,初始推断该低阻区域可能为泥岩,但根据地质图综合分析,该区域泥岩在测线 72 ~ 120 m 向下延伸,泥岩在测线起始位置较薄,厚度在 5 m 左右;其下电阻率急剧增大,推测岩性为灰岩。

由水泥厂物探剖面 15 高密度物探成果图与其地质剖面解疑图(见图 6-6)分析可知，该物探剖面在测线 120 m 区域,深度 20 m 左右处电阻率降低,反映了在该区域基岩岩性向泥质页岩过渡。

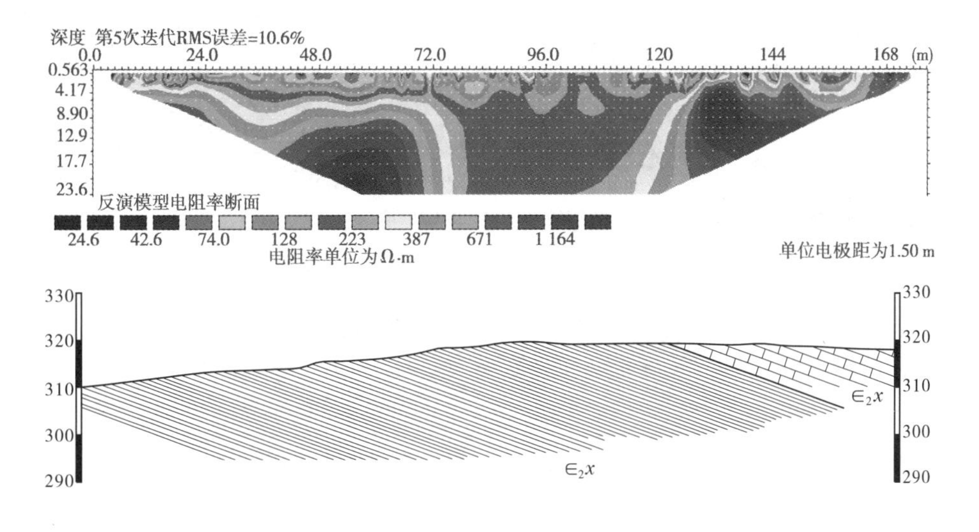

图 6-5　水泥厂物探剖面 14 高密度物探成果图与其地质剖面解疑图

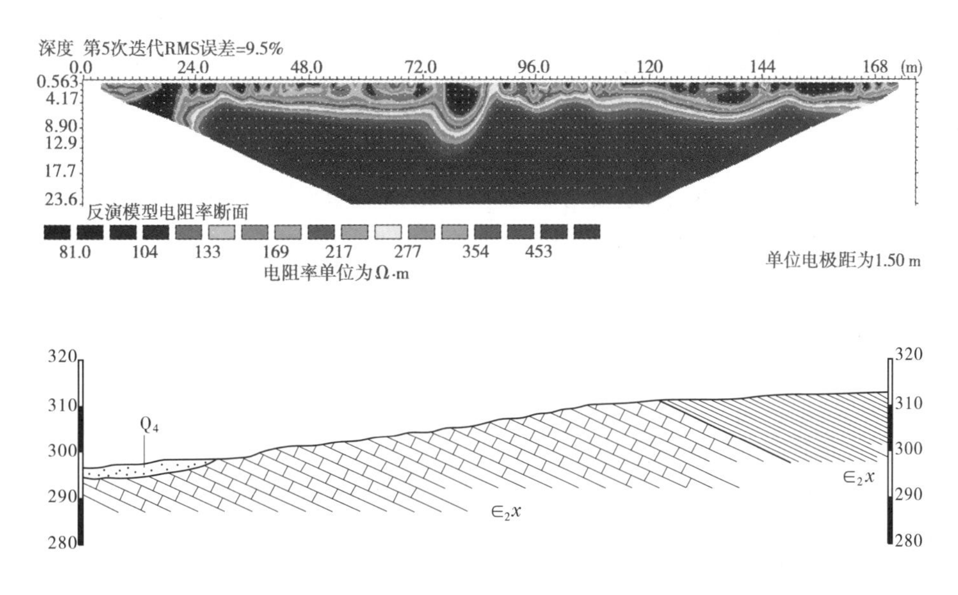

图 6-6　水泥厂物探剖面 15 高密度物探成果图与其地质剖面解疑图

由水泥厂物探剖面 17 高密度物探成果图与其地质剖面解疑图(见图 6-7)分析可知,该剖面表层地层均为灰岩,所以在剖面 96 ~ 120 m 距离段极可能存在一裂隙发育带,但该条带发育方向与图 6-5 所发育的页岩为同一条带,所以结合图 6-5 分析,该低阻区域为泥质页岩。

综合物探剖面 1、2、3、4、5、6、7、8 分析,在场地西侧区域存在一条溶蚀裂隙带,最大宽度约 20 m,深度 9 ~ 20 m,推测该带可能受次生断层影响。综合物探剖面 14、15、16、17 分析,在场地中部区域存在一条泥质页岩,宽度最小约 12 m。物探各剖面的具体情况详见高密度物探剖面 1 ~ 20 及图 6-3 ~ 图 6-7。

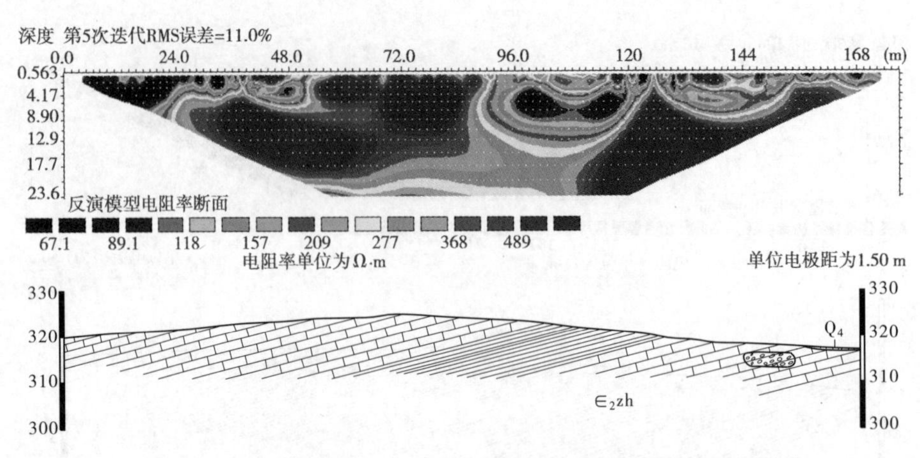

图 6-7 水泥厂物探剖面 17 高密度物探成果图与其地质剖面解疑图

四、高密度电阻率法的物探资料的结论与建议

通过野外高密度电阻率法采集数据工作,在室内对各剖面进行反演处理,计算成图以及对各剖面图的分析解释。场地的主要地层为灰岩、泥质页岩、黏土。场地灰岩中溶洞、溶蚀裂隙极为发育,且溶洞多已完全充填,充填物多为含碎石黏土。根据以上分析,得出如下结论:

(1)场地内岩性较为复杂,主要为寒武系徐庄组的泥质页岩夹灰岩及张夏组的厚层灰岩、泥质条带状灰岩、泥质页岩,呈多层分布。

(2)根据物探测量成果,厂区内灰岩地层内溶洞较为发育,且溶洞大多被充填或半充填,少数未充填的,埋深变化较大,一般在 5.0 ~ 20 m。

(3)在场地西侧存在一条溶蚀裂隙带。

(4)场地内未发现大型断裂等其他不良地质现象。

(5)场地西北部以外有一隐伏的王屯断裂通过。

(6)场区整体工程地质条件较好,适宜作为工程建设场地,但在灰岩地层中局部有溶洞、溶蚀裂隙发育,建议勘察时在异常区域适当加密钻孔。

第三节　注浆效果勘探

为查明某水泥公司 2 ×4 500 td 熟料生产线工程场地的地下岩性及其基本地质情况,并对场地地层内可能存在的溶洞空洞作检测,对场地灌浆后溶洞的充填情况成果作验证。受该单位委托,在公司场地进行了高密度电阻率法野外实地测量数据的采集工作及在该区域进行了高密度电阻率法检测测量。

该场地地貌单元属低山地势,宏观地形,北高南低。场地多沟坎及路面,在场地内有一石灰窑。测区范围内,个别地段地表为堰,地形地貌较复杂。地表多为耕土。本次工程物探工作主要目的是查明场地下部灰岩中是否有溶洞、裂隙,以及灌浆后溶洞充填情况如何。

现场共完成高密度电阻率法剖面：灌浆前 20 个，剖面总长度 120 ~ 180 m，探测深度 20 ~ 30 m，每条线有效物理测点 552 个；灌浆后 18 个，剖面总长度 120 ~ 180 m，探测深度 20 ~ 30 m，每条线有效物理测点 552 个。通过对场地进行高密度电阻率法工程物探工作，达到预期目的。

一、工程地质概况及地层地球物理特征

（一）工程地质概况

根据场区的野外地质勘察资料、区域地质资料及现场地质测量可知，场地中部零星分部有第四系全新统杂填土及冲、洪积成因的粉质黏土；北部及中部为石炭系太原组泥岩及强风化泥岩夹砂岩；南部及西部为寒武系中、上统地层白云质灰岩。现分述如下：

第 1 层（Q_4ml）杂填土：浅黄色，干、松散。为人工堆填土，主要由黏性土、碎石组成。粒径 1 ~ 4 cm，质量占总量的 20% ~ 50%。该层分布不均，仅分布在场地中西部，层底埋深 0. 40 ~ 4. 50 m，层底标高 264. 00 ~ 283. 57 m，层厚 0. 40 ~ 4. 50 m。

第 2 层（Q_4ml）粉质黏土：灰黄、褐黄色，可塑，干强度低，韧性低，摇振反应无，无光泽，局部含有碎石、砾石，质量占总质量的 5% ~ 10%，主要母岩成分为白云质灰岩、石英砂岩。该层分布不均，仅分布在场地北中部，层底埋深 0. 50 ~ 3. 30 m，层底标高 260. 33 ~ 285. 50 m，层厚 0. 50 ~ 3. 30 m。

第 3 层泥岩（C_2t）：灰色、灰白色、灰黄色，泥质细晶结构，厚层状构造，节理、裂隙、溶蚀裂隙发育，岩层倾向南西 210°左右，倾角 32° ~ 40°。经勘察，该层主要分布于场地北、中部，根据岩石的风化程度，该层分为两个工程地质亚层，分述如下：

（1）a 层泥岩（C_2t）：强风化。风化面为深灰色，新鲜面为灰白色、灰黄色，泥质细晶结构，中厚层状构造，倾向南西 210°左右，倾角 32° ~ 40°。节理、裂隙、溶蚀裂隙发育。岩体较破碎，岩体基本质量等级为Ⅴ，属较软岩。层底埋深 1. 70 ~ 12. 30 m，层底标高 258. 33 ~ 280. 30 m，层厚 1. 30 ~ 11. 90 m。

（2）b 层泥岩（C_2t）：中风化。灰色、深灰色，泥质细晶结构，中厚层状构造，倾向南西 210°左右，倾角 32° ~ 40°。节理、裂隙、溶蚀裂隙较发育，裂隙充填有方解石脉体。岩体较完整，为较硬岩，岩石质量指标 RQD =80 ~ 90，岩体基本质量等级为Ⅲ，属较硬岩。层底埋深 2. 00 ~ 23. 20 m，层底标高 245. 60 ~ 278. 60 m，层厚 1. 20 ~ 18. 30 m。

第 4 层砂质泥岩（C_2b）：强风化。主要以泥岩及砂岩互层为主。倾向南西 210°左右，倾角 32° ~ 40°。泥岩呈灰白色、灰黄色，砂岩呈褐红色、紫红色，泥质、粒状结构，中厚层状构造，节理、裂隙发育，岩体较破碎，岩体基本质量等级为Ⅴ，属较软岩。主要分布于场地的北部，中部局部地段可见该层，层底埋深 2. 00 ~ 27. 50 m，层底标高 236. 87 ~ 270. 89 m，层厚 2. 00 ~ 17. 00 m。

第 5 层白云质灰岩（$\in_{2-3}$）：灰色、深灰色，隐晶质结构，厚层状构造。主要分布于场地西部、南部，倾向南西 210°左右，倾角 32° ~ 40°。该地段经勘察溶蚀裂隙较为发育，宽度一般为 0. 5 ~ 5. 0 cm，无充填。局部溶洞较大，呈半充填状态，未充填厚度 20 ~ 50 cm，充填物为褐红色黏土及碎石。根据岩石的风化程度，该层分为两个工程地质亚层，分述如下：

(1) a 层白云质灰岩($\in_{2-3}$):强风化。风化面为深灰色,呈刀砍状,新鲜面为灰白色、灰黄色,隐晶质结构,厚层状构造,倾向南西 210°左右,倾角 32° ~40°。节理、裂隙发育,岩体较破碎,岩石质量指标 RQD =50 ~75,为较差的,岩体基本质量等级为Ⅴ级,属较软岩。层底埋深 4.00 ~28.60 m,层底标高 241.69 ~267.90 m,层厚 3.30 ~16.40 m。

(2) b 层白云质灰岩($\in_{2-3}$):中风化。灰色、灰黄色,隐晶质结构,厚层状构造,倾向南西 210°左右,倾角 32° ~40°。节理较发育,节理面充填方解石脉。岩体较完整,岩石质量指标 RQD =80 ~90,岩体基本质量等级为Ⅲ级,属较硬岩。本次勘察未揭穿,揭露最大深度为 23.00 m。

(二)地层地球物理特征

根据有关资料及以往工作经验可知:该区部分区域上部为第四系粉质黏土覆盖层,电阻率为 10 ~70 Ω · m;下伏泥岩、砂质泥岩的电阻率为 100 ~1 800 Ω · m;白云质灰岩的电阻率一般大于 1 000 Ω · m;灰岩中的空洞,未充填电阻率可视为无穷大,若有第四系充填,则相对围岩呈现低阻。而溶洞、溶蚀裂隙中现今已完全或部分被水泥砂浆所充填,因此在灌浆前所表现的溶洞、溶蚀裂隙以相对高阻区域呈现。因为该场地基岩与上覆盖的土岩性存在明显的电阻率差异,空洞与其他地层及溶洞、溶蚀裂隙与其被充填固结后也存在有明显的电性差异,所以存在高密度电阻率法探测的地球物理前提。

二、高密度电阻率法探测方法技术

物探仪器设备和野外工作方法技术采用本章第一节中所述的设备和技术,接收部分和发射部分方面的参数也采用本章第一节中所述的参数。

本次物探工作开展时,围墙已经围起,由于受围墙和工作场地的影响无法进行个别南北方向的剖面测量,故根据以往地质勘察的情况及甲方要求,在场地共布设了 21 个高密度测深剖面,用以了解场地个别重点区域的地层变化情况,单剖面长度为 120 ~180 m,测量点距为 2 m、3 m。所测剖面由测绳定出每个极位,为改善电极的接地条件,在每个电极处均进行了浇水处理。

在野外工作过程中,对仪器的性能检查、放线等都严格按照技术规程的有关规定执行,仪器严格按照说明书要求操作,及时更换仪器电源,以保持仪器的最佳工作状态。

三、高密度电阻率法的物探资料的推断解释

该场地高密度电阻率法物探的解释参考实地地质工程勘察资料。依据各地层电性的变化情况,经对收集到的资料分析研究,以及本次高密度物探实测资料的反演处理成图,定性、定量地解释推断如下。

(一)定性分析

由灌浆前剖面推断,该场地上部地层主要为大多呈现低阻的耕植土,部分为含碎石土及高阻的碎石填土、路基;下部地层的电阻率变化较大,个别区域电阻率还偏低,推断在个别测线部分区域可能有溶洞存在,且可能已被部分充填。

由灌浆前后的比较剖面推断,灌浆前的溶洞、溶蚀裂隙已完全被水泥砂浆所充填,且充填固结程度很好。

(二)定量分析

剖面位置参照灌浆前位置及比较图所标示的区域。

1. 生料均化库比较剖面

生料均化库剖面灌浆前后高密度电阻率法物探成果图如图 6-8 所示。

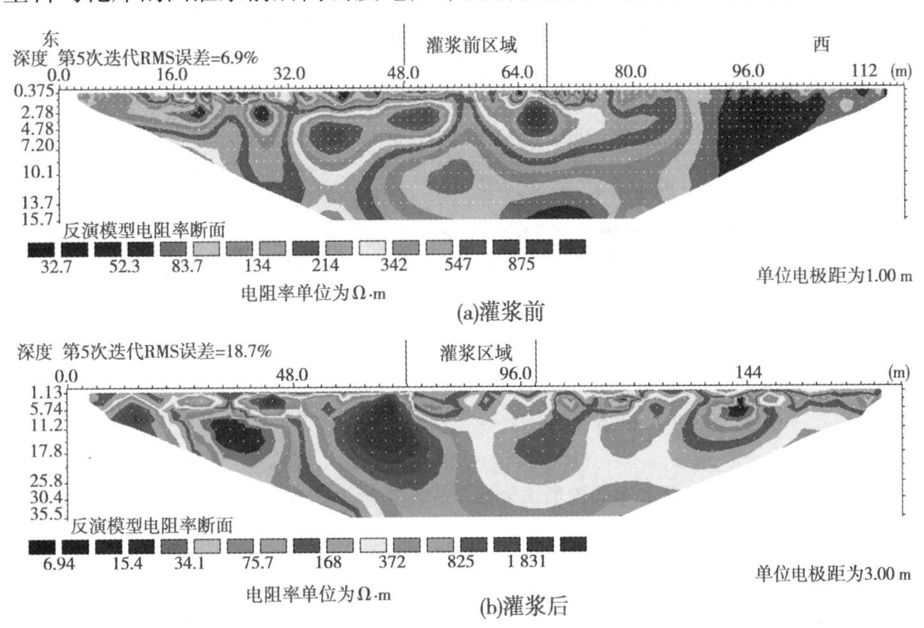

图 6-8 生料均化库剖面灌浆前后高密度电阻率法物探成果图

由图 6-8 所圈出的生料均化库范围可知:灌浆前剖面的相同区域深度,电阻率远比灌浆后剖面的大,特别是在相同厂区位置及相同深度 5 m 以下区域,灌浆后电阻率值(400 Ω · m 左右)远比灌浆前剖面电阻率值(90 Ω · m 左右)大,推断该区域为灌浆工作后,下部溶洞、溶蚀裂隙已被水泥砂浆完全充填,且固结程度相当好。

2. 熟料库比较剖面 1、2

熟料库比较剖面灌浆前后高密度电阻率法物探成果图如图 6-9 所示。

由图 6-9 所圈出的熟料库范围可知:从整体上来看,灌浆前剖面的相同区域深度,电阻率远比灌浆后剖面的大,特别是在相同厂区位置及相同深度 15 m 以下区域,灌浆后电阻率值(324 Ω · m 左右)远比灌浆前剖面电阻率值(46 Ω · m 左右)大,推断该区域为灌浆工作后,下部溶洞、溶蚀裂隙已被水泥砂浆完全充填,且固结程度相当好。

熟料库比较剖面 2 灌浆前后高密度电阻率法物探成果图,如图 6-10 所示。该剖面很好地验证了图 6-9 所示剖面 1 的推断。

3. 窑头及熟料输送比较剖面 1、2

窑头及熟料输送比较剖面 1 灌浆前后高密度电阻率法物探成果图如图 6-11 所示。

由图 6-11 所圈出的熟料库范围可知:整体来看剖面在测线 54 ~ 70 m 范围内的溶沟,现已被水泥砂浆完全充填,且固结程度相当好。

窑头及熟料输送比较剖面 2 灌浆前后高密度电阻率法物探成果图,如图 6-12 所示。该剖面很好地验证了图 6-11 所示剖面 1 的推断。

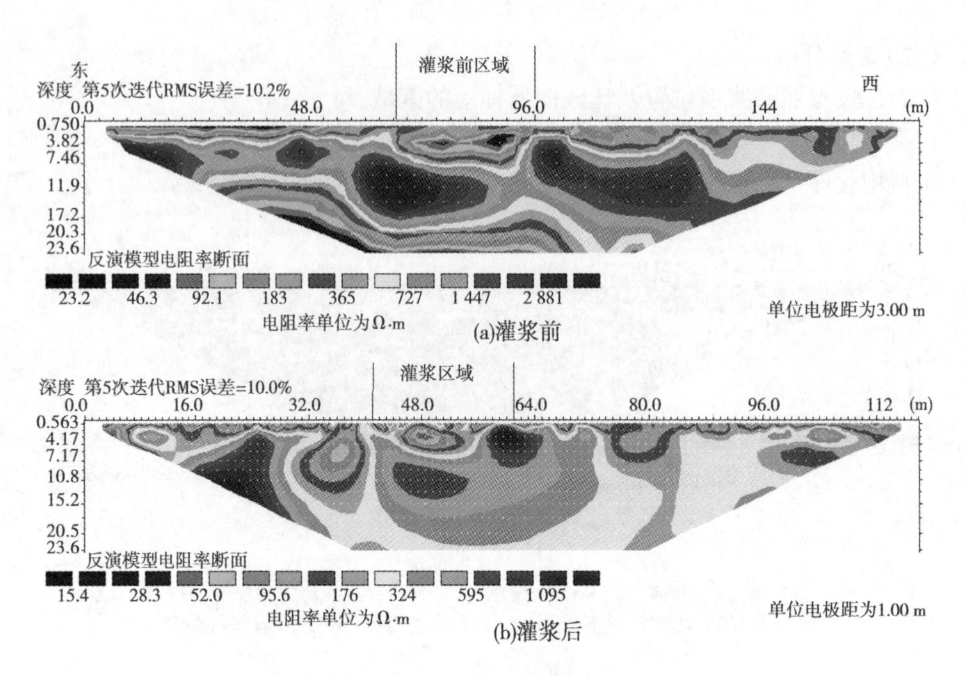

图6-9 熟料库比较剖面1灌浆前后高密度电阻率法物探成果图

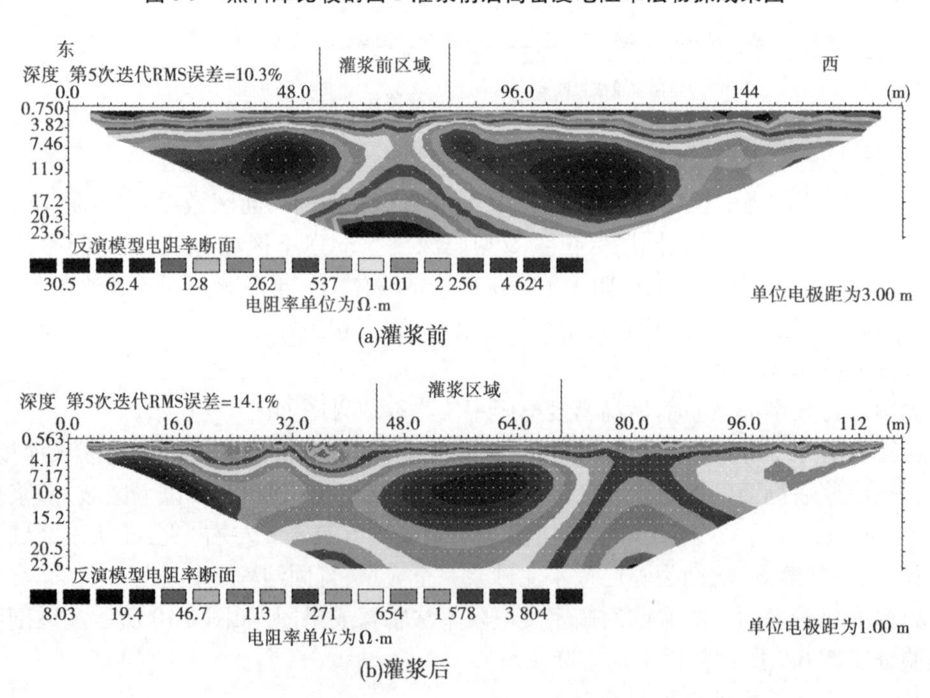

图6-10 熟料库比较剖面2灌浆前后高密度电阻率法物探成果图

4. 窑中比较剖面1、2、3

窑中比较剖面1灌浆前后高密度电阻率法物探成果图如图6-13所示。

由图6-13所圈出的熟料库范围可知：整体来看，灌浆前剖面的相同区域深度，电阻率远比灌浆后剖面的大，特别是在相同厂区位置及相同深度3 m以下区域，灌浆后电阻率值

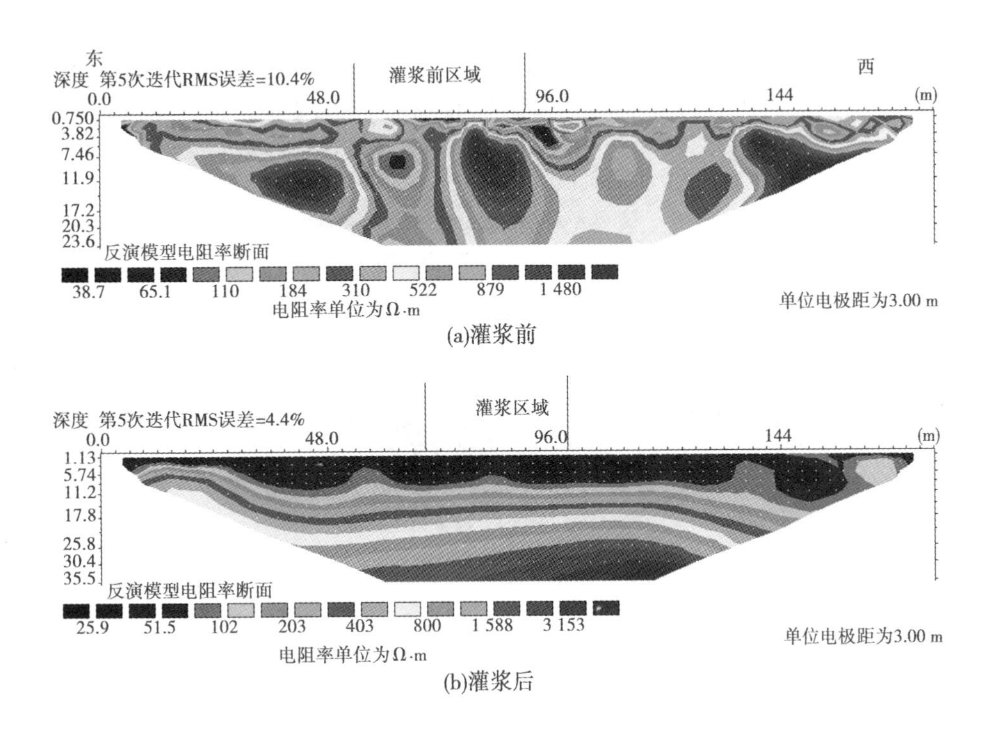

图 6-11 窑头及熟料输送比较剖面 1 灌浆前后高密度电阻率法物探成果图

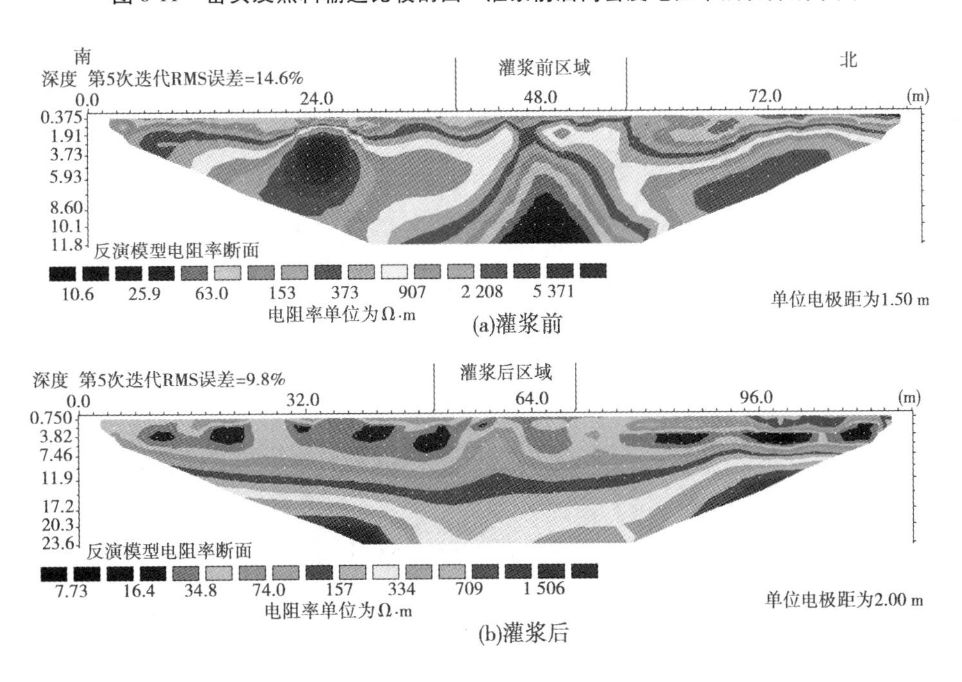

图 6-12 窑头及熟料输送比较剖面 2 灌浆前后高密度电阻率法物探成果图

(508 Ω · m 左右)远比灌浆前剖面电阻率值(54 Ω · m 左右)大,推断该区域为灌浆工作后,下部溶洞、溶蚀裂隙已被水泥砂浆完全充填,且固结程度相当好。

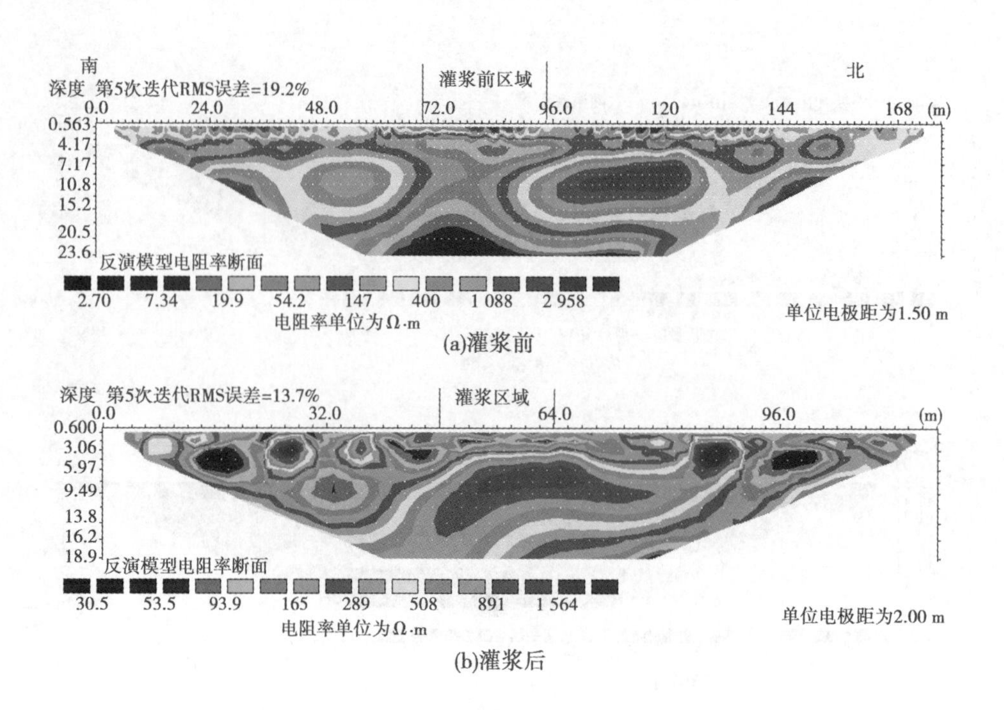

图 6-13 窑中比较剖面 1 灌浆前后高密度电阻率法物探成果图

窑中比较剖面 2 灌浆前后高密度电阻率法物探成果图，如图 6-14 所示。该区域中上部深度在 5～30 m 灌浆固结程度很好。

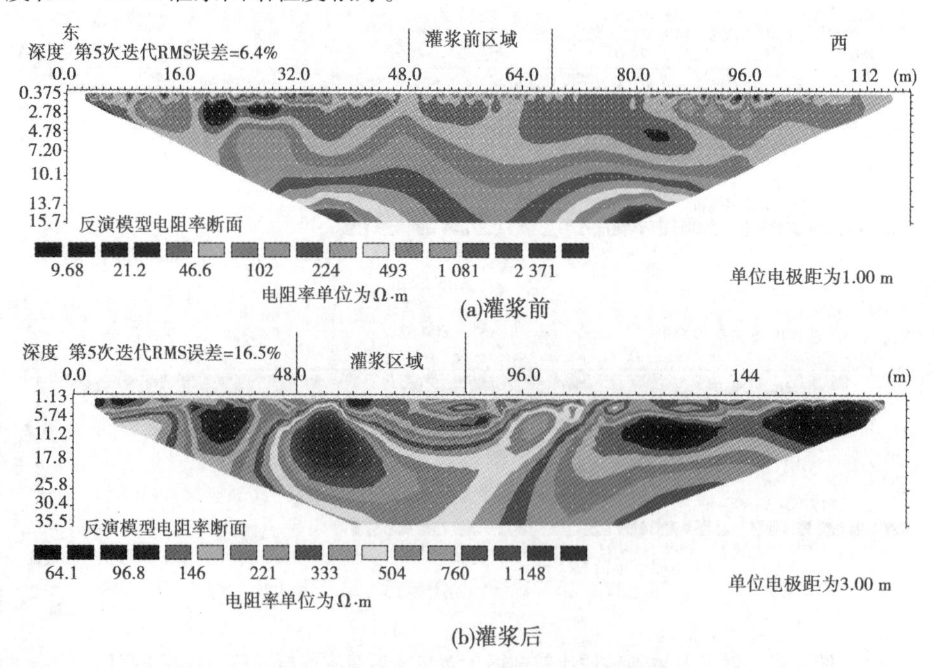

图 6-14 窑中比较剖面 2 灌浆前后高密度电阻率法物探成果图

窑中比较剖面 3 灌浆前后高密度电阻率法物探成果图，如图 6-15 所示。该剖面很好地验证了图 6-13、图 6-14 所示剖面 1、2 的推断。

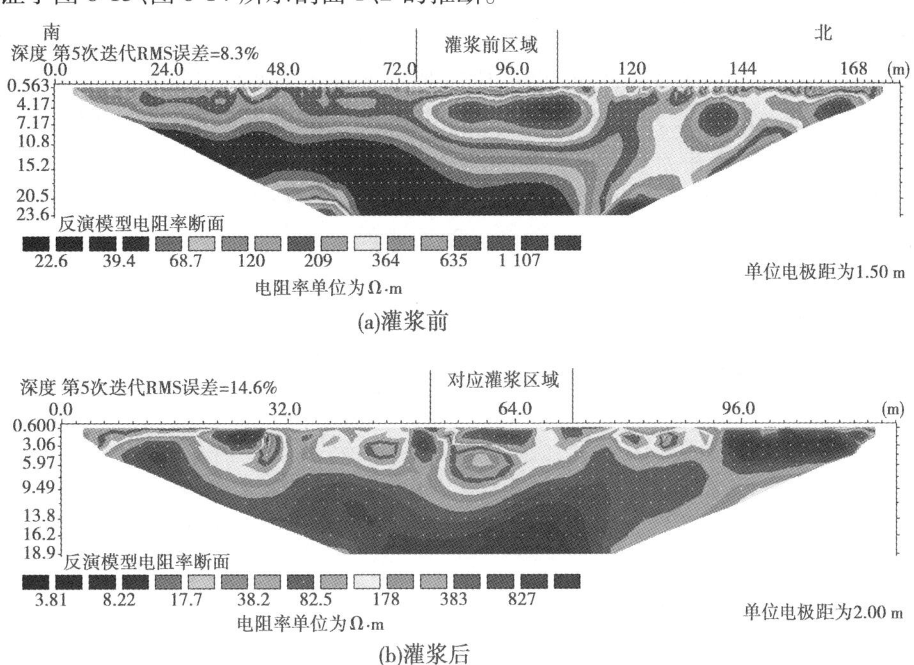

(a)灌浆前

(b)灌浆后

图 6-15　窑中比较剖面 3 灌浆前后高密度电阻率法物探成果图

四、高密度电阻率法的物探资料的结论与建议

通过野外高密度电阻率法采集数据工作,在室内对各剖面进行反演处理,计算成图以及对各剖面图的分析解释。由灌浆前剖面分析:该场地存在地层为粉质黏土、泥岩、砂质泥岩、白云质灰岩。由灌浆后剖面分析:在该测区部分溶洞、裂隙已完全充填,充填物质一般以水泥砂浆为主。根据上述分析,可得出如下结论:

(1)根据灌浆后所测所有剖面分析可知,在所测剖面的覆盖范围内,经过灌浆的溶洞、溶蚀裂隙电阻率一般都大于 300 Ω · m,远大于前期物探所测得的同位置的电阻率值(小于 50 Ω · m)。

(2)根据所测相同位置的对比剖面分析可知,厂区生料均化、窑系统及熟料输送区域的溶洞、溶蚀裂隙现已完全被水泥砂浆所充填。

(3)从电阻率值及剖面所反映的趋势分析可知,被水泥砂浆充填的区域现已经完全固结,且固结情况良好,可满足基本工程建设需要。

(4)水泥砂浆所能达到的承载力需要通过工程地质钻探来取得详细资料。

第四节　地热勘探

地热(温泉)调查与评价的任务:该项目位于鲁山县尧山镇至下汤一带,东西长约 50 km,南北宽约 12 km,面积约 600 km^2。

开展地热(温泉)调查与评价项目的主要目的是基本查明地热(温泉)的形成条件和开采技术经济条件,为合理地开发、利用地热资源提供科学依据。

其主要任务是:查明地热(温泉)的形成机制和控制因素及其与地层、构造、岩浆岩之间的关系;采用遥感地质解释、地面地质调查、电测深、大地电磁测深、钻探等勘探技术手段和方法;查明地热(温泉)的分布范围;查明地热(温泉)热储岩性、厚度、埋深、边界条件及热储层渗透性能;查明温泉的温度、压力、流量及其变化规律。采集地热泉水、地表水、常温地下水等水样,测定其化学成分,分析地热泉水的运移和排泄条件。

一、工程地质概况

(一)工程地质概况

1. 地形地貌

项目区位于平顶山西部伏牛山山脉,沙河及其支流荡泽河、清水河从区内通过,区内地形高差较大,最高点位于项目区西部,高程 1 154 m,最低点位于沙河河床,高程 118.6 m,最大相对高差 1 035.4 m,根据上述特点,区内地貌可分为中低山区、丘陵区、河谷阶地区、冲积平原区四个地貌单元区。

2. 区域地质背景

1)地层

地热(温泉)调查与评价项目区位于河南省西南部的鲁山县尧山镇至下汤一带,区域内出露地层有太古界、元古界、震旦系、寒武系、新近系、第四系。

(1)太古界。包括太华群(Arth)耐庄组条带状黑云混合岩夹条带状角闪斜长混合岩和荡泽河组斜长角闪条带状混合岩夹斜长角闪片麻岩,少量黑云斜长片麻岩与登封群角闪斜长片麻岩、黑云斜长片麻岩、角闪片岩、石墨片岩夹透闪石大理岩混合岩等。

(2)中元古界熊耳群(Pt_2x)。熊耳群分为大古石、许山、鸡蛋坪、马家河四个岩性组,工作区以许山组分布最广,下部为灰紫色—灰绿色含杏仁状大斑多斑玄武安山岩、杏仁状小斑多斑安山岩;中部为微红色、灰褐色大斑多斑杏仁状安山岩,灰绿色小斑多斑杏仁状安山岩;上部为浅灰色凝灰质块状安山岩,紫红色、灰绿色小斑少斑安山岩及灰绿色杏仁状安山岩。区内岩性稳定,厚度变化较大。据同位素等年龄测定,推断熊耳群形成于19亿~14亿年前,属中元中代早期产物。

(3)中元古界汝阳群。包括汝阳群云梦山组(Pt_2y)、白草坪组(Pt_2bc)、北大尖组(Pt_2bd)。云梦山组主要为暗红色石英砂岩夹砂质页岩,底部为砾岩及透镜状铁矿;白草坪组主要为紫红色砂质页岩与石英砂岩互层;北大尖组主要为灰白色、肉红色厚层状中粒石英砂岩、长石石英砂岩、钙质胶结砂岩,局部夹铁矿层。

(4)新元古界。新元古界包括洛峪群和震旦系,洛峪群整合在汝阳群之上。

洛峪群包括崔庄组(Pt_3c)、三教堂组(Pt_3s)、洛峪口组(Pt_3l)。崔庄组上部为紫色砂质页岩夹薄层石英岩,中部为紫色页岩,下部为薄层石英岩。三教堂组主要为紫红色厚层石英岩、石英砂岩,顶部含海绿石石英砂岩。洛峪口组为薄层白云岩,下部含藻类白云岩,底部含紫红色页岩。

震旦系主要分布于昭平台水库西北一带,呈北东—南西向展布。包括罗圈组(Z_2l)冰碛砾岩、砂砾岩，东坡组(Z_2d)含海绿石石英砂岩、砂质页岩，平行不整合于洛峪群或汝阳群之上，其上被寒武系平行不整合覆盖。

(5)寒武系。寒武系平行不整合于震旦系罗圈组之上，自下而上出露下统辛集组($\in_1x$)、朱砂洞组($\in_1z$)、馒头组($\in_1m$)，中统的毛庄组($\in_2m$)、徐庄组($\in_2x$)和张夏组($\in_2z$)，上统的崮山组($\in_3g$)。

辛集组主要为含海绿石石英砂岩、含磷砂岩、含生物碎屑灰岩、薄层泥质白云岩。朱砂洞组主要为砂屑灰岩、云斑灰岩、细粒灰岩、角砾岩。

馒头组岩性主要为泥质砂岩、泥晶灰岩、白云质灰岩、角砾岩。

毛庄组岩性主要为泥质砂岩、鲕粒灰岩、泥晶灰岩。

徐庄组岩性主要为灰色泥质条带灰岩、鲕粒灰岩、泥质砂岩、海绿石砂岩。

张夏组岩性主要为深灰色厚层泥质条带状鲕状致密灰岩、细晶白云岩、含生物碎屑灰岩。

崮山组岩性主要为深灰色厚层白云岩、鲕状白云岩；局部含燧石团块，夹泥质白云质灰岩。

(6)新近系洛阳组(N1l)。分布于项目区东部，岩性为以灰白色砂质泥岩为主夹砂砾岩和含砾粗砂岩、泥灰岩。

(7)第四系。昭平台水库以东第四系分布连续，以西分布不连续，主要沿河流谷地分布。

昭平台水库以西，第四系下、中、上更新统及全新统均有分布，但分布不连续，厚度变化大，成因类型复杂。昭平台水库以东，以冲积物为主，厚度一般在 10 ~ 20 m。因第四系与地热关系不大。

2)岩浆岩

工作区岩浆岩完全发育，且分布广泛，可分为侵入岩和火山岩两类。

(1)侵入岩。工作区侵入岩均分布在车村—下汤断裂以南，形成于中元古代晋宁期和中生代印支期及燕山期，且以燕山期侵入活动最强烈。三期花岗岩均以酸性花岗岩为主。

晋宁期花岗岩以普遍具有片麻理(或页理状)为其特征。岩石类型有花岗岩、似斑状黑云母花岗岩、似斑状二长花岗岩、中粒黑云母花岗岩、中粒二长花岗岩及细粒花岗岩。临近磨坪—老李山及车村—下汤两条韧性剪切带及中间强应变域内，岩石动力变质明显，多形成花岗质初糜棱岩、糜棱岩等构造岩。

印支期及燕山期花岗岩主要有钾长花岗岩中粗粒钾长花岗岩、含中 - 小斑中 - 细粒黑云母二长花岗岩、中斑状中粒黑云母二长花岗岩、含小斑细粒黑云母二长花岗岩、细粒二长花岗岩、大斑状中粒黑云母二长花岗岩等。沿车村—下汤断裂带有碎裂岩、碎粒岩、碎斑岩、碎粉岩、糜棱岩、初糜棱岩等构造岩。

中元古代花岗岩同位素年龄 16.41 亿年，中生代为 1.07 亿 ~ 1.178 亿年。

(2)火山岩。该区火山岩主要分布在车村—下汤断裂以北，主要为中元古代熊耳群火山岩。

3）构造

项目区位于区域上三门峡—鲁山逆冲推覆构造带以南，背孜—岳村倒转背斜的南侧，分布有逆冲断层、正断层构造体系。

（1）褶皱。

背孜街—岳村倒转背斜：轴向北西 310°左右，长 20 km 左右，褶皱南西翼发育较完好，北东翼遭断裂破坏，出露地层不全，核心部分地层为太古界太华岩群的黑云斜长片麻岩、角闪斜长片麻岩，岩层倾向南西，倾角 40°～60°，为一向北东倒转的同斜褶皱，在背斜南西翼，发育有走向断裂，规模很小，使局部岩层倾角变陡，在北东向的断裂边部发育有小拖褶和次级褶皱。

（2）断裂。

境内断裂构造经历长期多期次复杂的力学性质的转变过程，断裂的压扭性强、特征明显。断层方向纵横交错，主要有东西向、北西向、北东向等。现将主要断裂特征简述如下：

①背孜—鲁山断裂：该断层带在地貌上形成一系列沟谷陡坎，走向西北—东南走向，略呈弧形弯曲。断层南西倾斜，倾角 70°以上，断面呈舒缓波状，断层破碎带一般宽 20～30 m，深度在 37 km 以上，中心为碎粉岩和碎粒岩，两侧为角砾岩和碎裂岩，断层带附近伴生小褶皱枢纽，断裂带的主期活动发生在燕山晚期，为一浅层次的逆冲推覆断裂带。

②王坪—土门街断裂：主要分布在瓦屋乡的南部一带，长约 35 km，形成宽十至几十米的挤压破碎带，最宽处达百米以上，断面多向南西倾，倾角 75°以上，局部直立，此断裂主要表现为顺扭的压扭性，压性较强，并经过压—张扭—压扭等多期活动。

③头道沟—水泉岭断裂：主要分布在下汤镇的北部和瓦屋乡的南部一带，长约 9.5 km，走向 310°左右，断面产状变化大，断层角砾岩、断层泥发育，两侧均揉皱强烈，该断裂属逆断层。

④车村—下汤断裂：近东西展布，向东没入第四系，全长 85 km，该断裂穿过晋宁期、燕山期花岗岩，破碎带宽 100～500 m，线理倾向 230°～265°，倾角 20°～30°，指示向北冲。车村—下汤断裂是栾川—确山—固始深大断裂的组成部分，是华北地层区与秦岭地层区分界断裂。航磁资料表明，该断裂为不同磁场的分界线，断裂南侧伏牛山花岗岩为强烈变化升高磁场，北侧中元古界熊耳群火山岩为跳动的杂乱磁场，断裂带以它们之间的线性负异常为主要特征。布格重力异常则反映为一个重力低带。化探异常也有明显的差异性，带内以钨（W）、铋（Bi）、钼（Mo）等元素组合为主，北侧为银（Ag）、铜（Cu）、铅（Pb）、锌（Zn）等元素组合，南侧为氟（F）、磷（P）、铁（Fe）、锌（Zn）、银（Ag）、铜（Cu）等元素组合。地球化学特征表明，该断裂为切割深度达岩石圈长期活动的深大断裂。构造岩表明，该断裂不仅具有深层次韧性剪切变形特征，而且还具有浅层次脆性破裂变形特征。

关于该断裂形成时代及运动学特征，前人已做了较多研究，《河南省区域地质志》（1989 年）认为栾川—确山—固始深大断裂形成于中条构造运动期末，为一长期活动的岩石圈断裂，1:20 万鲁山幅《区域地质调查报告》（1990 年）认为车村—下汤断裂形成于印支构造运动期，又于燕山晚期经同方向脆性变形的叠加，为一左行走滑型韧性剪切带。

（3）新构造运动及区域地壳稳定性。

本区新构造运动以断裂活动和差异性升降为主，差异性升降使鲁山县西部隆起为山区，东部大幅度下降为平原，造成了西高东低的地貌特征。如燕山运动的发生，使该区内中、上元古代及古生代地层形成轴向近东西的宽缓褶皱，由于近南北向的挤压、扭动作用，又出现了较多东西向、北西向、北东向的新断裂。

鲁山县属于伏牛山东部地震带，历史中未发生过震级≥6.0级的地震。据记载，1524年1月至1960年3月共发生过18次震级小于4级的地震，均未造成人员伤亡和财产损失；另外，邻区宝丰县、平顶山市、叶县历史上也未发生过震级>6.0级的地震。

根据1:400万《中国地震烈度区划图》及《中国地震震动参数区划图》(GB 19306—2001)，项目区属地震基本烈度Ⅵ度区，地震动峰值加速度为0.05g(g=9.8 m/s^2)。根据中国区域地壳稳定性研究成果，参照原地质矿产部ZBD 14002—1989《工程地质调查规范》第8.5.2条的规定，工作区区域地壳稳定性为稳定。

二、高密度电阻率法探测方法技术

物探仪器设备和野外工作方法技术采用本章第一节中所述的设备和方法技术，接收部分和发射部分方面的参数也采用本章第一节中所述的参数。

工作量布置及完成情况：

(1)马塘区域及碱场区域：马塘布设了3条高密度剖面线；碱场布设了3条高密度剖面线。

现场野外工作共完成高密度电阻率法剖面47个。每条剖面总长度300~900 m，点距为5~15 m，每条线有效物理测点552个，探测最小有效深度为100~400 m。

(2)马塘布设2个四极测深加极化率剖面；碱厂布设2个四极测深加极化率剖面。

现场共完成四极测深加极化率剖面4个。$AB/2$为420 m(AB为电源极距)。

三、高密度电阻率法的物探资料的推断解释

该场地高密度电阻率法物探的解释参考了实地地质资料。经对收集资料的分析研究，依据各地层电阻率的变化情况，结合本次高密度电阻率法物探实测资料的反演处理成图，定性、定量地解释推断如下。

(一)定性分析

经对实测资料进行反演成图分析，结合地质填图资料可以推断出，该场地主要岩性为灰岩、第四系黏土及泥质页岩。

(二)定量分析

因测区面积大，东区、西区情况变化也较大，所以对本次物探解释资料分两个区域进行分析。先对东部区域分析如下：

整个东部区域共布设了4条测线(W1~W4)。

剖面1~13位于W1大测线，地热温泉W1大测线各剖面高密度电阻率法物探成果图如图6-16所示。现具体分析如下：

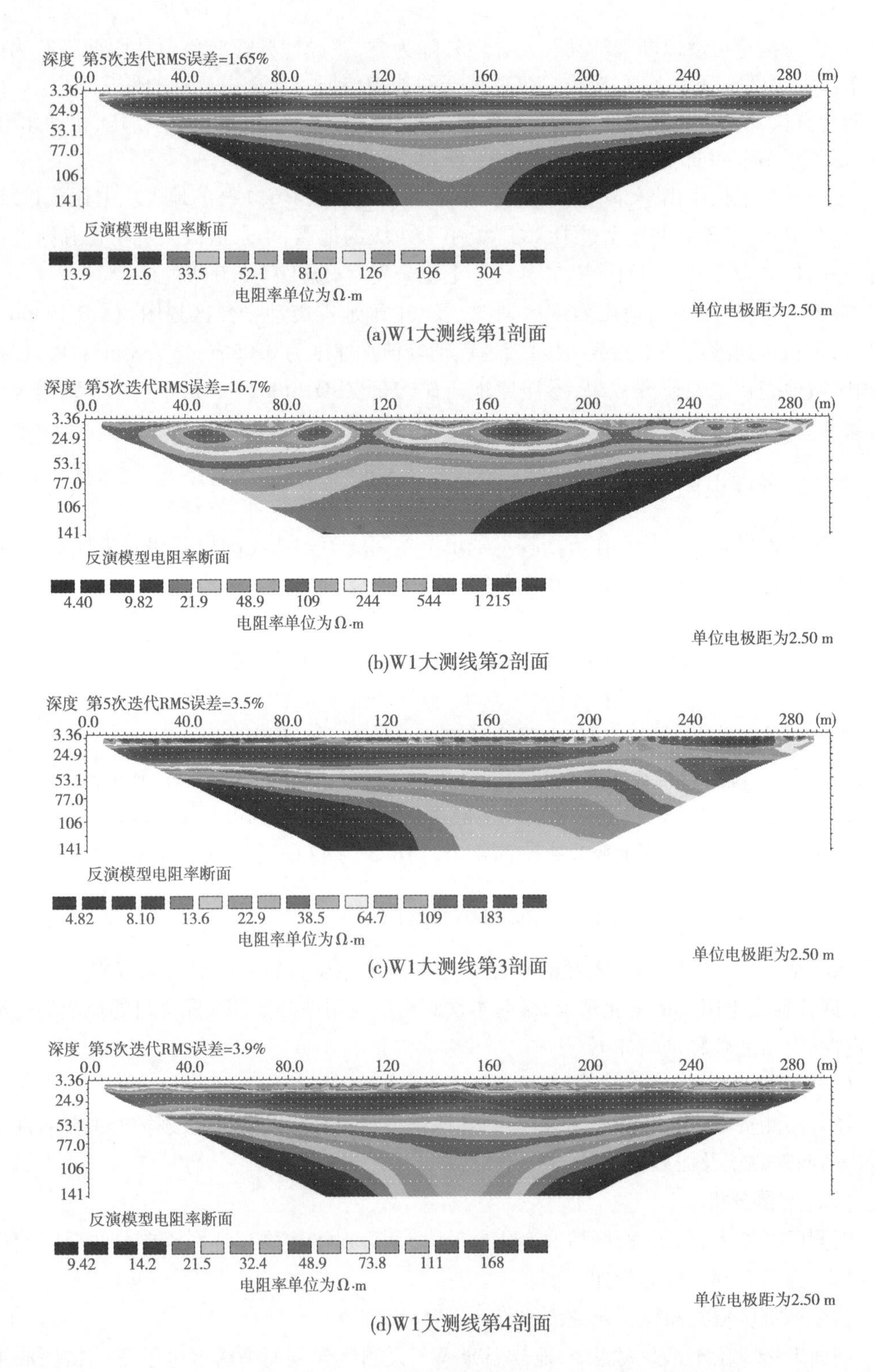

(a)W1大测线第1剖面

(b)W1大测线第2剖面

(c)W1大测线第3剖面

(d)W1大测线第4剖面

图6-16 地热温泉W1大测线各剖面高密度电阻率法物探成果图

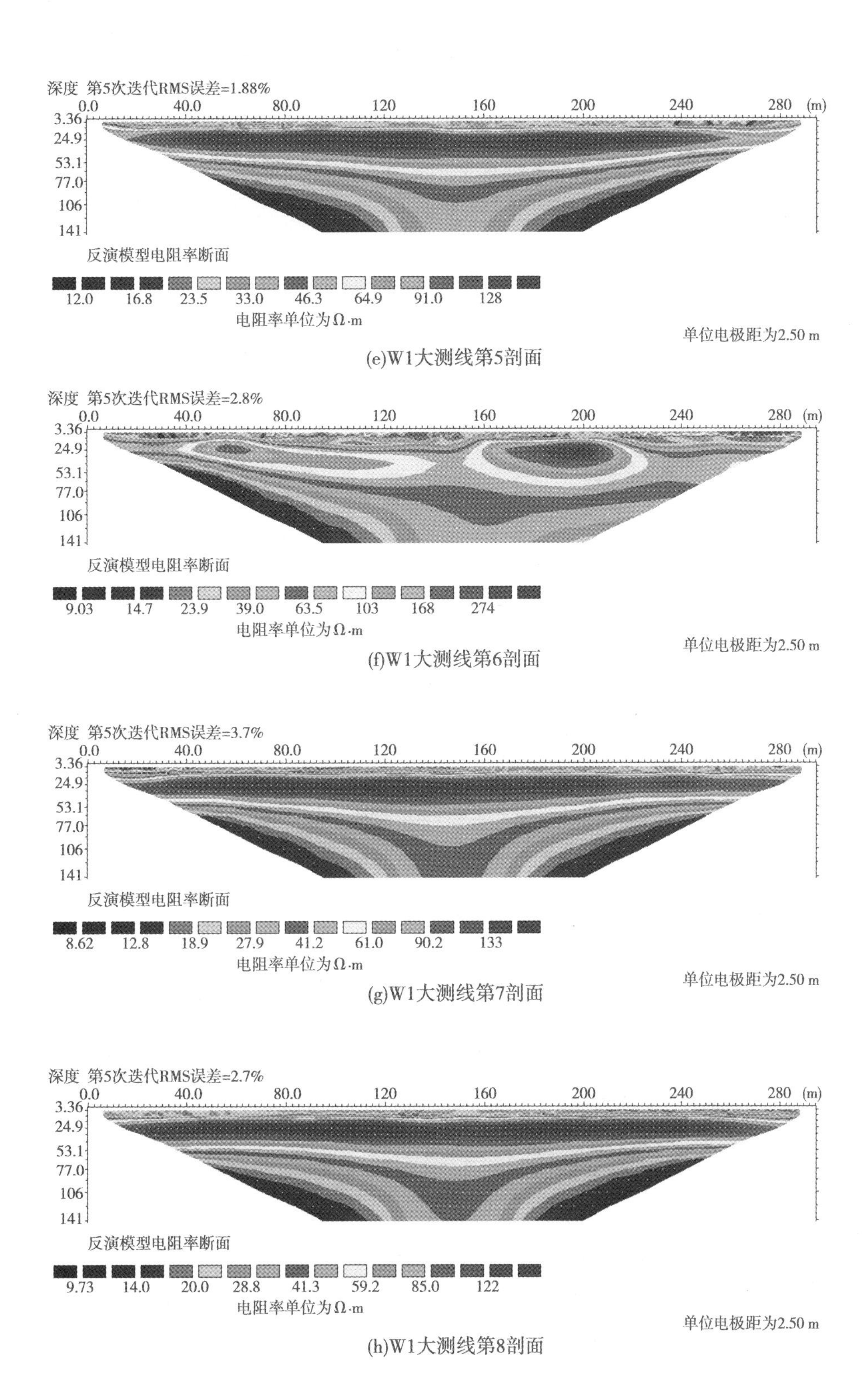

(e)W1大测线第5剖面

(f)W1大测线第6剖面

(g)W1大测线第7剖面

(h)W1大测线第8剖面

续图 6-16

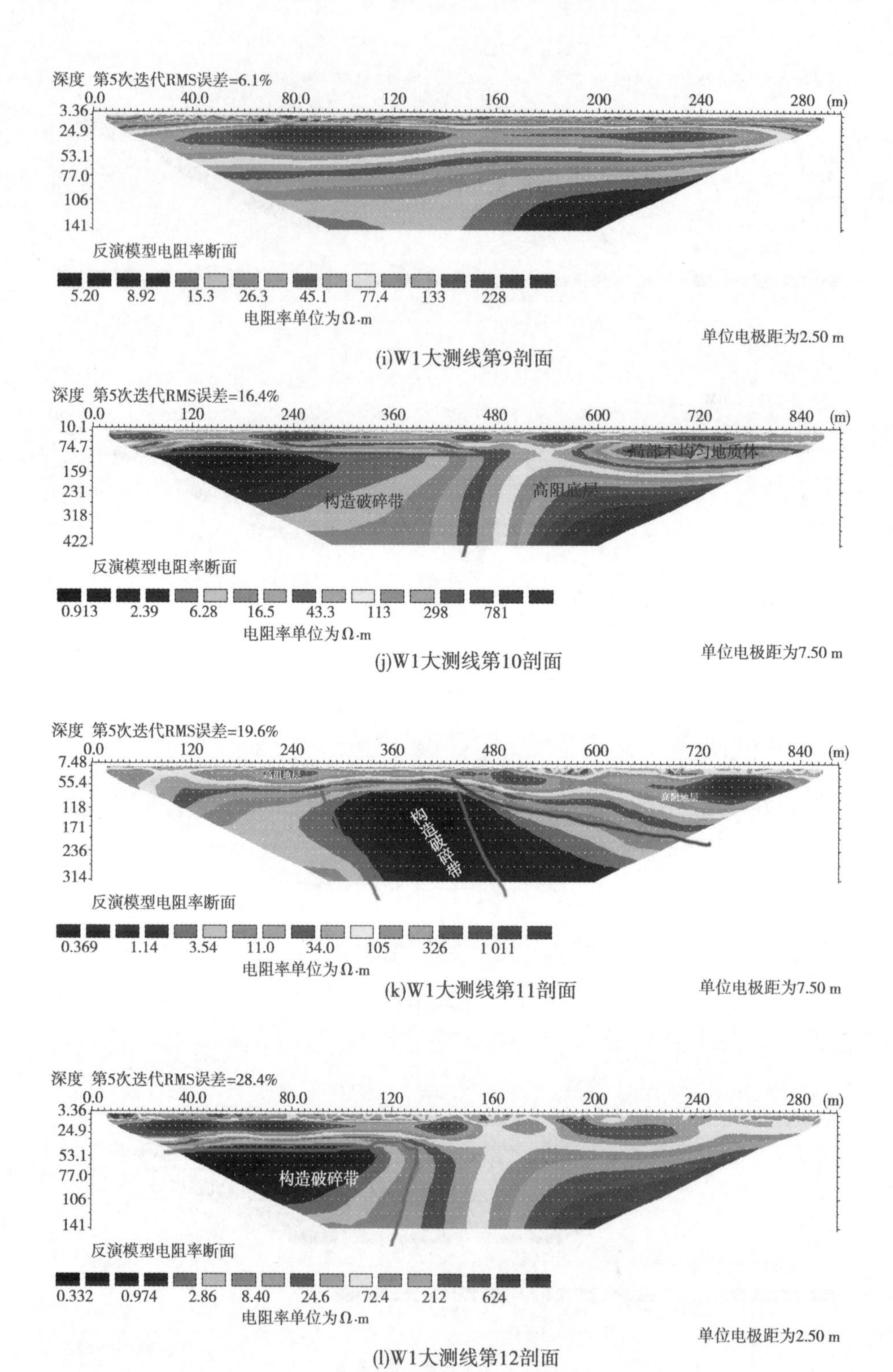

(i)W1大测线第9剖面

(j)W1大测线第10剖面

(k)W1大测线第11剖面

(l)W1大测线第12剖面

续图 6-16

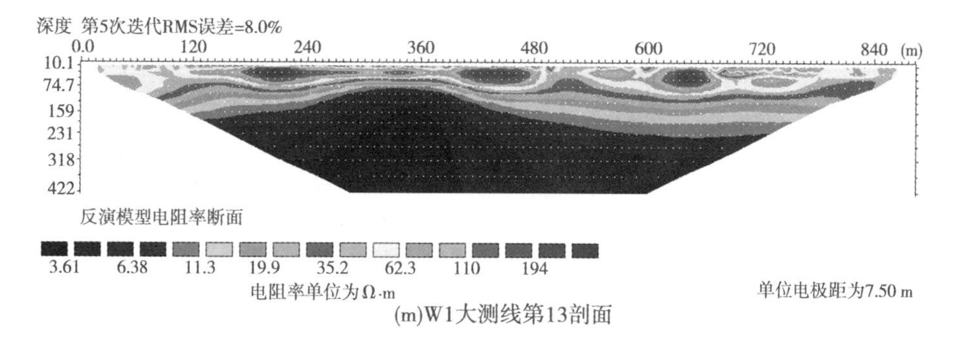

(m)W1大测线第13剖面

续图 6-16

由 W1 大测线剖面 1～13 总体分析，剖面表层电阻率一般在 30 Ω·m 左右，结合场地实际情况推断该层为黏土层，该层厚度一般在 10～20 m；在剖面 20～60 m 区域段电阻率一般大于 90 Ω·m，由资料分析，该区域为砂砾石层，一般在 30～60 m 左右；剖面 60 m 以下电阻率大多低于 20 Ω·m，推断岩性多为安山玢岩，该层厚度一般较厚，但在剖面的部分区域厚度较小。

由剖面 10 分析，在测线 0～480 m 位置，电阻率小于 45 Ω·m，在测线 480～900 m 位置，电阻率大于 200 Ω·m，呈 1 字状，推断该区域有断层经过。从剖面图上看，在测线 0～480 m距离段，深度 120 m 以下存在极为陡峭的低阻异常，电阻率均小于 43. 3 Ω·m，推断该低阻异常可能为构造破碎带受下部含水构造裂隙影响的结果。剖面 2 中心点与剖面 11 处在同一地面位置，由剖面 2 对比分析，该区域存在断层，该断层深度应该在 400 m 以下。在剖面 10 中心加密了剖面 12，该剖面长 300 m，点距 2. 5 m，共 120 个测点。从剖面图上看，该测线存在与剖面 10 相同的低阻异常，验证了剖面 10 构造破碎带的判断。

由剖面 11 分析，该剖面长 900 m，点距 7. 5 m，共 120 个测点。从剖面图上看，在测线中间区域 260～430 m 距离段深度 55 m 以下存在极低低阻向下延伸地质体，电阻率均小于 34 Ω·m，推断该低阻异常可能为构造破碎带；北部区域为高阻地层。

由剖面 10、11、13 综合分析：在 W1 剖面 0～1 800 m 和 2 200 m 以后区域范围，由资料分析该区域段为第四系的土黄色亚砂土，冲积砂砾石；在 1 800～2 000 m 区域段，由资料分析该区域段为第四系的褐红、褐黄黏土，亚黏土；在 2 000～2 200 m 区域段，由资料分析该区域段为中元古界熊耳群的马家河组。

剖面 14～27 位于 W2 测线。地热温泉 W2 大测线各剖面高密度电阻率法物探成果图如图 6-17 所示。现具体分析如下：

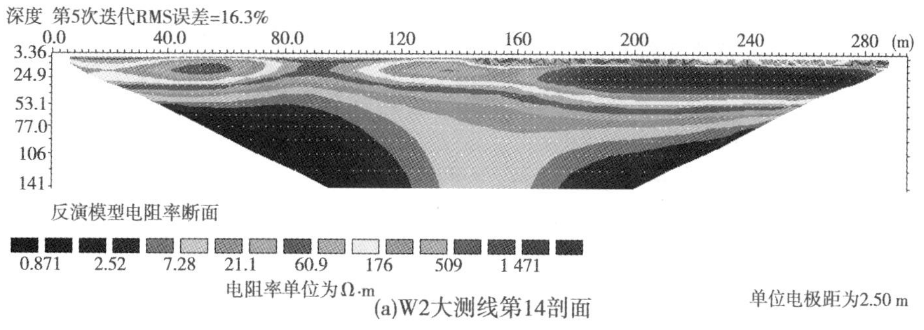

(a)W2大测线第14剖面

图 6-17　地热温泉 W2 大测线各剖面高密度电阻率法物探成果图

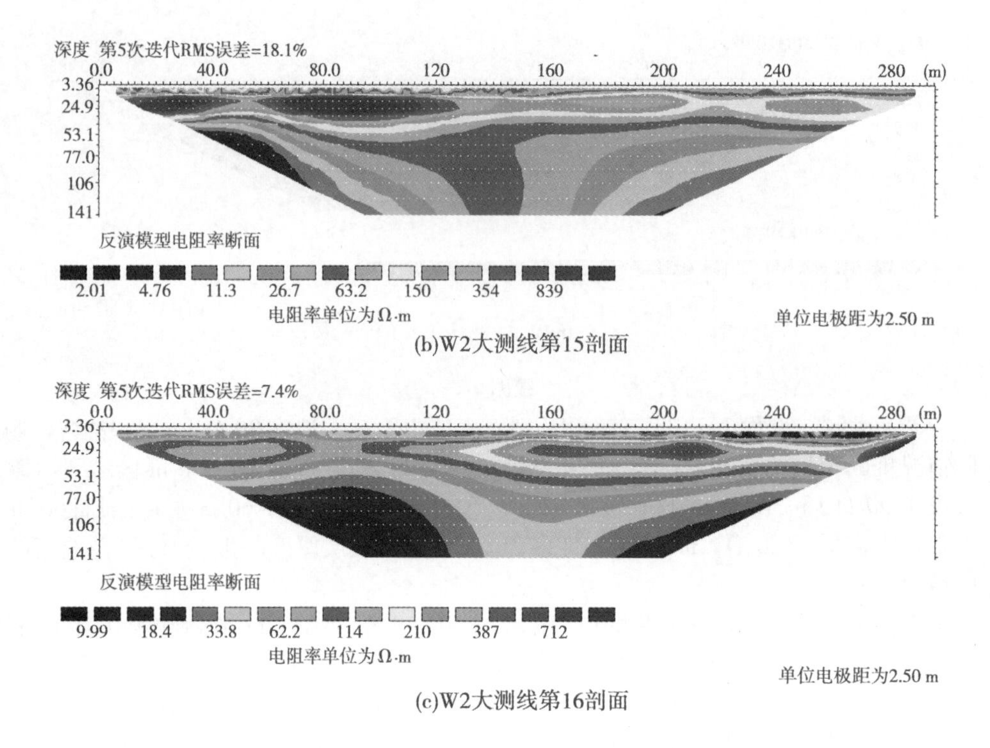

(b)W2大测线第15剖面

(c)W2大测线第16剖面

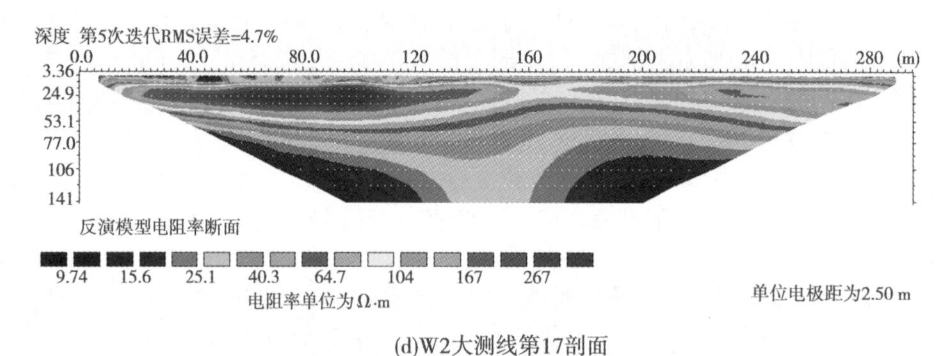

(d)W2大测线第17剖面

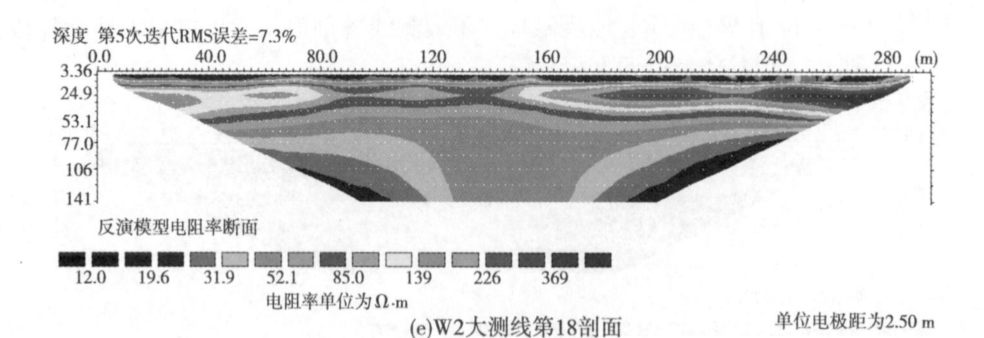

(e)W2大测线第18剖面

续图 6-17

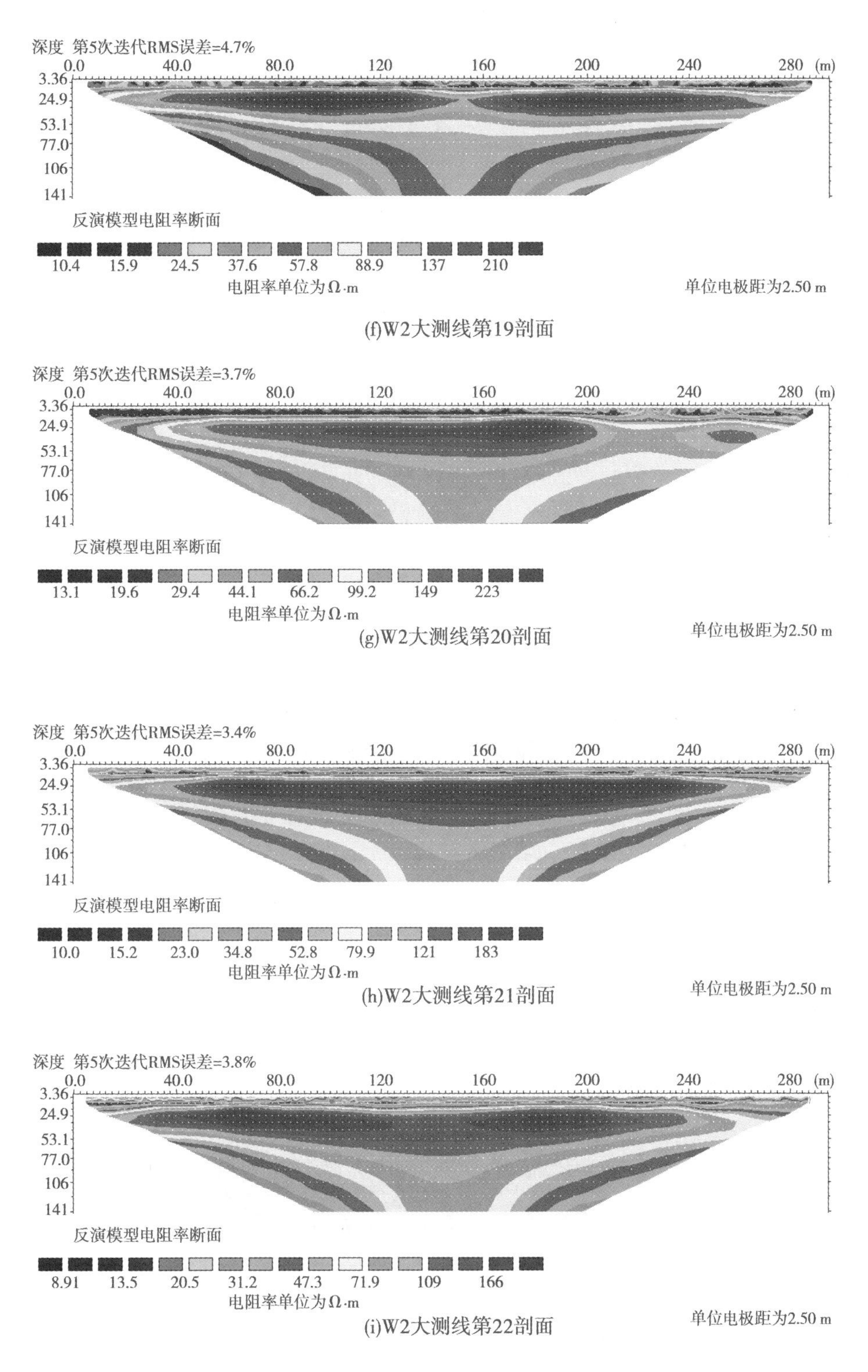

(f)W2大测线第19剖面

(g)W2大测线第20剖面

(h)W2大测线第21剖面

(i)W2大测线第22剖面

续图 6-17

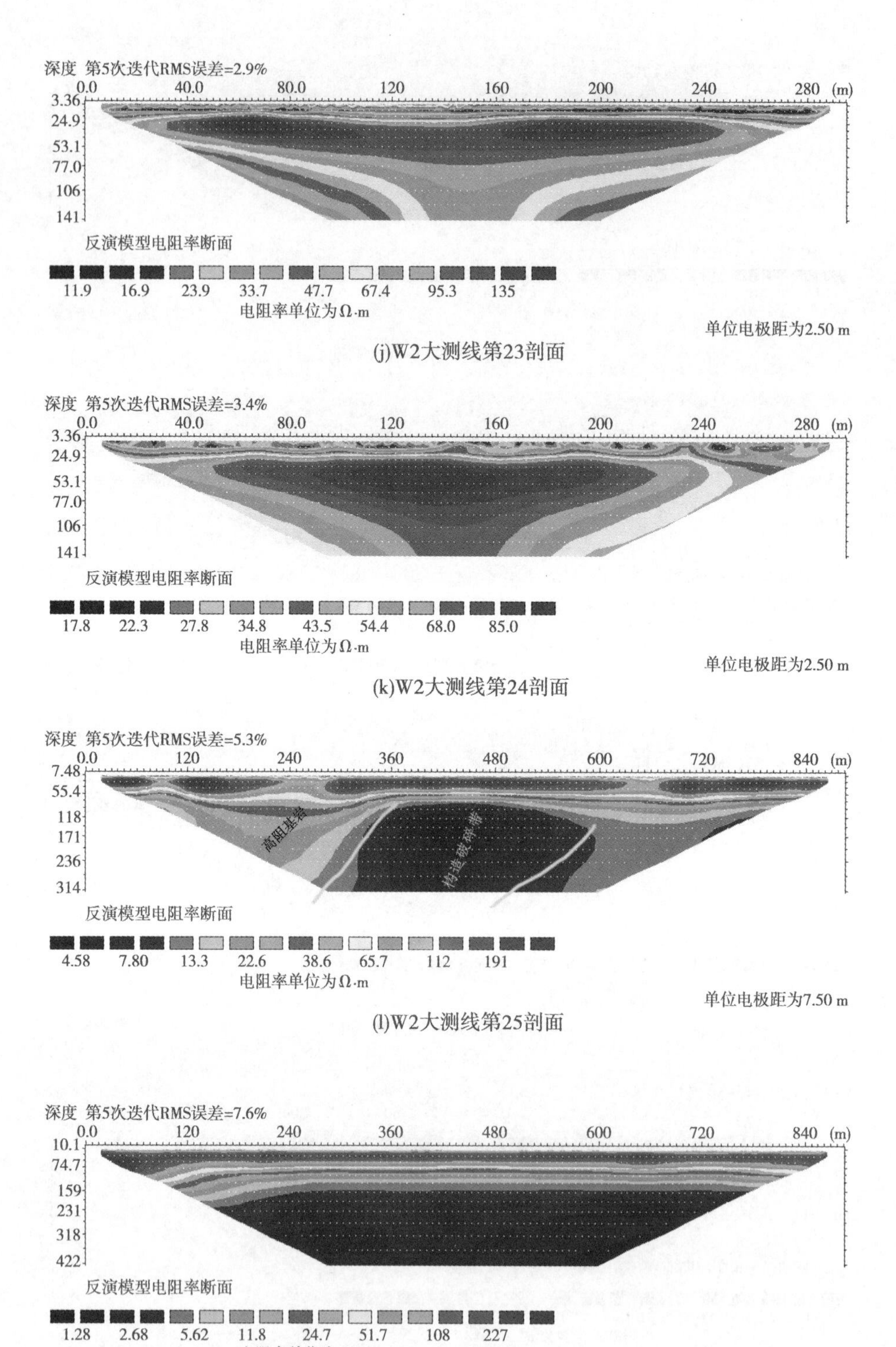

(j)W2大测线第23剖面

(k)W2大测线第24剖面

(l)W2大测线第25剖面

(m)W2大测线第26剖面

续图 6-17

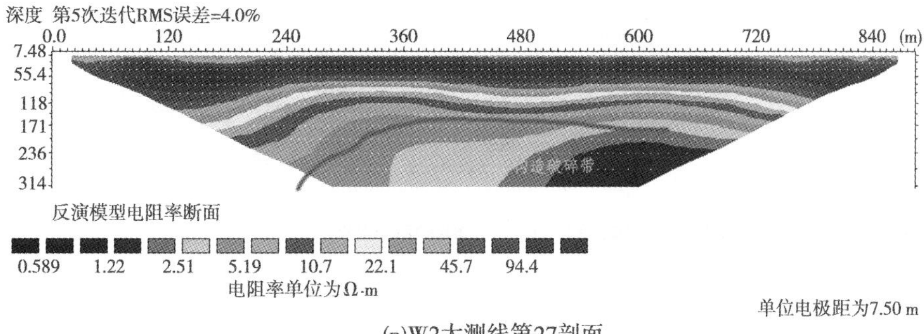

(n)W2大测线第27剖面

续图 6-17

由 W2 大测线剖面 14 ~ 27 总体分析,剖面表层电阻率一般在 30 Ω · m 左右,结合场地实际情况推断该层为黏土层,该层厚度一般在 7 ~ 13 m;在深度 13 ~ 50 m 区域电阻率一般大于 90 Ω · m,结合场地区域资料及地质构造分析,该层位为砂砾石层,厚度一般在 30 ~ 60 m;在剖面深度 60 m 以下电阻率大多低于 20 Ω · m,推断岩性多为泥岩或安山玢岩的风化层,该层厚度一般较厚。

由剖面 25 分析:在该测线中部区域存在一明显的高阻异常,推断该异常可能为岩浆岩入侵所影响。与剖面 15 对比分析后可知,该侵入岩宽度很窄,多已完全风化,是很好的导水地层。从剖面图上看,在测线中间区域 375 ~ 600 m 距离段,深度 70 m 以下存在极低低阻向下延伸地质体,电阻率均小于 38 Ω · m,推断该低阻异常可能为构造破碎带;该破碎带倾向可能与 W1 测线剖面 11 所反映情况相反。南部区域为高阻地层。

由剖面 27 分析,在测线右侧区域 360 ~ 900 m 距离段,深度 100 m 以下存在低阻地层,电阻率均小于 22. 7 Ω · m,推断该低阻异常可能受构造破碎带影响。结合 W1 大测线的分析,该断层走向近东向,且与 W1 测线的 480 m 处贯通,为同一断裂。

由剖面 26、27 分析,在剖面 26 的末段和剖面 27 的 0 ~ 280 m 存在一相对高阻异常,推断该区域可能有断层通过,即 W2 测线由北向南 1 800 m 区域。该断裂因后期地质作用较复杂,断裂处风化、重胶结情况较严重。

结合 W1 的分析,该断层走向近东向,且与 W1 的 480 m 处贯通,为同一断裂。

由剖面 25、26、27 综合分析:在 W2 测线 0 ~ 600 m 区域段,由资料分析该区域段为中元古界熊耳群的马家河组;在 600 ~ 3 000 m 区域段,由资料分析该区域段为第四系的土黄色亚砂土,冲积砂砾石。

剖面 28 ~ 40 位于 W3 测线,地热温泉 W3 大测线各剖面高密度电阻率法物探成果图如图 6-18 所示。现具体分析如下:

由 W3 大测线剖面 28 ~ 40 总体分析,剖面表层电阻率一般在 25 Ω · m 左右,结合场地实际情况推断该层为黏土层,该层厚度一般在 3 ~ 13 m;在剖面黏土层下部区域电阻率一般大于 60 Ω · m,由资料分析,该区域为安山玢岩。由剖面 28 的剖面图上看,该测线在南部区域存在陡峭低阻区域,电阻率一般小于 100 Ω · m,推断可能为构造破碎带。该测线其他剖面底层反映均匀。

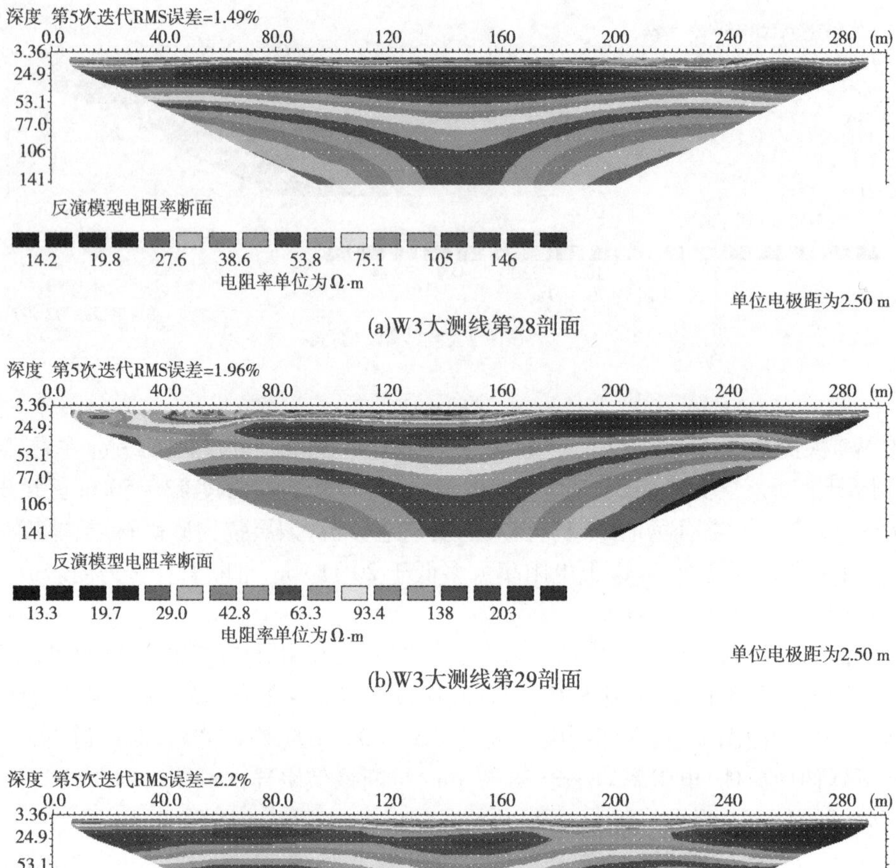

(a)W3大测线第28剖面

(b)W3大测线第29剖面

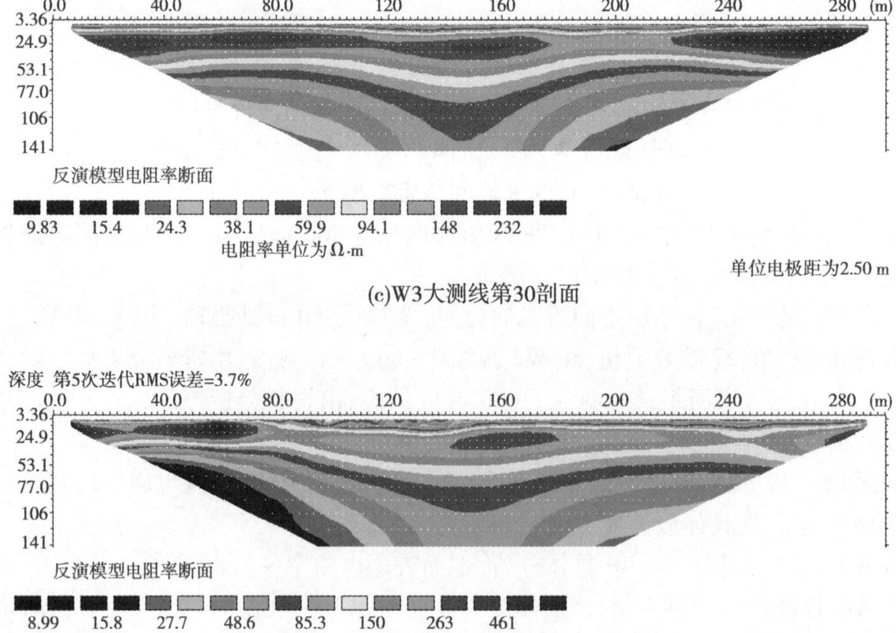

(c)W3大测线第30剖面

(d)W3大测线第31剖面

图 6-18 地热温泉 W3 大测线各剖面高密度电阻率法物探成果图

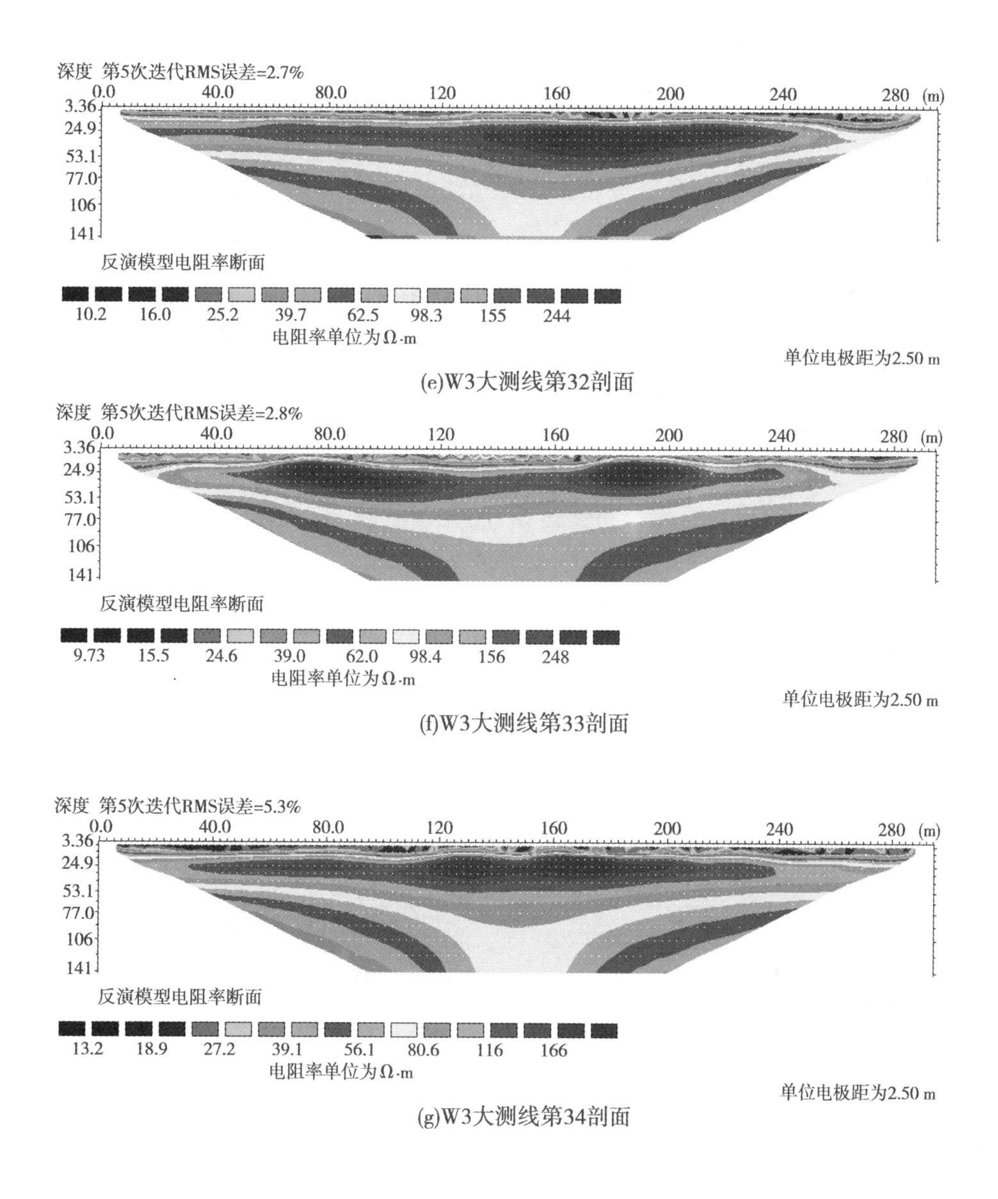

(e)W3大测线第32剖面

(f)W3大测线第33剖面

(g)W3大测线第34剖面

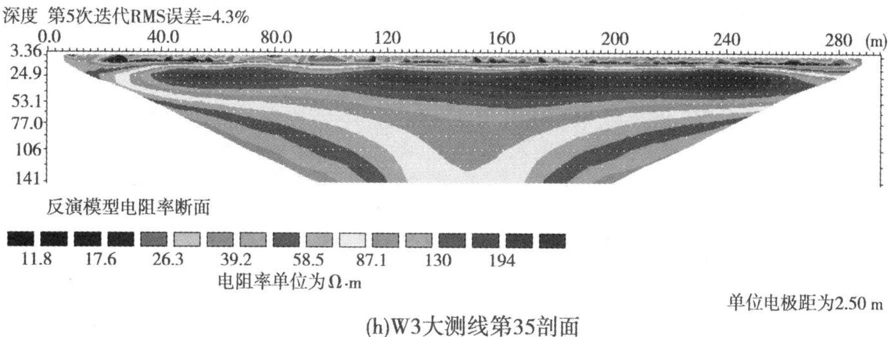

(h)W3大测线第35剖面

续图 6-18

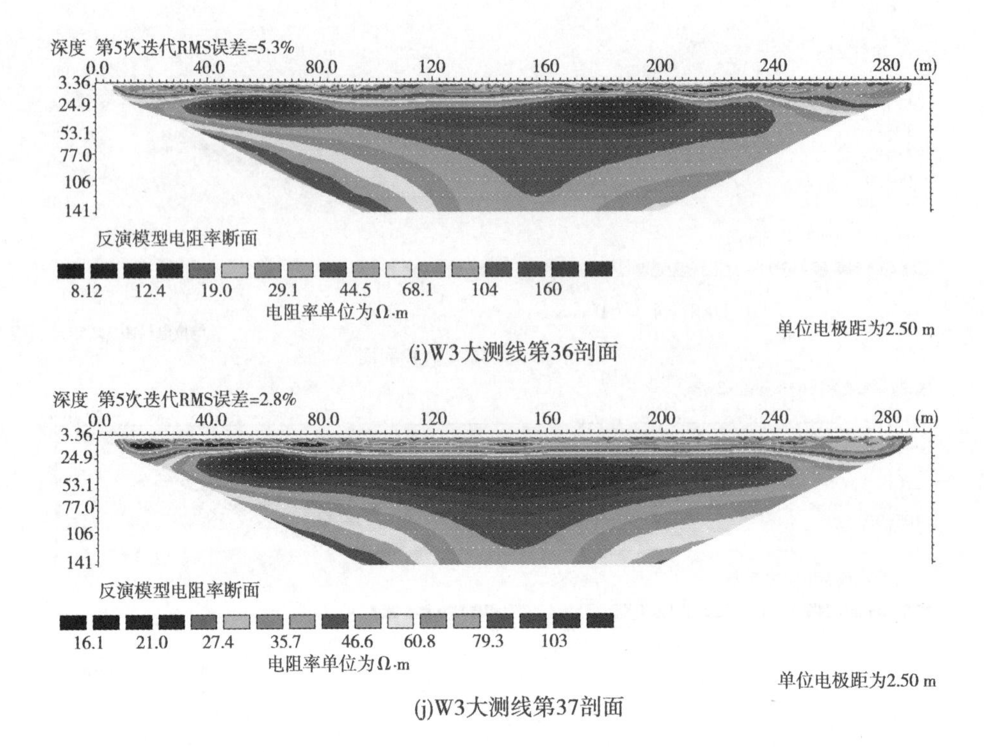

(i)W3大测线第36剖面

(j)W3大测线第37剖面

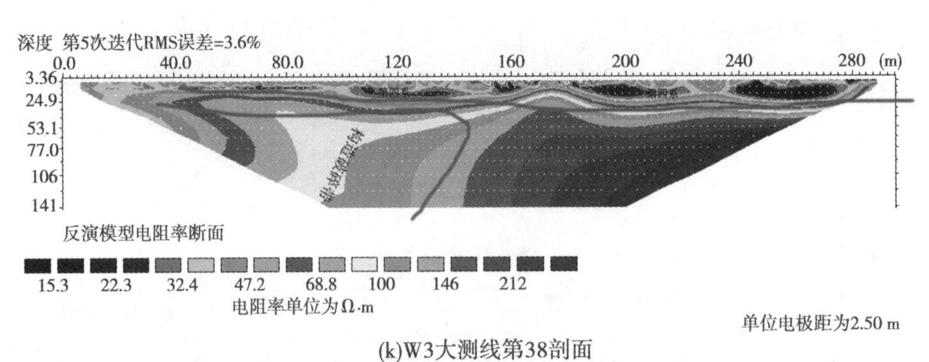

(k)W3大测线第38剖面

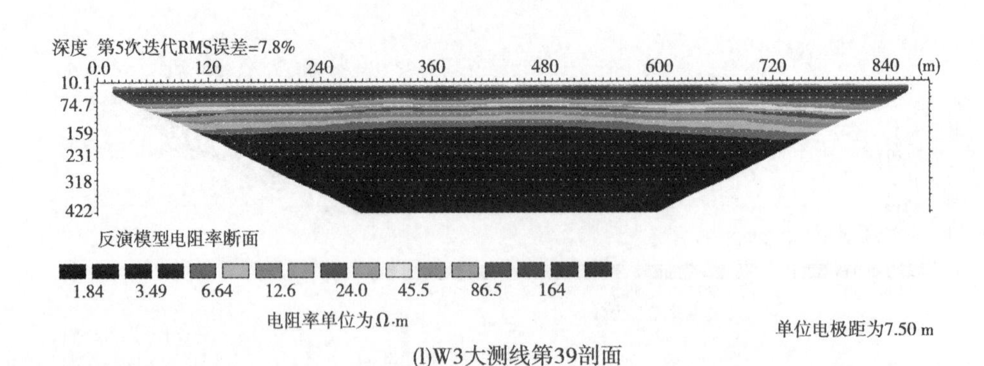

(l)W3大测线第39剖面

续图 6-18

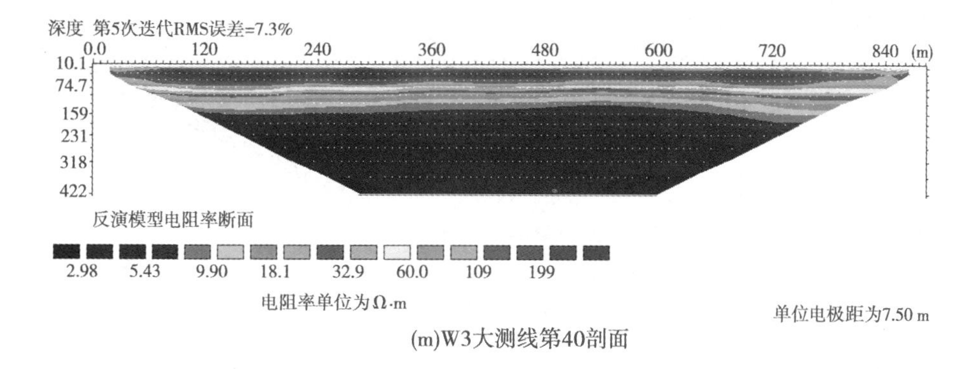

(m)W3大测线第40剖面

续图 6-18

综合 W1、W2、W3 测线分析：该区域第四系黏土、砂砾石层、泥岩或泥质粉砂岩与中元古界熊耳群马家河组安山玢岩普遍存在。在剖面 10 的 480 m 及剖面 26 终端、剖面 27 始端存在一断层。将 W1、W2 断层区域连线结合地质图分析推断，该断层为二郎庙—温汤庙断裂。在剖面 25 的 450 m 区域，可能存在一已经被岩浆侵入的次生断裂。结合区域资料分析，沿断裂带有断续分布的硅化岩带及近直立的挤压片理化带。

水文资料分析：结合地层资料发源于基岩山区的河流，是基岩裂隙水的主要排泄通道，当河流切穿含水层时，裂隙水以下降泉形式排入河中，径流中因地层覆盖或构造相阻，裂隙水会冲破薄弱部位以上升泉形式排泄。分析可知，在 W1、W2、W3 区域的二郎庙—温汤庙断裂、节理裂隙及风化程度不如车村—下汤断裂带，富水性较弱。

整个西部区域共布设了 4 条测线（W5 ~ W8）。

剖面 41 ~45 位于 W5 测线，地热温泉 W5 大测线各剖面高密度电阻率法物探成果图如图 6-19 所示。现具体分析如下：

由 W5 大测线剖面 41 ~45 总体分析，剖面表层电阻率一般在 50 Ω · m 左右，结合场地实际情况推断该层大多为第四系粉质黏土、黏土。该层厚度一般在 7 ~15 m。该层下部电阻率一般大于 150 Ω · m，推断该层位为砂砾石层或者砂砾岩，该层厚度一般在 20 m 左右，个别区域厚约 60 m。砂砾石层下部电阻率大多较低，推断岩性多为泥岩、泥质砂岩，该层厚度一般较大。但在剖面的部分区域泥岩厚度较小，层底直接与 Pt_2x 的安山玢岩直接接触。

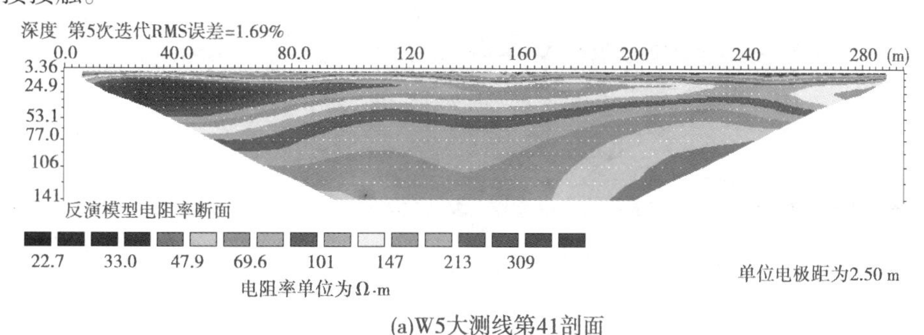

(a)W5大测线第41剖面

图 6-19 地热温泉 W5 大测线各剖面高密度电阻率法物探成果图

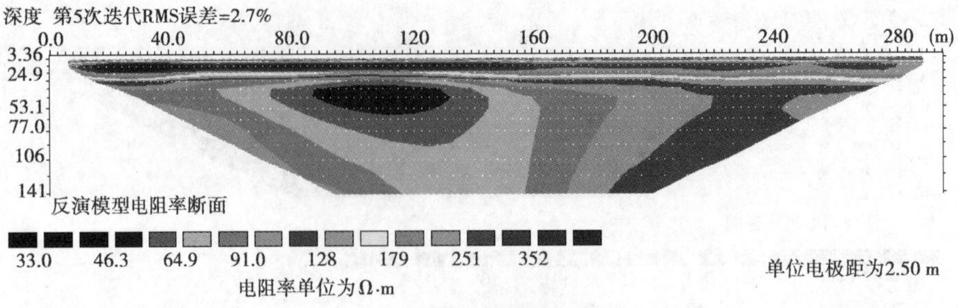

(b)W5大测线第42剖面

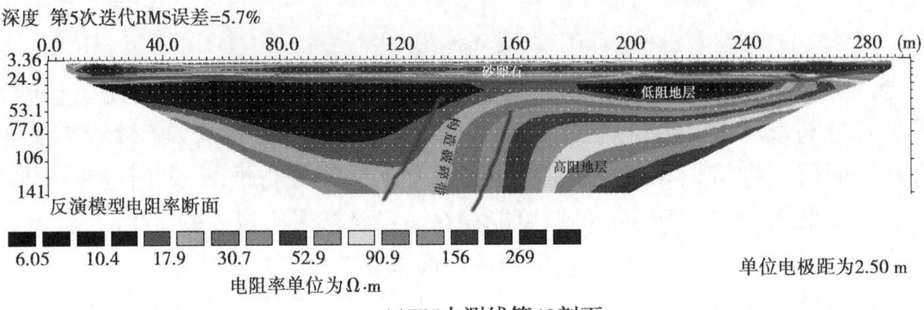

(c)W5大测线第43剖面

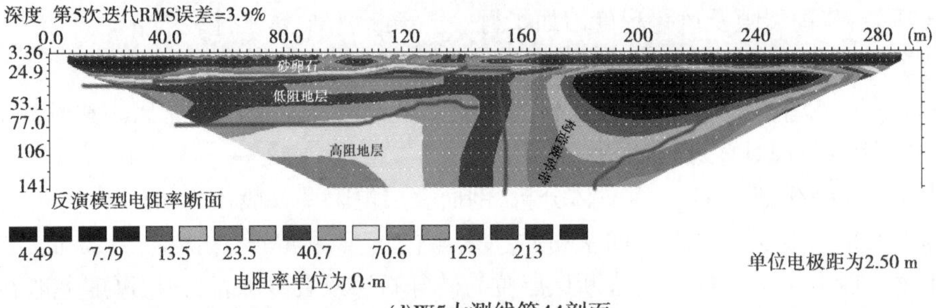

(d)W5大测线第44剖面

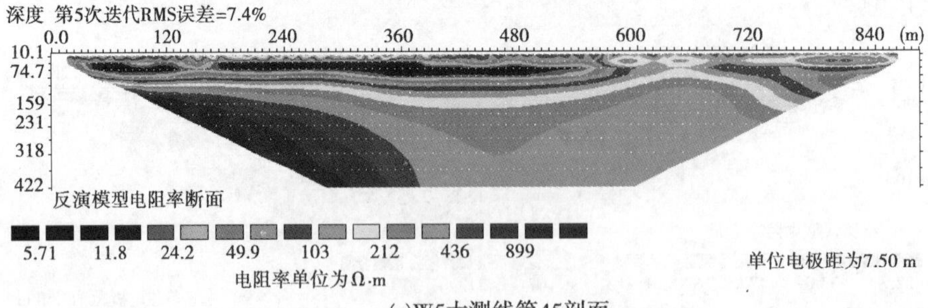

(e)W5大测线第45剖面

续图 6-19

由剖面 45 分析,在测线距离约 360 m 位置,电阻率在水平方向上陡增,呈 1 字状,推断该区域有断层经过。剖面 43 中心点与剖面 45 处在同一地面位置,与剖面 43 对比分析后得,该区域存在断层。该断层深部电阻率一般大于 200 Ω · m,推断该区域岩性可能为硅化岩。

该大测线存在的异常剖面主要有 W5 大测线第 43 剖面、第 44 剖面。W5 测线第 43 剖面长 300 m,点距 2. 5 m,共 120 个测点。从剖面图上看,在测线右侧区域 120 ~ 160 m 距离段深度 50 m 以下存在陡倾的低阻层,电阻率均小于 52. 9 Ω · m,推断该低阻底层可能为含水破碎带。200 ~ 400 m 距离段,深度 30 m 左右低阻地层推断可能为泥页岩。

W5 测线第 44 剖面长 300 m,点距 2. 5 m,共 120 个测点。该剖面与剖面 43 部分区域有重合,验证了在该剖面的右侧确实存在构造破碎带,且地层构造情况与剖面 43 相对应,均上部为高阻的砂卵石,中部存在低阻的层岩,下部为较好的高阻地层。该结论与剖面 43 的互相验证。

剖面 46 位于 W6 测线,其高密度电阻率法物探成果图如图 6-20 所示。现具体分析如下:

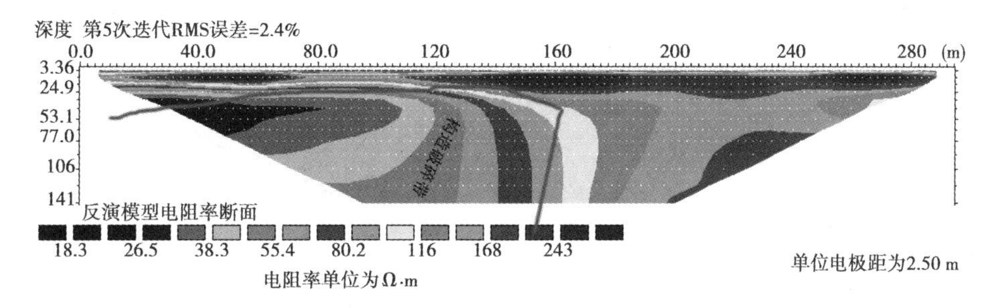

图 6-20　地热温泉 W6 大测线第 46 剖面高密度电阻率法物探成果图

由剖面 46 具体分析,剖面长 300 m,点距 2. 5 m,共 120 个测点。该剖面区域表层黏土层厚度一般在 2 m 左右,下部的砂砾岩层厚度一般在 15 m 左右。其下地层情况与剖面 45 相似,该剖面所反映地层与 W5 测线一样,构造破碎带明显,大约在测线 160 m 区域最为陡峭,在剖面 160 m 左右可能有断层通过。

综合 W5、W6 测线分析:在剖面 45 的 360 m 及剖面 46 的 160 m 存在一断层,结合电阻率分析,断层中岩性可能为热液结晶岩石或碎粉岩、碎粒岩。将 W5、W6 断层区域连线结合地质图分析推断,该断层为水磨庄—栗村断裂。

剖面 47 ~ 49 位于 W7 测线,其高密度电阻率法物探成果图如图 6-21 所示。现具体分析如下:

由剖面 47 ~ 49 总体分析,剖面表层电阻率一般在 30 Ω · m 左右,结合场地实际情况推断该层大多为第四系粉质黏土、黏土。该层在该测线厚度较小一般在 6 m 左右。该层下部电阻率一般大于 100 Ω · m,推断该层位为砂砾石层或者是砂砾岩,该层厚度一般在 20 m 左右,个别区域厚约 60 m。砂砾石层下部电阻率大多较低,推断岩性多为泥岩、泥质砂岩,该层厚度一般较大。但在剖面 48、49 部分区域该层厚度较小,在深度大于 40 m 处安山玢岩出露。

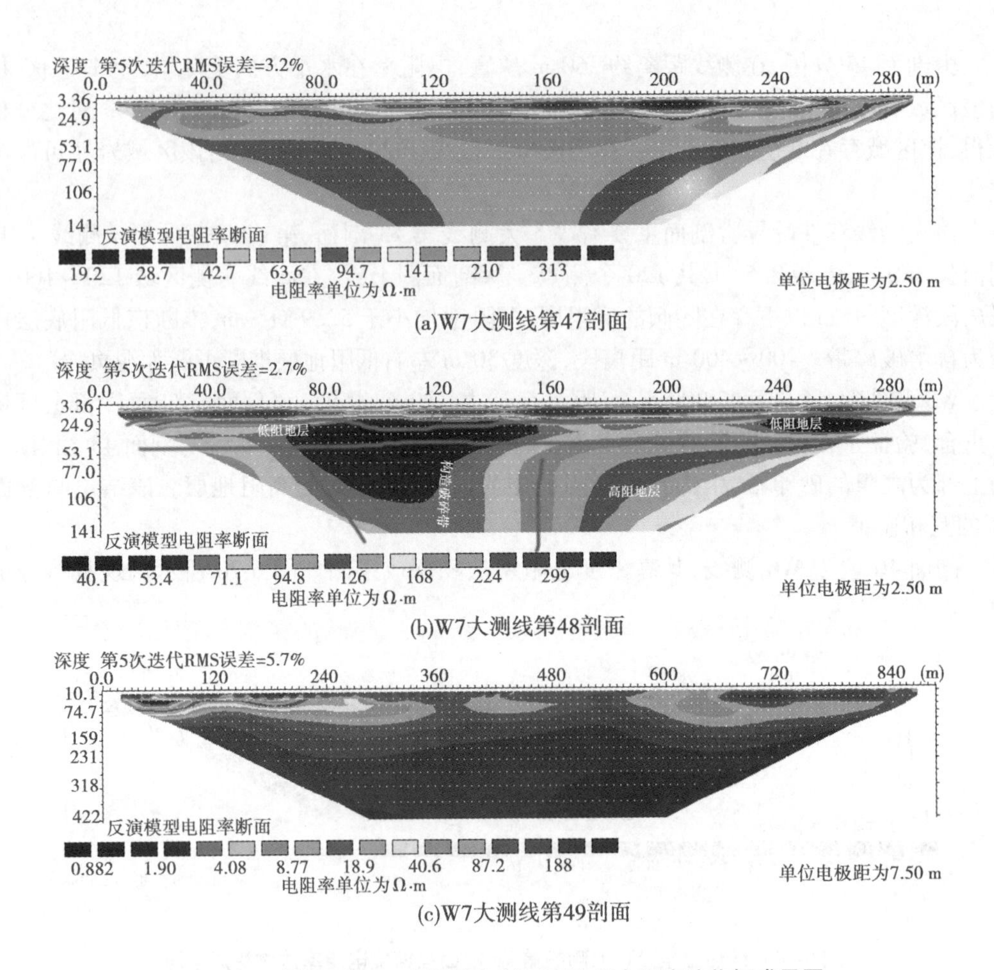

图 6-21 地热温泉 W7 大测线各剖面高密度电阻率法物探成果图

在剖面 48、49 中心区域依然存在一电阻率剧变区域,电性层在深度 40 m 以下从左向右呈陡增趋势,推断该区域可能有断层通过。由剖面 49 分析,深度 150 m 以下电阻率一般在 100 Ω · m 左右,推断该层位岩性可能为安山玢岩的风化层或者为热液成岩。

剖面 48 长 300 m,点距 2. 5 m,共 120 个测点。该剖面所反映地层与 W5、W6 测线一样,构造破碎带明显,发育在测线 80 ~ 150 m 距离段,电阻率一般都小于 53. 4 Ω · m,结合地质图推测该构造可能为车村—下汤断裂的东延部分。

综合 W5、W6、W7 测线分析:该区域第四系黏土、砂砾石层、泥岩或泥质粉砂岩、安山玢岩普遍存在。在 W5 测线中所存在的断层为水磨庄—栗村断裂,W6 测线所推断的断层为水磨庄—栗村断裂的延伸。在 W7 测线中的剖面 48、49,推断的断层为车村—下汤断裂。结合区域资料,断层中多为硅化岩带、蛋白石、方解石脉及重晶石脉。

水文资料分析:结合地层资料,因 W5、W6、W7 区域地形起伏大,沟谷深切,降水易形成径流,不利降水入渗,而在较平坦的山间洼地,易于降水入渗。该区主要接受大气降水补给。发源于基岩山区的河流,是基岩裂隙水的主要排泄通道,当河流切穿含水层时,裂隙水以下降泉形式排入河中,径流中因地层覆盖或构造相阻,裂隙水会冲破薄弱部位以上升泉形式排泄。分析在 W5、W6 区域的水磨庄—栗村断裂及其延伸中,地下水多为构造裂隙水及风化层水,含水层深度一般大于 120 m,但因场地该区域普遍存在泥岩、泥质砂岩,该区域水力联系较弱,水源补给条件多为沿断裂的径流补给,赋水条件一般。

结合已完成的高密度图对比,由马塘电阻率测深及极化率剖面、碱场电阻率测深及极化率剖面分析:马塘剖面图反映出在深度 100 ~ 420 m 处电性等高线呈规律变化,未能反映出深部异常,极化率剖面图在该深度处依然反映的是此种问题,未能很好地反映该区域底层。推测下部花岗岩可能的极化情况与地热构造底层差别不大,无法作出正确分辨。

四、高密度电阻率法物探资料的结论与建议

通过野外高密度电阻率法采集数据工作,在室内对各剖面进行反演处理,计算成图以及对各剖面图的分析解释,得出如下结论:

(1)马塘区域 W1、W2、W3,电阻率小于 45 Ω·m,在测线 480 ~ 900 m 位置,电阻率大于 200 Ω·m,在解译图上呈 1 字状,推断该区域有断层经过。剖面 2 中心点与剖面 11 处在同一地面位置,与剖面 2 对比分析后可知,该区域存在断层,该断层深度应该在 400 m 以下。

(2)碱厂区域 W5、W6、W7,在 W5 中所存在的断层为水磨庄—栗村断裂,W6 测线所推断的断层为水磨庄—栗村断裂的延伸。在 W7 中的剖面 48、49,推断的断层为车村—下汤断裂。

(3)因下部底层花岗岩极化率与地热构造底层近似,极化率图无法正确地分辨地热异样,所以不建议以极化率作为推断标准。

(4)以上推断需钻探验证。

第五节　煤矿底板止水勘探

受相关单位委托,对登封市徐庄乡孙桥村原采区的透水点进行底板止水勘探,需进行底板止水的采区长约 60 m,宽约 30 m。

一、工程地质概况及地球物理特征

(一)区域地质概况

本区位于华北板块南缘,嵩箕台隆的中西段,区域内地层出露较全,构造复杂,矿产丰富,属华北地层区豫西地层分区嵩箕地层小区,工作区内地层出露有古生界寒武系、石炭系、二叠系、第四系,邻近地区有中元古界五佛山群马鞍山组出露。

(二)地层

登封煤田地层系统齐全,出露良好。由老到新有太古界登封群,下元古界嵩山群,上元古界震旦系,古生界寒武系、奥陶系、石炭系、二叠系,中生界三叠系和新生界第三系、第四系。现就本煤矿范围及其附近探区钻孔揭露地层叙述如下。

1. 上元古界震旦系马鞍山组(Z_2m)

浅紫红色、灰黄色中厚层状中粗粒石英砂岩、夹泥岩、夹透镜状灰岩,底部具砾岩及透镜状赤铁矿,与下伏兵马沟组呈假整合接触。厚 45 ~ 46 m。

2. 古生界

1) 寒武系($\in$)

(1) 下统($\in_1$)。

辛集组($\in_1x$):岩性以灰色及深灰色泥质灰岩为主,具灰岩夹层,下部含泥质条带,具水平层理。厚51 ~ 110 m。

馒头组($\in_1m$):岩性为紫红色、青灰色泥质灰岩与泥岩互层,具水平层理。厚36 ~ 124 m。

(2) 中统($\in_2$)。

毛庄组($\in_2m$):主要为暗紫红色粉砂岩,层面含大片白云母,具水平层理和透镜状灰岩夹层。厚92 ~ 147 m。

徐庄组($\in_2m$):灰色、深灰色泥质灰岩与黄绿色页岩互层,底部为黄绿色细砂岩,含海绿石,泥质与钙质胶结。厚50 ~ 114 m。

张夏组($\in_2Zh$):灰色、深灰色巨厚层状,鲕状灰岩及白云质灰岩。厚58 ~ 218 m。

(3) 上统($\in_3$):

崮山组($\in_3g$):灰色、深灰色、微代红色,巨厚层状,白云质灰岩,鲕状白云岩。厚86 ~ 189 m。

长山组($\in_3ch$):浅灰、黄灰色白云质灰岩,局部夹泥质条带及燧石结核。厚109 ~ 213 m。

2) 奥陶系中统马家沟组(O_2m)

以灰色为主,局部为灰色及蓝灰色灰岩,致密性脆,含少量黄铁矿结核,具溶蚀现象,底部夹泥灰岩薄层。厚0 ~ 38 m。

3) 石炭系(C)

(1) 中统本溪组(C_2b):主要岩性以浅灰色铝土质泥岩为主,具鲕状结构,含黄铁矿夹层,底部偶有残积式赤铁矿层。厚度变化大,1.7 ~ 42.37 m。与下伏地层呈假整合接触。

(2) 上统太原组(C_3t):由深灰色灰岩、泥岩,砂质泥岩、砂岩和煤层组成。依据岩性可分为上部灰岩段,中部砂泥岩段及下部灰岩段。灰岩共8 ~ 9层,含煤12层,统称一煤组。其中,局部可采$一_3$煤层与$一_1$煤层分别位于l_3、l_1灰岩之下。平组厚度25.59 ~ 84.90 m。

4) 二叠系(P)

(1) 下统山西组(P_1s):由深灰色及黑灰色泥岩、砂质泥岩、砂岩夹煤层组成,含煤2 ~ 3层。本组所含煤层称二煤组,其中$二_1$煤全区发育,普遍可采,$二_2$煤局部可采。$二_1$煤顶大占砂岩是对比$二_1$煤层的标志。本组厚度为3 ~ 122 m。

(2) 下统下石盒子组(P_1x):下部为灰绿紫斑泥岩,具鲕状结构,底部为中粗粒砂岩,俗称砂锅窑砂岩,是山西组与下石盒子组分界标志,本组厚度45 ~ 103 m。

(3) 上统上石盒子组(P_2sh):本组在煤矿范围内未出露,不再叙述。

5) 第四系(Q)

覆盖于煤田之上,顶部为耕土及黄土,中下部为黏土及砂质黏土,底部常有砾石层,厚度一般为13 m。

（三）构造

该煤矿构造位于箕山背斜的西北翼。地层走向北东—南西，倾角平缓，一般为 10°～18°。

1. 李楼向斜

西南起于李楼。经申垌，两翼倾角平缓，仰起端倾角较陡，轴部由山西组、太原组及本溪组组成，东南翼被王屯断层破坏，西北翼被 F18、F19、F20、F22 等断层破坏。

2. 断裂

（1）王屯断层：位于王屯一带，是本煤矿的东南部边界断层，地表断层迹象明显，走向北东，倾向北西，倾角 65°，二叠系石盒子组下段与震旦系下部马鞍山组石英岩接触。断距 800～1 200 m。

（2）F18 断层：天河煤矿井下见该断层，走向北东，倾向南东，倾角 50°，本溪组与太原组地层接触，地层产状紊乱，断距 10 m。

（3）徐庄断层（F19）：位于孙桥北，走向北东，南西端交于 F20 断层，倾向北西，倾角 65°，$二_1$ 煤错开，岩石破碎，产状紊乱，断距 10～20 m。

（4）天河断层（F20）：位于孙桥北，走向北东，倾向南东，倾角 70°，山西组与太原组中部接触，岩石破碎，断距 10～20 m。

（5）F22 断层：位于孙桥北，走向北东，倾向南东，倾角 45°，太原组地层错开，本溪组与太原组地层接触，附近岩石破碎，断距 10 m。

（四）水文地质情况

1. 主要含水层

根据临区（孙桥煤矿）的相关资料，主要含水层有：

（1）第四系底部砾石含水层，由砾石、砂岩块组成，厚度 0. 60～18. 55 m，含水较丰富，一般受大气降水制约。

（2）石炭系太原组上段含水层：由 l_8、l_7 灰岩构成，灰色至深灰色，厚层状，裂隙发育。厚度 10. 15～13. 95 m，根据邻区水文资料可知，该含水层含水丰富。

（3）石炭系太原组下段含水层：由 l_1～l_4 灰岩构成，灰色至深灰色，厚层状，具溶蚀现象，裂隙发育。厚度 10. 20～13. 35 m。根据邻区水文资料可知，含水丰富。$一_3$ 煤层赋存于该含水层中间。顶底板均为灰岩。对开采$一_3$ 煤层将构成威胁。

（4）奥陶系马家沟含水层：本煤矿范围内没有钻孔揭穿，仅 03 孔揭穿 4. 31 m。

2. 主要隔水层

（1）太原组中段砂质泥岩段隔水层：由砂质泥岩、粉砂岩或细砂岩构成，岩性致密具有隔水作用，厚度 21. 20～21. 35 m。

（2）本溪组铝土质泥岩隔水层：灰色，团块状，致密，具鲕状结构，隔水性能强，厚度 3. 99～7. 69 m。依据邻区资料可知，此隔水层厚度变化不大。

二、高密度电阻率法探测方法技术

物探仪器设备和野外工作方法技术采用本章第一节中的设备和方法技术，接收部分和发射部分方面的参数也采用本章第一节中的参数。

在本次物探前已对场地地层情况有了大致的了解,本次物探工作开展工作场地的影响无法进行南北方向长剖面的测量,故:由东向西布设了3个东西向高密度测深剖面(1~3剖面),由南向北布设了6个南北向高密度测深剖面(4~9剖面),用以了解场地范围内的地层横向上的变化情况,单剖面长度300~600 m,测量点距为5 m、10 m不等,由测绳定出每个极位。为改善电极的接地条件,在每个电极处均进行了浇水不处理。了解场地范围内地层纵向上的变化情况,断层构造的分布范围、性质、产状、延深及含水概况,为下步布设井位提供依据。

三、高密度电阻率法的物探资料的推断解释

该场地高密度电阻率法物探的解释参考实地地质工程勘察资料。依据各地层电性的变化情况,经对收集到的资料分析研究以及本次高密度电阻率法物探实测资料的反演处理成图,定性、定量地解释推断。

(一)定性分析

经对实测资料进行反演成果图分析,结合工程资料分析,该场地主要地层岩性为黏土、砂岩和灰岩。

(二)定量分析

由水文地质资料分析高密度电阻率法物探成果图如图6-22~图6-30所示。测线1、2、3平行,方向为东西向。测线4、5平行,方向为南北向。测线6、7、8、9平行,方向为北南向。

由登封荣顺煤业有限公司煤矿底板止水勘探测线1剖面高密度电阻率法物探成果图(见图6-22)分析:由测线整体分析,在断面表层地质体电阻率为30 Ω · m左右,厚度约有15 m,由资料和场地情况分析推断,该层为黏土;在剖面下部15~130 m区域为电阻率在120 Ω · m左右的高阻体,由资料推断,该层为砂岩;往下电阻率继续增加,由资料推断该层为灰岩。

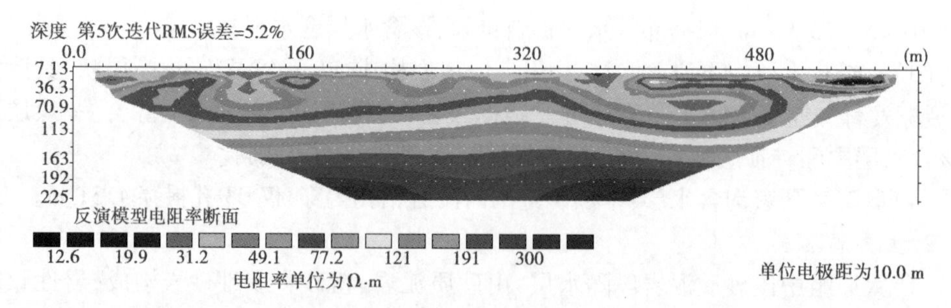

图6-22 登封荣顺煤业有限公司煤矿底板止水勘探测线1剖面高密度电阻率法物探成果图

由登封荣顺煤业有限公司煤矿底板止水勘探测线2剖面高密度电阻率法物探成果图(见图6-23)分析:由测线整体分析,在断面表层地质体电阻率为40 Ω · m左右,由资料和场地情况分析推断,该层为黏土,厚度达25 m;在剖面下25~80 m区域为电阻率在100 Ω · m左右的高阻体,由资料推断,该层为砂岩;往下电阻率继续增加,由资料推断该层为灰岩。从剖面上可以看出,断层的断距大约90 m,断层上下落差大约50 m。

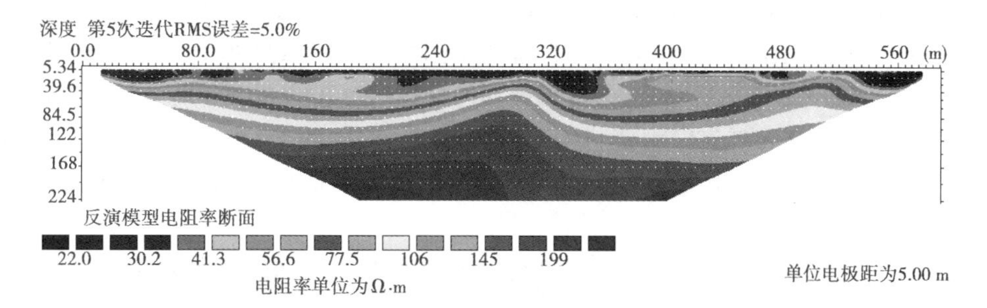

图 6-23 登封荣顺煤业有限公司煤矿底板止水勘探测线 2 剖面高密度电阻率法物探成果图

由登封荣顺煤业有限公司煤矿底板止水勘探测线 3 剖面高密度电阻率法物探成果图(见图 6-24)分析:由测线整体分析,在断面表层地质体电阻率为 20 Ω · m 左右,由资料和场地情况分析推断,该层为黏土,厚度达 15 m;在剖面下 15 ~ 80 m 区域为电阻率在 100 Ω · m左右的高阻体,由资料推断,该层为砂岩;往下电阻率继续增加,由资料推断,该层为灰岩。

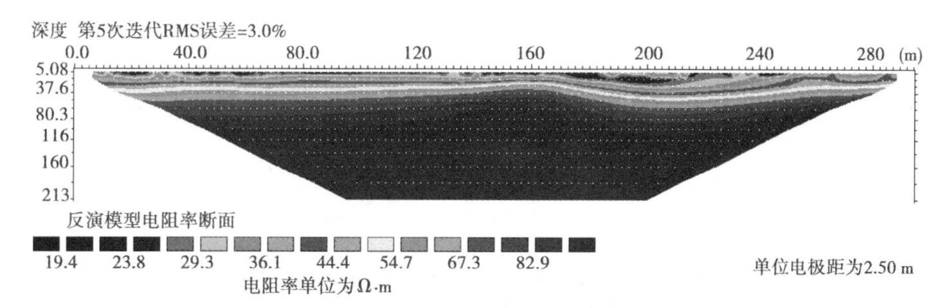

图 6-24 登封荣顺煤业有限公司煤矿底板止水勘探测线 3 剖面高密度电阻率法物探成果图

由登封荣顺煤业有限公司煤矿底板止水勘探测线 4 剖面高密度电阻率法物探成果图(见图 6-25)分析:由测线整体分析,在断面表层地质体电阻率在 40 Ω · m 左右,由资料和场地情况分析推断,该层为黏土,厚度达 25 m;在测线 0 ~ 140 m 剖面下区域为电阻率在 90 Ω · m 左右的高阻体,由资料推断,该层为砂岩;在测线 140 ~ 300 m 区域电阻率,在 120 Ω · m 以上,由资料推断,该层为灰岩。在测线 150 m 处有断层穿过,充水性良好。

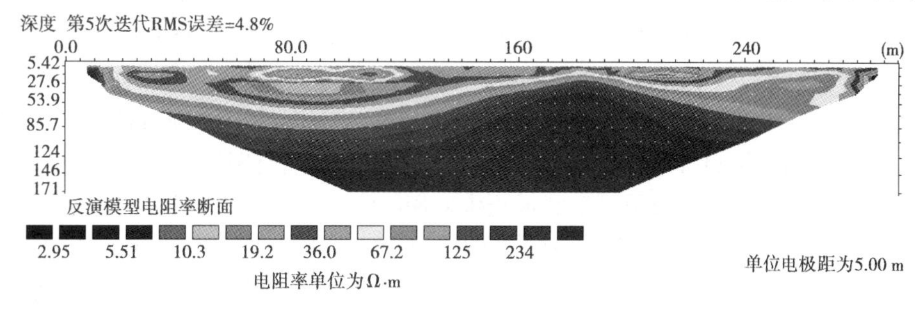

图 6-25 登封荣顺煤业有限公司煤矿底板止水勘探测线 4 剖面高密度电阻率法物探成果图

由登封荣顺煤业有限公司煤矿底板止水勘探测线 5 剖面高密度电阻率法物探成果图（见图 6-26）分析：由测线整体分析，在断面表层地质体电阻率在 30 Ω · m 左右，由资料和场地情况分析推断，该层为黏土，最深厚度 20 m；在测线 0 ~ 130 m 剖面下区域为电阻率在 120 Ω · m 左右的高阻体，由资料推断，该层为砂岩；在测线 130 ~ 300 m 区域，电阻率在 250 Ω · m 以上，由资料推断该层为灰岩。在测线 160 m 处有断层穿过，充水性良好。

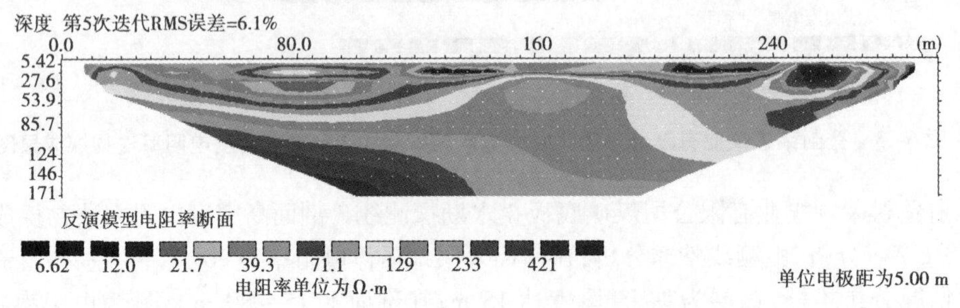

图 6-26 登封荣顺煤业有限公司煤矿底板止水勘探测线 5 剖面高密度电阻率法物探成果图

由登封荣顺煤业有限公司煤矿底板止水勘探测线 6 剖面高密度电阻率法物探成果图（见图 6-27）分析：由测线整体分析，在断面表层地质体电阻率在 30 Ω · m 左右，由资料和场地情况分析推断，该层为黏土，最深厚度 30 m；在测线 0 ~ 160 m 剖面下区域为电阻率在 80 Ω · m 左右的高阻体，由资料推断，该层为砂岩；在测线 160 ~ 300 m 区域，电阻率在 130 Ω · m 以上，由资料推断，该层为灰岩。在测线 130 m 处有断层穿过，充水性良好。

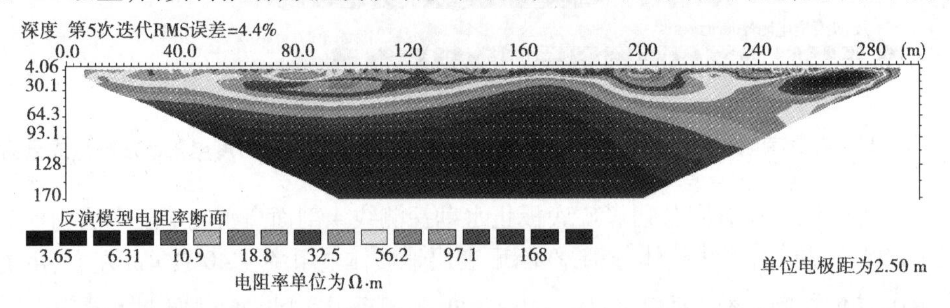

图 6-27 登封荣顺煤业有限公司煤矿底板止水勘探测线 6 剖面高密度电阻率法物探成果图

由登封荣顺煤业有限公司煤矿底板止水勘探测线 7 剖面高密度电阻率法物探成果图（见图 6-28）分析：由测线整体分析，在断面表层地质体电阻率在 20 Ω · m 左右，由资料和场地情况分析推断，该层为黏土，最深厚度 20 m；在测线 0 ~ 120 m 剖面下区域为电阻率在 70 Ω · m 左右的高阻体，由资料推断，该层为砂岩；在测线 120 ~ 300 m 区域，电阻率在 200 Ω · m 以上，由资料推断，该层为灰岩。在测线 110 m 处有断层穿过，充水性良好。

由登封荣顺煤业有限公司煤矿底板止水勘探测线 8 剖面高密度电阻率法物探成果图（见图 6-29）分析：由测线整体分析，在断面表层地质体电阻率在 20 Ω · m 左右，由资料和场地情况分析推断，该层为黏土，最深厚度 10 m；在测线 0 ~ 160 m 剖面下区域为电阻率在 100 Ω · m 左右的高阻体，由资料推断，该层为灰岩；在测线 160 ~ 300 m 区域，电阻率在 70 Ω · m 以上，由资料推断，该层为砂岩。在测线 130 m 处有断层穿过，充水性良好。

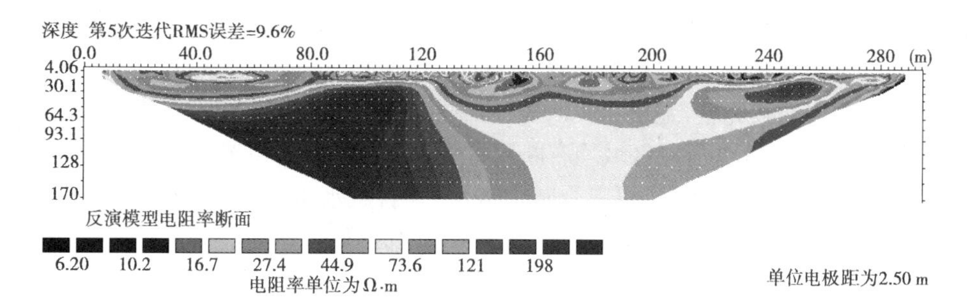

图 6-28 登封荣顺煤业有限公司煤矿底板止水勘探测线 7 剖面高密度电阻率法物探成果图

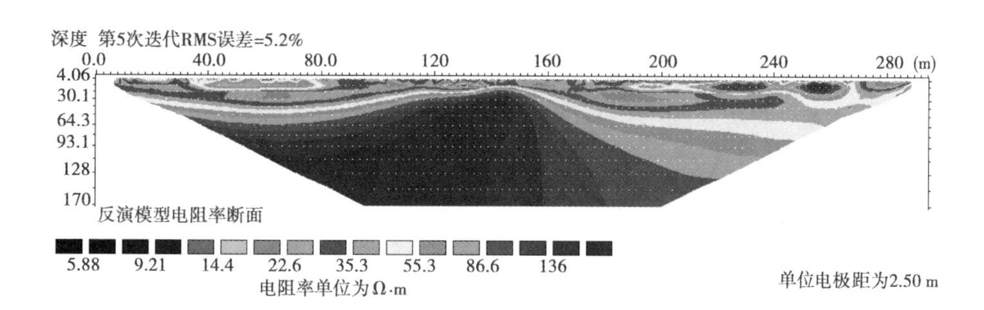

图 6-29 登封荣顺煤业有限公司煤矿底板止水勘探测线 8 剖面高密度电阻率法物探成果图

由登封荣顺煤业有限公司煤矿底板止水勘探测线 9 剖面高密度电阻率法物探成果图（见图 6-30）分析：由测线整体分析，在断面表层地质体电阻率在 25 Ω · m 左右，由资料和场地情况分析推断，该层为黏土，最深厚度 10 m；在测线 0 ~ 170 m 剖面下区域为电阻率在 60 Ω · m 左右的高阻体，由资料推断，该层为砂岩；在测线 170 ~ 300 m 区域，电阻率在 90 Ω · m 以上，由资料推断，该层为灰岩。在测线 190 m 处有断层穿过，充水性良好。

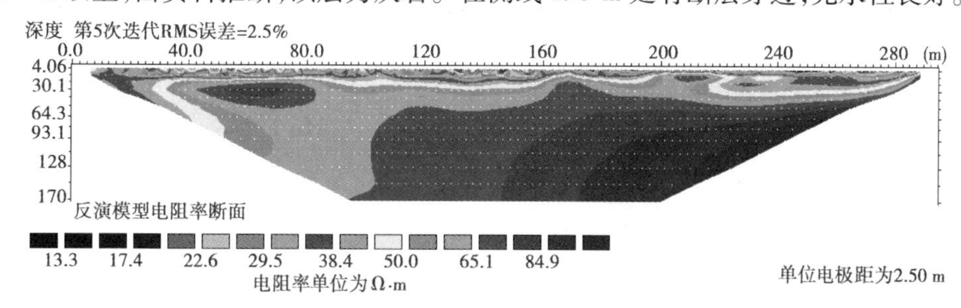

图 6-30 登封荣顺煤业有限公司煤矿底板止水勘探测线 9 剖面高密度电阻率法物探成果图

综合分析本次物探工作资料，测线 2 所测区域与断层相交，由剖面 2 可以看出断层的断距约有 90 m，断层上下落差约有 50 m。在测线 4、5、6、7、8、9 所测区域均有断层带穿过。

四、高密度电阻率法的物探资料的结论与建议

登封煤田地层系统齐全，出露良好。由老到新有太古界登封群，下元古界嵩山群，上

元古界震旦系,古生界寒武系、奥陶系、石炭系、二叠系,中生界三叠系和新生界第三系、第四系。地层走向北东—南西,倾角平缓,一般为10°~18°。

测区地层出露较完整,地层比较明显,溶洞、溶蚀裂隙发育比较完全,断层破碎比较明显,测线2、4、5、6、7、8、9所测区域均有断层带穿过。测区断层位置较为清晰,灰岩层上为砂岩层,该含水层厚度不大,且可能受断层疏水影响,赋水条件较好。建议对采区的底板灰岩中的测线2、4、5、6、7、8、9的断层位置进行注浆处理,以达到底板止水的目的。

参 考 文 献

[1] 张琪,王珍．高密度电法在上海地区的应用[J]．上海地质,2005(1):46-48.

[2] 王士鹏．高密度电法在水文地质和工程地质中的应用[J]．水文地质工程地质,2000(1):52-56.

[3] 寇绳武,李克祥,郭舜．高密度电阻率法探测洞穴、采空区的效果分析[J]．工程勘察,1994,6:61-65.

[4] 郭秀军,王兴泰．用高密度电阻率法进行空洞探测的几个问题[J]．物探与化探,2001,25(4):306-315.

[5] 张亮国,徐义贤,王云安．高密度电法在沪蓉高速公路勘察中的应用[J]．岩土工程技术,2004,18(4):187-190.

[6] 郭铁柱．高密度电法在崇青水库坝基渗漏勘查中的应用[J]．北京水利,2001(2):39-40.

[7] 吕惠进,刘少华,刘伯根．高密度电阻率法在地面塌陷调查中的应用[J]．地球物理学进展,2005,20(2):381-386.

[8] 葛双成,江影,颜学军．综合物探技术在堤坝隐患中的应用[J]．地球物理学进展,2006,21(1):263-272.

[9] 杨湘生．高密度电法在湘西北岩溶石山区找水中的应用[J]．湖南地质,2001(3):230-232.

[10] 刘晓东,张虎生,黄笑春,等．高密度电法在宜春市岩溶地质调查中的应用[J]．中国地质灾害与防治学报,2002,13(1):72-75.

[11] 朱自强,戴亦军．高密度电阻率法在高速公路岩溶探测中的应用[J]．工程地球物理学报,2004,4(1):309-312.

[12] 祁民,张宝林,梁光河,等．高分辨率预测地下复杂采空区的空间分布特征[J]．地球物理学进展,2006,21(1):256-262.

[13] 闫永利,高立兵．高密度电阻率法在考古勘探中的应用[J]．物探与化探,1998,22(6):452-457.

[14] 董浩斌,王传雷．高密度电法的发展与应用[J]．地学前缘,2003,10(1):171-176.

[15] 王兴泰,李小琴．电阻率图像重建的佐迪(Zohdy)反演及其应用效果[J]．物探与化探,1996,20(3):228-233..

[16] 王若,王兴泰．用改进的佐迪反演方法进行二维电阻率图像重建[J]．长春科技大学学报,1998,28(3):339-344.

[17] 张大海,王兴泰．二维视电阻率断面的快速最小二乘反演[J]．物探化探计算技术,1999,21(1):2-8.

[18] 王丰,王兴泰．改进的模拟退火方法及其在电阻率图像重建中的应用[J]．长春科技大学学报,1999,29(2):175-178.

[19] 王运生,王旭明．用目标相关算法解释高密度电法资料[J]．勘察科学技术,2001(1):62-64.

[20] 钟韬,邓艳平．高密度电法在西部岩溶地区勘探中的应用[J]．工程地球物理学报,2009(6):80-85.

[21] 玄月,王金萍,冯军,等．高密度电法在隐伏断裂探测中的应用[J]．大地测量与地球动力学,2011,31(2):56-58.

[22] 孟贵祥,严加永,吕庆田,等．高密度电法在石材矿探测中的应用[J]．吉林大学学报:地球科学版,2011,41(2):592-599.

[23] 黄小军,王鹏,董亮．高密度电法在地下暗河勘探中的应用[J]．资源环境与工程,2012,26(1):

66-68.
[24] Hasegawa, Nobusuke, Shima, Hiromasa and Sakurai, Ken. An application of two - dimensional IP imageprofiling to characterization of an active fault[J]. 66th Ann. Internat. Mtg: Soc. Of Expl. Geophys, 1996:928-931.
[25] He, Jishan. Frequency domain electrical methods employing special waveform field sources[J]. 67th Ann. Internat. Mag: soc. Of Expl. Geophys, 1997:338-341.
[26] Hogg, R. V, and J. Ledolter. Engineering Statistics[J]. MacMillan Publishing Company, 1987.
[27] Sasakiy. Resolution of resistivity tomography inferred from numerical simulation[J]. Geophysical Prospecting, 1992, 40: 453-464.
[28] Lokemh, Barkerrd. Rapid least squares inversion of apparent resistivity pseudo sections by aquatic Newton method[J]. Geophysical Prospecting, 1996, 44: 131-152.
[29] 钱家栋,陈有发,金安忠. 电阻率法在地震预报中的应用[M]. 北京:地震出版社,1985.
[30] 任美锷,刘振中. 岩溶学概论[M]. 北京:商务印书馆,1983.
[31] 阿发友. 高密度电法和地质雷达在断层及溶洞探测中的应用[D]. 贵阳:贵州大学,2008.
[32] 刘海生. 高密度电法在探测煤矿地下采空区中的应用研究[D]. 太原:太原理工大学, 2006.
[33] 仲继寿. 采动区砌体结构房屋变形控制设计[M]. 北京:煤炭工业出版社,1995.
[34] 颜荣贵. 地基开采沉陷及其地表建筑[M]. 北京:冶金工业出版社,1995.
[35] 贾喜荣. 矿山岩石力学[M]. 北京:煤炭工业出版社,1997.
[36] 王建平,王文顺,史天生,等. 人工冻结土体冻胀融沉的模型试验[J]. 中国矿业大学学报,1999, 28 (4).
[37] 田旭民,田力. 地方煤矿使用手册[M]. 北京:地质出版社,1989.
[38] 傅良魁. 应用地球物理教程——电法 放射性 地热[M]. 北京:地质出版社,1991.
[39] 傅良魁. 电法勘探教程[M]. 北京:地质出版社,1983.
[40] 侯彦威. 高密度电阻率法浅部不均匀体影响效应及校正方法研究[D]. 西安:煤科总院西安研究所,2008.
[41] 阿发友. 高密度电阻率法和地质雷达在断层及溶洞探测中的应用[D]. 贵阳:贵州大学,2008.
[42] 李聪嫔. 新型高密度电法仪器设计与实现[D]. 北京:中国地质大学,2005.
[43] 付国良. 基于桥路级联技术的大功率高密度电阻率法发射装置的研制[D]. 长春:吉林大学, 2009.
[44] 蔡斌. 高密度电阻率法模型研究与工程应用[D]. 长春:吉林大学,2011.
[45] 王宇玺. 高密度电阻率法的主要装置特点与应用[D]. 成都:成都理工大学,2010.
[46] 刘海生. 高密度电阻率法在探测煤矿地下采空区中的应用研究[D]. 太原:太原理工大学,2006.
[47] 黄杰. 基于线性滤波的拟合核函数法在电测深数据解释中的应用与研究[D]. 成都:成都理工大学,2010.
[48] 冀显坤. 高密度电法勘探地形校正技术研究[D]. 西安:西安科技大学,2010.
[49] 刘蕾. 高密度电阻率法反演成像及其应用[D]. 成都:成都理工大学,2003.
[50] 张凌云. 高密度电阻率勘探反演的非线性方法研究[D]. 太原:太原理工大学,2011.
[51] 雷世红. 高密度电法室内模型与工程应用研究[D]. 南京:河海大学,2005.
[52] 蔡斌. 高密度电法模型研究与工程应用[D]. 长春:吉林大学,2011.
[53] 林志军. 高密度电阻率法参数优化设计及工程应用研究[D]. 长春:吉林大学,2008.
[54] 黄磊. 高密度电阻率法模型正演与实验对比[D]. 成都:成都理工大学,2010.